# 煤矿区地表环境监测、分析与评价研究

王行风　著

中国矿业大学出版社

## 内 容 简 介

本书以煤矿区地表环境作为研究对象，以作者主持和参与的多项科研项目的研究成果为基础，从煤矿区可持续发展的角度，剖析煤炭资源开发对矿区地表环境的影响机理，研究新技术、新需求背景下的煤矿区环境监测、分析和评价的关键理论与技术，以期为探讨煤炭资源开发与生态环境相协调的矿区发展模式提供一定的思路。

**图书在版编目(CIP)数据**

煤矿区地表环境监测、分析与评价研究/王行风著.
—徐州：中国矿业大学出版社，2019.3
ISBN 978 - 7 - 5646 - 3819 - 1

Ⅰ.①煤… Ⅱ.①王… Ⅲ.①煤矿—矿区—地表—环境监测 Ⅳ.①X322

中国版本图书馆 CIP 数据核字(2017)第 313267 号

**书　　名** 煤矿区地表环境监测、分析与评价研究
**著　　者** 王行风
**责任编辑** 周　红
**出版发行** 中国矿业大学出版社有限责任公司
(江苏省徐州市解放南路　邮编 221008)
**营销热线** (0516)83884103　83885105
**出版服务** (0516)83885789　83884920
**网　　址** http://www.cumtp.com　**E-mail**:cumtpvip@cumtp.com
**印　　刷** 徐州中矿大印发科技有限公司
**开　　本** 787×960　1/16　**印张** 14.5　**字数** 276 千字
**版次印次** 2019 年 3 月第 1 版　2019 年 3 月第 1 次印刷
**定　　价** 46.00 元

# 前　言

煤炭资源的大规模、高强度开发为国家的经济、社会发展做出了巨大贡献，伴随而来的是非常严重的地质灾害与环境问题，如地面沉陷、地裂缝、滑坡、崩塌、泥石流、道路变形、植被退化和水体污染等。应用空间对地观测技术，快速了解煤炭资源开发状况，及时监测环境损害的时空变化，发现矿区地表环境的灾害动态与前兆因子等，分析矿区地表生境变化的发生背景、演变规律、格局状态、过程和异常等，从而实现对矿区地质环境灾害、资源开采的合法性和生态环境的变化等进行动态监测，对于矿山安全生产及维护矿业秩序具有重要意义。随着生态环保、和谐发展的观点与理念深入人心，绿色、和谐、环保的矿区发展方式受到社会各界的普遍关注。

煤炭主产区地表环境监测、分析与评价研究既属于国家中长期科学和技术发展规划重点领域，也是全球性的行业科技发展关注热点，具有重大的理论意义及应用推广前景。随着科学技术的飞速发展，矿区地表环境监测手段日新月异，煤矿区地表环境监测、模拟以及评价应用分析亟待进一步加强。

本书以煤矿区地表环境作为研究对象，以著者主持和参与的多项科研项目的研究成果为基础（面向地理国情服务的资源开发地表沉降监测，编号 201412016；国产卫星测图数据在矿山地质灾害监测中的应用示范，编号：2011BAB01B06-06），从煤矿区可持续发展的角度，剖析煤炭资源开发对矿区地表环境的影响机理，研究新技术、新需求背景下的煤矿区环境监测、分析和评价的关键理论与技术，以期为探讨煤炭资源开发与生态环境相协调的矿区发展模式提供一定的思路。

本书研究内容得到了中国矿业大学环境与测绘学院汪云甲教授的悉心指导，研究生闫中亚、范忻、魏长婧、赵慧、马晓黎等在资料收集、实地调研、影像解翻、模型构建模拟以及计算机制图等方面做了大量工作，给予了大力协助，在此，谨向他们付出的辛勤劳动表示真挚的感谢。本书部分表及图可通过扫描二维码的形式展示其彩图效果。

在本书写作过程中，参考了许多专家学者的论著以及科研成果，书中对引用部分一一作了注明，但是仍恐有疏漏之处，诚请原作者多加包涵。由于著者能力所限，书中不足之处在所难免，恳请广大同仁批评指正。

**著　者**

2018 年 6 月

# 目　录

**第1章　总论** …… 1
1.1　研究的科学意义 …… 1
1.2　研究进展 …… 2
1.3　技术路线与研究过程 …… 11
1.4　主要研究结论 …… 14
本章参考文献 …… 17

**第2章　煤矿区地质灾害类型以及影像特征** …… 22
2.1　采动扰动下的煤矿区地质灾害类型 …… 22
2.2　矿区主要地质灾害体的遥感影像特征 …… 26
2.3　矿区地质灾害体监测分析框架 …… 35
本章参考文献 …… 36

**第3章　采煤塌陷地监测与提取** …… 38
3.1　基于领域知识的塌陷地信息提取 …… 38
3.2　矿区积水塌陷地多尺度分布信息提取 …… 44
本章参考文献 …… 54

**第4章　融合多尺度分割与CART算法的矸石山信息提取** …… 56
4.1　融合多尺度分割和CART算法的矸石山信息提取基本原理 …… 56
4.2　矿区矸石山提取实例 …… 62

第 5 章　面向对象多尺度分割的矿区采动地裂缝提取 …………………… 65
5.1　面向对象多尺度分割矿区采动地裂缝提取技术流程………………… 65
5.2　矿区采动地裂缝分布信息提取实例分析……………………………… 71

第 6 章　煤矿区滑坡体与尾矿坝识别 ………………………………………… 95
6.1　矿区滑坡体解译标志……………………………………………………… 95
6.2　矿区滑坡体提取技术流程………………………………………………… 96
6.3　矿区滑坡体——平顶山矿区滑坡信息提取实验……………………… 98
6.4　矿区尾矿坝提取初步 …………………………………………………… 102
本章参考文献…………………………………………………………………… 104

第 7 章　开采沉陷预计、分析与预测模型及其插件式实现 ……………… 105
7.1　适用于山地、倾斜煤层的煤矿区开采沉陷预测模型………………… 105
7.2　开采沉陷预计、分析与可视化系统…………………………………… 108
7.3　系统实现与应用 ………………………………………………………… 111
本章参考文献…………………………………………………………………… 119

第 8 章　地面沉降灾害风险评价指标及分析平台………………………… 121
8.1　地面沉降灾害风险评价指标体系 …………………………………… 121
8.2　系统设计 ………………………………………………………………… 131
8.3　平台实现 ………………………………………………………………… 142
本章参考文献…………………………………………………………………… 165

第 9 章　基于 T-ANN-CA 模型的煤矿区土地利用演化与模拟 ………… 165
9.1　引言 ……………………………………………………………………… 165
9.2　矿井生命周期各阶段土地利用演化规律 …………………………… 166
9.3　基于矿井生命周期理论的 CA 扩展模型 …………………………… 168
9.4　实证研究 ………………………………………………………………… 172
9.5　结论 ……………………………………………………………………… 179
本章参考文献…………………………………………………………………… 180

第 10 章　基于 SD-CA-GIS 的环境累积效应时空分析建模研究 ……… 182
10.1　引言…………………………………………………………………… 182

10.2　基于SD-CA-GIS的时空累积效应分析建模 …………………… 183
10.3　实例验证……………………………………………………………… 186
10.4　结论与讨论…………………………………………………………… 192
本章参考文献…………………………………………………………………… 193

**第11章　煤矿区景观演变生态累积效应表征模型** ………………………… 195
11.1　引言…………………………………………………………………… 195
11.2　煤矿区景观生态分类………………………………………………… 196
11.3　煤矿区景观演变的生态累积效应表征模型………………………… 205
11.4　景观累积效应分析实例……………………………………………… 210
本章参考文献…………………………………………………………………… 222

# 第1章 总 论

煤炭资源在我国一次能源的生产和消费中一直占有极其重要的地位，是我国可持续发展战略实施的重要能源保证。煤炭资源的大规模开发和利用，不可避免地带来了地表形变、土壤污染、植被退化以及景观破坏等一系列环境问题，造成了重大的经济损失（黄盛初等，2003；王行风，2014）。随着国家、政府以及人民对人类生存环境的重视，基于生态环保与和谐发展的观点与理念已深入人心，绿色、和谐、环保的矿区发展方式受到起社会各界的普遍关注。

本书在梳理和总结笔者多年从事煤矿区资源开发与环境理论研究以及实践的基础上，从煤矿区可持续发展的角度，剖析煤炭资源开发对矿区地表环境的影响机理，研究煤矿区环境监测、分析和评价的关键技术与理论，以期为探讨煤炭资源开发与生态环境相协调的矿区发展模式提供一定的思路。

## 1.1 研究的科学意义

煤炭资源的大规模开发和利用在为经济发展和社会进步做出巨大贡献的同时，也对煤矿区（矿区）的环境造成了严重的影响，带来了诸多难以回避的生态问题。以煤炭大省山西为例，据山西省社科院的一项研究，从改革开放至今，煤炭资源开发带给山西的生态环境直接损失高达 4 000 多亿元。

党中央、国务院一直高度重视我国煤炭资源开发所导致的生态环境问题。十三五以来国家对煤矿区生态环境尤为关注，已经将煤炭绿色、清洁高效利用提升到了国家战略高度。

2013 年 9 月，国务院印发《大气污染防治行动计划》，针对煤炭资源的清洁高效利用，相关部门制定了任务，研究了实施措施，并在煤炭资源开发区域进行了落实。

2014 年 6 月国务院办公厅发布的《能源发展战略行动计划（2014—2020

年）》也明确提出要按照“安全、绿色、集约、高效的原则，加快发展煤炭清洁开发利用技术，不断提高煤炭清洁高效开发利用水平”。

2015 年 2 月，工业和信息化部、财政部联合制定的《工业领域煤炭清洁高效利用行动计划》中，明确要求煤炭消耗量大的地区要制定工业领域的煤炭清洁高效利用计划。

2015 年 5 月，国家能源局印发了《煤炭清洁高效利用行动计划（2015—2020 年）》，提出建立政策引导与市场推动相结合的煤炭清洁高效利用推进机制，并为近期煤炭清洁高效利用明确了时间表。

《国家中长期科学和技术发展规划纲要（2006—2020 年）》指出我国目前能源供需矛盾尖锐，结构不合理；能源利用效率低；一次能源消费以煤为主，化石能源的大量消费造成严重的环境污染”，并将全球环境变化监测与对策列为优先主题。

李克强总理在 2017 年《政府工作报告》中要求，要守住环境保护的底线，坚决打好蓝天保卫战，强化水、土壤污染防治，强调生态环保贵在行动、成在坚持，必须紧抓不松劲，一定要实现蓝天常在、绿水长流、永续发展。

因此，开展煤炭主产区地表环境监测、分析与评价研究既属于国家中长期科学和技术发展规划重点领域，也是全球性的行业科技发展问题，具有重大的理论实际意义及应用推广前景。

## 1.2 研究进展

煤矿区作为地表环境破坏比较严重的区域，一直都是采矿学、生态学、地理学以及环境科学等领域研究的热点。德、英、澳、美、法、加等国在 20 世纪 70 年代就把矿山资源开采所导致的环境问题研究等纳入到矿业活动的日常事务中，并以法规的形式规定在采矿之前必须对矿业活动可能引起的环境问题进行分析与评估。由于受经济发展水平的影响，我国煤炭资源开发的环境影响研究工作起步略晚，始于 20 世纪 80 年代，到目前为止已经针对大量不同类型的矿区资源开发对环境的影响做了大量的工作和有益探讨（耿海清，2008；曹代勇等，2010；孙亚军等，2017），这些工作涉及地表环境采动要素损害机理分析、环境监测、评价指标体系、评价方法和评价模式等诸多方面。

### 1.2.1 煤炭资源开发的地表环境采动影响要素

地下开采导致的岩层和地表移动作用于采动范围内的地表环境要素，使其产生形态各异、程度不同的损害(连达军,2008)。针对煤炭资源开发所引起的生态环境问题,国内外专家学者从多方面分析了煤炭资源开发对生态环境各要素的影响机理,探讨了矿区生态环境对煤炭资源开发的响应机制,并尝试对煤炭资源开发所引起的生态环境效应进行定量评价,有针对性地提出了矿区生态环境保护措施、治理技术与管理对策等。

面向煤矿区开展监测模型、监测方法以及分析技术的研究,为国家的能源结构调整、煤电一体化、大型煤炭基地布局、生态环境建设等重要的社会、经济发展战略提供重要支撑,具有重大的经济与社会效益。

矿区地表环境监测方法可简单概括为宏观监测与微观监测两种方法。微观监测(地面监测)主要利用地面监测站监测并调查、收集资料等;宏观监测主要是利用遥感(RS)、地理信息系统(GIS)技术在一定的空间尺度下,对特定区域范围内的生态环境进行动态、周期性的监测。随着地球信息科学的发展,基于RS、GIS、GPS、网络技术等手段的宏观监测技术手段越来越多地被应用到矿区地表环境监测中,已经涉及地表环境的监测、管理、模型模拟、趋势预测和评价等各方面(季惠颖等,2008;王行风等,2007;胡振琪等,2008;赵银兵等,2009)。

加拿大在1994年就建立了生态监测与评估网络,内容包括气候变化对水纯净度的影响,森林可持续发展的标准等(陈彩虹等,2003);Legg(1990)利用遥感技术对地表采矿引起的环境问题和矿区土地复垦做了定性评价。Venkataraman等(1997)综合遥感数据和基础数据定性分析了矿区植被、土地利用、地表水、地下水和土质受矿产开发的影响程度。Fischer等(2002)将遥感、地理信息系统和地下水模拟结合起来研究了地下采矿引起的地表变形、地下水变化和地表植被变化三者的关系。郭达志等(2001)利用遥感和其他技术相结合的方法对晋城、铜川、开滦等矿区的大气、塌陷进行了调查分析;杜培军等(2003)、王行风等(2008)等利用领域知识结合遥感影像对我国东部高潜水位地区与半干旱和干旱地区采煤沉陷地进行了建模提取;杨玲等(2006)利用遥感影像对矿区植被变化进行了分析,发现受煤矿开发的影响,重度荒漠化草地多与矿业建设用地的距离相关关系显著;徐友宁等(2007)、李琳等(2007)等利用GIS和RS相结合的方法对矿区的土地覆盖、土地利用时空变化进行了研究;汤育(2008)以Landsat TM(Thematic Mapper)和CBERS卫星影像为主要数据来源,分析了近20年阜新市海州露天矿区面积变化趋势及近5年来对当地空气质量的影响;姚玉增等(2008)利用TM/ETM影像,在GIS支持下,对阜新市城市扩展及城市热岛效应进行了研究。在矿区地质环境的整体解译方面，苗艳艳等(2007)采用不同时相的陆地卫星遥感数据，完成了湖北省重大矿区的地质环境解译；况顺达等(2006)总结了利用遥感技术开展矿山地质环境问题调查的方法与技术路线。生态环境的评价、预测和模拟，是矿区生态环境研究的核心问题。李婧等(2005)利用数字高程模型，建立了矿区采矿前后的三维模型，利用GIS的空间分析方法，调查和预测了矿山的挖掘量和尾矿的堆积量，为土地复垦和生态重建等决策提供了理论依据；陈涛等(2006)利用遥感及GIS相关理论，采用主成分分析法进行了四川生态环境的现状评价分析研究；仲嘉亮等(2006)基于栅格数据运用GIS叠置分析功能进行生态环境质量综合评价的方法，实现了生态环境质量指数与具体生态区域地理位置的一一对应；李洪义等(2006)利用从遥感数据中提取反映生态环境的植被、土壤亮度、湿度、热度指数等指标因子，对因子进行相关性分析，建立了多元线性回归方程，利用该评价模型，在GIS空间分析支持下生成福建省生态环境遥感综合评价图。

水土环境是矿区生态环境的重要要素，也是煤炭资源开发影响最直接最严重的对象之一，故引起较多学者的关注。卞正富等(1999)等系统研究了开采沉陷对潜水位埋深的影响规律；杨策等(2006)以平顶山石龙区为例，从地下水资源量和水质两个方面探讨煤矿开采对水环境的破坏机理，分析了该区40余年来煤炭大规模开发所导致的地下水水位和水化学场变化及其原因，为矿区的生态环境综合整治提供了依据；胡振琪等(1996)则结合华东平原高潜水位地区开采沉陷特征对耕地土壤物理、化学和生物特性的影响进行了分析；陈龙乾等(1999)通过对沉陷影响区和未开采区观测数据的比较分析，得出了开采沉陷对土壤水分、重度、孔隙率、机械组成等物理特性和有机质、盐分、养分、酸碱性等化学特性的影响规律及其空间变异特征；顾和和等(1998)定量评价了开采沉陷对耕地生产力的影响；李鹏波等(2006)分析了矸石山对矿区和周围区域生态环境的物理、化学危害机理；余学义(2001)预计分析了采动区地表剩余变形对高等级公路的影响并划定了移动变形危险区；李永树等(1998,2000)详细分析了铁路路基沉陷特征，提出了铁路安全预报公式及其防灾减灾措施，对铁路临界变形值的界定方法进行了深入研究；夏军武等(2005)就开采沉陷对桥体的影响及抗变形技术进行了研究；李逢春(2003)分析、评价了开采沉陷对架空输电线路的影响；陶虹等(2016)以地下水长期监测数据为基础，综合分析榆林市榆阳区萨拉乌苏组潜水区域水位动态时空发育特征，运用模糊聚类分析法将研究区的浅层地下水划分为水位强烈波动区(Ⅰ类)、水位中等波动区(Ⅱ类)、水位弱波动区(Ⅲ类)，研究不同动态类型区水位变化规律以及主要影响因素，开展地下水位动态与煤炭开采量、大气降水量的相关性分析；王双明等(2017)通过对神木北部矿区塌陷 1,2,5,10 a 和未塌陷区植物群落调查及土壤因子的测试分析了神木北部矿区采煤对生态环境损害的关系，并给出了该区生态环境保护的指导原则。

矿区生态环境的保护、治理和管理也是专家、学者和政府部门关注的焦点。顾和和等(1997)、芮素生(1994)较早对我国煤矿区生态环境保护的技术措施、行动步骤及管理对策进行了总结和分析。更多学者则从技术层面对开采沉陷控制和减轻地面沉陷程度的方法和技术手段进行了探讨。如为了提高地表移动变形过程预计及对矿区环境影响分析的准确性，吴侃(1995)提出了开采沉陷动态预计的实用算法；余学义(2001)认为上覆岩层的流变特性是地表动态移动变形的主导因素，并以此为基础提出了地表动态下沉盆地的移动变形预计理论。郭广礼等(2004)根据荷载置换原理，提出了“条带开采—注浆充填固结采空区—剩余条带开采”的三步法开采沉陷控制新思路并进行了可行性研究；赵经彻等(1997)则提出了兖州矿区“地表下沉盆地分割、离层带与冒落带全面注浆、拱基参数控制、注浆材料、农田保护”等 5 项地表沉陷控制综合方案。卞正富(2007)基于采矿对环境影响规律的认识，提出了矿山生态建设的概念，在分析不同类型矿区生态类型特点的基础上，明确指出矿山生态建设是发展中迫切需要的，也是切实可行的，需要进行技术集成和理论创新，更好地指导矿山生态建设。范立民(2017)为保护干旱半干旱矿区含水层及生态系统，通过阐述榆神矿区矿床地质、开采条件、岩层移动特征等，从系统论角度提出了保水采煤的概念和科学内涵，并构建了保水采煤研究基本框架。

随着数据挖掘、数据融合、专家系统、神经网络和高光谱遥感等相关技术的不断发展，充分利用空间信息技术实现生态环境质量综合评价和预测成为可能。它不但能为生态环境质量评价研究带来广阔的应用和研究前景，而且将使生态环境质量评价研究更具有科学性和针对性(邓春光等，2007)。

### 1.2.2 煤矿区典型地质灾害监测研究

煤矿区是一种特定地质地理条件下的生产生活区域，由于煤炭开发开采等因素的影响，煤矿区地物类型特殊而复杂，既有其他区域常见的地物，如矿区建设用地、耕地、水体等，又有诸如矸石山、洗选废渣、塌陷地等一些煤矿区特有的地物类型。煤炭资源的高强度开发使得矿区地质环境受到各种扰动与胁迫，从而造成矿区地物在光谱特征、空间关系、内部结构等方面发生明显变化。我国是煤炭开采利用大国，煤矿区的地表环境遥感监测研究处于国际先进行列，对于煤矿区地质环境信息的监测涉及煤矿区典型地物分布信息各个方面。

采矿塌陷地的动态监测是矿区资源管理的重要方面，从遥感图像中提取采矿塌陷地是遥感应用于矿山资源环境监测的重要研究课题，它甚至成为煤矿区社会、经济和生态环境可持续发展所面临的重要问题。定量、实时和动态获取塌陷地信息自然成为区域环境综合治理、地表塌陷控制模式研究等工作的关键环节。国内外对于遥感技术在矿区塌陷地研究中的应用作了大量的研究，但是这些研究都存在一定的局限性，如彭苏萍等主要关注平原积水塌陷地的研究，对于部分塌陷地如干旱非积水塌陷地等信息则研究不够。李婧等(2005)利用数字高程模型，建立矿区采矿前后的三维模型，利用 GIS 的空间分析方法，调查和预测了矿山的挖掘量和尾矿的堆积量，为土地复垦和生态重建等决策提供了理论依据。

煤矸石是一种在成煤过程中与煤层伴生的黑灰色固体废弃物，不仅会污染环境，而且会严重损害附近居民的身体健康，目前已经成为矿区生态环境的主要影响源之一。因此，实时、准确、快速地获取煤矸石堆场的位置、形状和面积等信息，对于环境监测与管理具有重要的意义。王国平(2004)较早地应用不同分辨率的卫星图像从区域上进行资源总体分布情况调查、从局部进行资源类型划分，高效地完成了阜新煤矸石资源的调查工作；荆青青等(2008)以荆门市马河镇煤矸石分布调查为例，利用 ASTER 多光谱数据波段多、信息量大的特点，实现了煤矸石的分布范围快速准确地提取，提取精度可满足煤炭资源开发状况和矿区生态环境的调查与监测；冯稳等(2011)在研究矿区背景知识的基础下，统计分析矿区内煤矸石及其他典型地物在影像上的光谱特征，构建了研究区的分类知识库；基于 TM 多光谱影像，运用知识决策树分类方法对江西萍乡煤矿区进行煤矸石信息提取试验，有效提高解译的效率及准确度；王鹏等(2013)选择 Landsat 5 TM 影像，通过将研究区的光谱信息与地形、温度等辅助信息相结合的方式，分别使用非监督分类、监督分类、谱间关系法、分层分类法 4 种方法对研究区煤矸石堆场进行提取，通过对比，验证了不同分类方法提取煤矸石堆场信息的识别精度。黄丹等(2015)以内蒙古鄂尔多斯市东胜区为试验区，采用 SPOT-5 高分辨率遥感影像，面向对象提取研究区内的煤矸石堆场信息，并进行识别精度评价，结果表明，面向对象的提取方法可更好地应用于煤矸石堆场信息的自动提取，大幅度提高精度和效率。宋亮等(2014)基于 TM 影像数据，分别使用监督和非监督分类方法对辽宁铁法(煤)矿区典型地物进行遥感识别，对比分析了煤与煤矸石所存在的混分现象，为煤矿区地物遥感识别的方法选择提供参考；为揭示煤矸石回填复垦工程对复垦区景观生态的影响，刘轩等(2016)运用GIS、RS和景观评价分析方法，选取2000年Landsat ETM和2014年Landsat OLI 8遥感影像作为数据源，结合实地调查解译分类，分析了阳泉市一矿煤矸石回填复垦区景观变化状况，并对景观生态综合稳定性进行了评价。

滑坡是煤矿区典型的地质灾害之一，遥感技术可用于滑坡的识别、填图、监测和评价。目前，国内外在滑坡调查中使用的遥感技术主要有利用合成孔径雷达、高空间分辨率的便携式无人机、多时相遥感数据、面向对象的图像处理方法等(吕鹏等，2015)。滑坡分类研究一直是滑坡研究的基础和重点。焦姗等(2017)通过对山西煤矿区滑坡灾害的工程实践和大量的调查统计分析，将山西煤矿区滑坡分为顺基岩面推移-滑动型黄土滑坡、蠕滑-挤出型黄土滑坡、水浸溜滑型黄土滑坡、煤层自燃倾覆-拉裂滑移型岩质滑坡以及受节理控制的蠕滑-张裂型岩质滑坡，该研究进一步细化了滑坡分类的内容，为矿区及类似滑坡地质灾害的防治提供指导。王云南等(2017)以滑坡为研究对象，总结了国内外解译遥感影像中滑坡灾害点的方法及其优缺点，归纳出了滑坡的影像识别标志，最后指出识别过程中存在解译指标不成熟、光谱信息应用不充分、影像反映不出地物的动态特征等不足，并针对不足提出相应的研究展望；唐尧(2015)利用遥感技术研究各类地质环境要素现象时空分布及相互关系，推断潜在的地质环境安全隐患，全面掌握矿区内矿山地质环境现状，有效地指导矿山环境保护工作和规划实施矿山环境问题防治工程，对有效部署野外调查、预防矿山环境地质危害及实施矿业可持续发展战略具有十分重要的理论意义和实用价值。上官科峰等(2009)为了分析矿区采动影响的山体滑坡机理，以金和一号矿井后山采动斜坡山体滑坡为研究对象，分别运用极限平衡理论、有限差分数值方法分析了采空区上覆山体滑坡的内在机理，并将斜坡失稳归结为地下采空-后缘破坏-剪切蠕动的推动式顺层滑坡破坏模式。王果等(2017)提出一种基于无人机倾斜摄影技术的全自动露天矿边坡三维重建方法，利用无人机搭载的数码相机获取矿区序列倾斜影像，通过特征提取、空三测量、多视影像密集匹配，构建不规则三角格网和纹理映射，自动重建出露天矿边坡三维模型，在露天矿三维地形滑坡动态监测和灾害分析方面具有重要意义。

地裂缝是矿山地质灾害的重要表现形式，对矿山地质生态环境构成严重威胁，其数量多，分布广，危害重，不仅造成了生态环境的恶化，也阻碍着城市化进程和社会经济的可持续发展。利用遥感技术对地面变形等地质灾害进行调查研究具有传统技术无可比拟的优越性，特别是高分辨率遥感影像的出现，为煤炭开发区地裂缝调查提供了一种快速、高效的方法（赵炜，2009）。王娅娟等（2011）根据大柳塔采空区地裂缝的发育情况，利用 0.6 m 高分辨率 QuickBird 影像进行采空区地裂缝提取方法研究，结果发现提取结果和实地调查结果吻合。杨进生等（2015）基于无人直升机遥感技术给出了低空遥感地裂缝信息采集技术框架，并根据华北平原（隆尧段）地裂缝的发育特征建立遥感解译标志，并对隆尧地裂缝遥感信息进行探索性提取；通过野外验证，监测效果良好，为在平原地区快速、大面积寻找和监测地裂缝提供了可行的低空遥感技术和方法参考。刘宏伟等（2008）根据野外实际踏勘调查，利用遥感手段分析计算出了平顶山矿区整体沉陷状况，论述了平顶山矿区地面沉陷和地裂缝灾害的基本机理和分布现状，并针对现状提出了这两种主要地质灾害的防治建议。赖百炼等（2011）通过遥感地质解译、调查，利用多时相卫片、航片、数字高程模型等技术资料，对晋城市周围的采空区有了较全面的掌握，确定了采空区不同类型的地裂缝 23 处，并根据采空区年限、顶板岩性、开采层数、地面塌陷幅度等多种因子，将采空区划分为极不稳定、不稳定、较不稳定 3 种类型，确定了极不稳定区 5 个，不稳定区 4 个，较不稳定区 13 个。范立民等（2015）通过遥感解译结合实地调查，对榆神府矿区地裂缝进行了分析研究，发现该区地裂缝主要分布在石圪台-大柳塔、大昌汗-老高川、榆家梁、锦界、柠条塔煤矿北翼以及大砭窑、麻黄梁一带，均为煤炭高强度开采区。王瑞国（2016）以 World View-2 数据为依据，在建立遥感解译标志基础上，采用遥感解译与野外验证相结合、人机交互解译与计算机自动信息提取相结合的方法，圈定了乌东煤矿由采矿活动引发的地质灾害点及其集中发育区，测量了地质灾害体的展布方向、几何参数和影响面积，从而为乌东煤矿相关部门进行地质灾害防治决策提供了依据。

### 1.2.3 矿区环境评价研究

生态环境评价始于 20 世纪 60 年代，评价主要内容包括生态环境质量评价和生态环境服务功能评价两个方面，如环境质量评价、生态安全评价、生态风险评价、生态退化评价、生态脆弱性评价、生物多样性评价、工程影响评价和生态健康评价等（田永中等，2003）。煤矿区作为生态环境破坏比较严重的区域，一直都是生态学及生态环境评价领域研究的热点之一。

矿区地表环境的评估首先需要进行评价指标体系的构建。关于矿区生态环境评价指标体系，国内主要有两种观点：一是从生态学观点选择指标体系；二是从系统论的观点选择指标体系。程胜高等(2001)提出评价的重点应该放在矿业活动所引起的生态系统变化上，认为“矿山生态环境评价包括对矿产资源开发活动所引起的生态系统结构、功能变化和造成的生态系统污染水平两方面”。常春平等(1998)从系统论的观点出发，在考虑矿产资源和其他自然资源空间分布关系的基础上建立了由自然生态环境子系统和社会生态环境子系统组成的评价指标体系；李江锋等(2009)通过对北京首云矿区土地利用、植被和水土流失状况的现场调查，结合矿区实际，提出了生态环境评价指标和标准。陈桥(2004)在“鞍山铁矿山生态环境重建试验研究”中提出了“自然禀赋指数维、区域人文指数维、生态环境指数维”三维矿山生态环境评价指标体系。与此同时，生态环境评价模式、模型的研究也得到越来越多的关注。胡克等(2006)提出 RMMER 矿山生态环境评价模式；张美华(2000)、毕晓丽等(2001)分析比较了特尔菲法(专家咨询法)、层次分析法、灰色关联分析法、模糊综合评判法在矿区生态环境评价中的应用。综合以上相关研究，可以发现：

① 生态环境质量评价指标体系需要进一步完善。由于不同研究者对矿区生态系统的理解不同，使得所建立的指标体系存在很大的差异，影响了评价结果的正确性以及结果之间的兼容性。

② 趋势研究不够，针对性不强。对矿区生态环境现状的调查多限于静态资料，多侧重于对生态系统的结构、功能、状态评价和模型构建，对区域生态系统演化规律以及煤炭开采扰动下的变化趋势研究不足，缺乏对不同情境下的煤炭资源开发及其生态响应过程的模拟和预测，从而导致评价结果的适用性较差，治理措施针对性较弱。

③ 评价手段有待进一步提高。随着生态环境评价向动态方向发展，研究对象向大时空尺度发展，研究目的向生态系统管理发展，评价中迫切需要一些新的技术手段，如 GIS、RS 等来支撑。

④ 整体性、综合性评价比较缺乏。目前进行的矿区生态环境评价，大多以各矿井项目分别进行评价，而实际上由于煤田的范围较大，对其进行勘探和开发大多分阶段分步骤地进行，从而形成处于不同地域和投资主体的矿区和井田。基于井田的单个项目评价对整个矿区生态系统影响的宏观分析显得不足，缺乏整体性，造成相邻矿井保护目标不一致，措施难以统一，生态环境保护难以起到应有的效果(顾广明，2007；李凤霞等，2007)。

煤炭开发活动具有较强的时间持续性、空间扩展性，对矿区生态环境系统的扰动形式多，影响来源广，累积效应特征显著、机理复杂。煤炭资源开发与生态环境效应问题的研究是一个非常复杂的课题，既要研究生态环境的演化规律，又要联系矿区发展的变化特征；既要定性分析煤炭资源开发对生态环境的影响作用，又需要对生态响应过程进行动态监测与定量模拟；既要探讨生态环境对煤炭资源开发的约束机理，又要回答生态环境约束下的矿区可持续发展模式。虽然国内外在煤炭开发的生态环境效应相关领域做了大量工作，但总的来说，对煤炭资源开发的生态环境效应机理分析研究不足，还没有形成严格意义上的煤炭资源开发的生态环境效应分析和评价系统，还缺乏从生态环境约束的角度将煤炭资源开发与生态环境响应过程有机耦合起来进行规律性的研究，缺乏从生态环境约束下的能源开发方面研究区域能源开发的优化调控模式。

本书正是基于国内外研究现状及应用需求分析，进行煤炭资源开发矿区环境效应机理分析、方法探索和分析评价等研究，拟通过系统研究煤炭资源开发对矿区生态环境效应的影响规律，构建矿区环境效应表征模型，剖析矿区生态环境效应机理，提出矿区生态环境累积效应分析体系和评价方法，探讨能促进区域煤炭资源优化开发、经济社会可持续发展的绿色开发模式，为和谐矿区的构建提供基础支持和依据。

## 1.3 技术路线与研究过程

### 1.3.1 技术路线

考虑到矿区的典型性与特殊性，本书将煤炭资源的开采与矿区地表环境的演变过程结合在一起，剖析资源采动对环境变化的胁迫机制与演变规律。研究技术路线为：搜集、整理文献资料—选择典型矿区调研—矿区典型地质体、地物分析—采动影响下地物采动影响分析—指标体系构建—空间信息技术动态模拟、预测—环境分析评价—服务于矿区生产与建设规划，如图 1-1 所示。

### 1.3.2 研究过程

开展矿区资源开发的环境效应相关问题的研究，源于本课题组所参与的相关纵横课题。自 2003 年以来至今，本课题组主持和参与了十多项纵横项科研项目，调研足迹涉及我国诸多矿区，如徐州、兖济滕、潞安、平顶山、淮南、皖北、神东、府谷、永夏、邯郸等矿区（图 1-2）。主要开展了以下的研究工作。

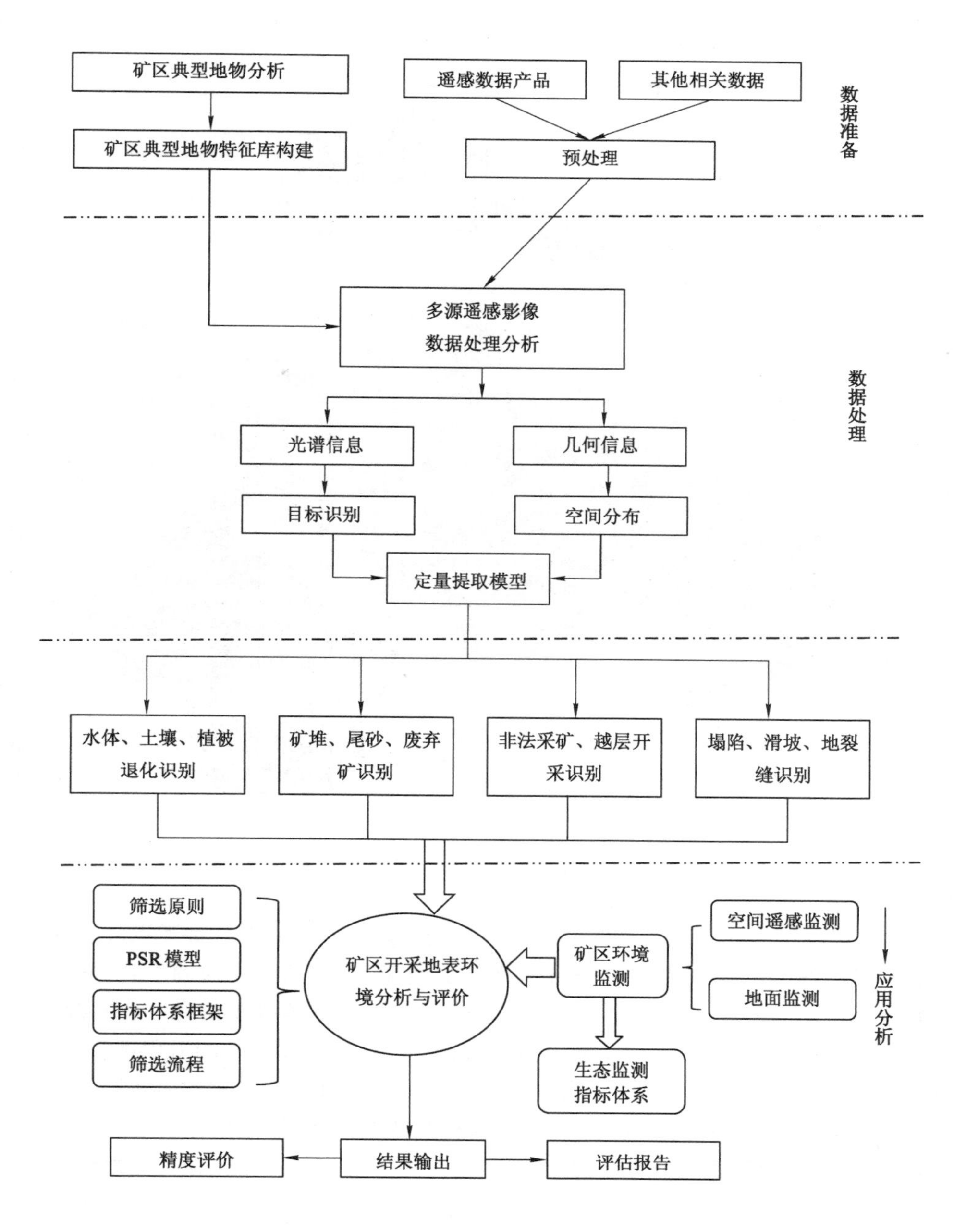
矿区典型地物分析
遥感数据产品
其他相关数据
数据准备
矿区典型地物特征库构建
预处理
多源遥感影像
数据处理分析
数据处理
光谱信息
几何信息
目标识别
空间分布
定量提取模型
水体、土壤、植被
退化识别
矿堆、尾砂、废弃
矿识别
非法采矿、越层开
采识别
塌陷、滑坡、地裂
缝识别
筛选原则
PSR 模型
指标体系框架
筛选流程
矿区开采地表环
境分析与评价
矿区环境
监测
空间遥感监测
地面监测
应用分析
生态监测
指标体系
精度评价
结果输出
评估报告

图 1-1　技术路线图

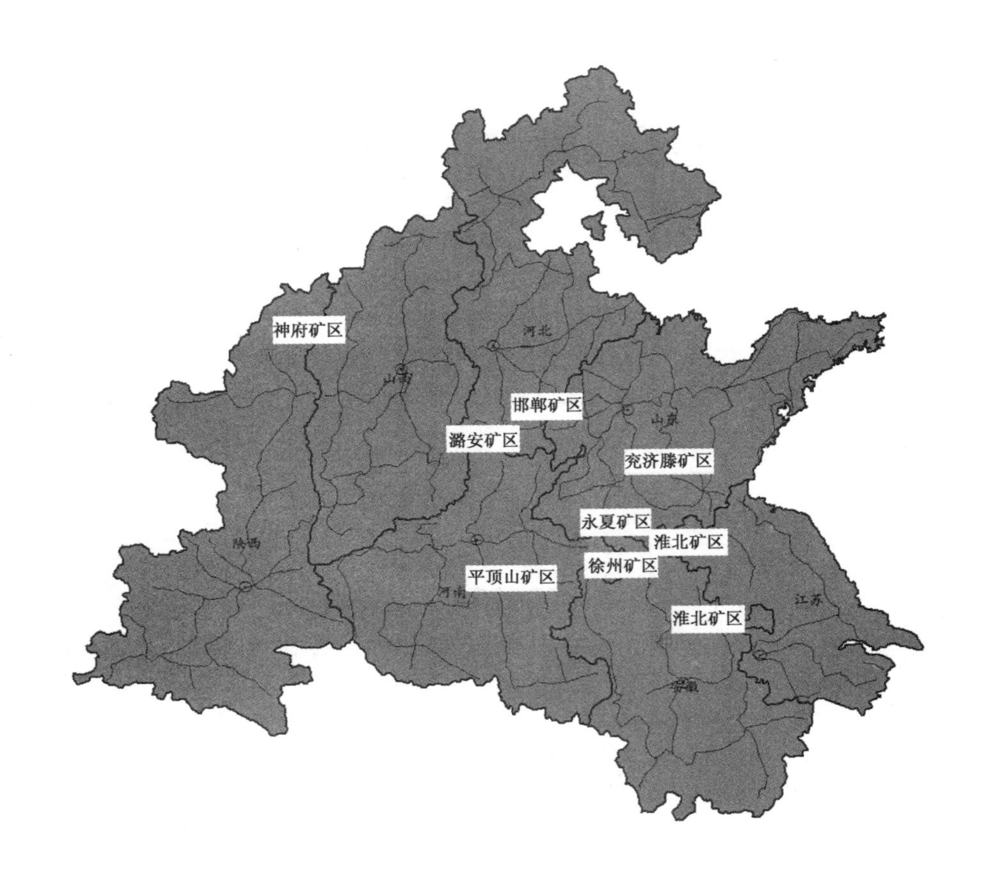


图 1-2　典型矿区地质灾害调查示意图

2003 年 10 月～2004 年 5 月：参与了山东煤炭地质局“兖济滕矿区环境地质调查与评价”项目，基于 MSS、TM 等中分辨率影像，结合地面调查，解译了兖济滕州矿区采煤塌陷地、土地利用、地表水体以及地裂缝等信息，结合文献资料和统计资料，探讨了中分辨率遥感影像解译矿区典型地物的适用性。

2005 年 1 月～2007 年 12 月：开展了“潞安矿区开采沉陷控制模式”项目，基于开采沉陷预测理论，基于 GIS 技术构建煤炭资源采动下的地表变形模型，将开采知识和遥感影像结合起来，对半干旱矿区的积水沉陷地、荒地沉陷地、土地利用变化以及景观演变等进行了分析，尝试了基于领域知识的地表塌陷变形算法研究。

2007 年 12 月～2008 年 12 月：参与了“平煤集团矿区资源环境立体协调

综合开发”项目，对不同类型矿区的地质灾害特点、演变和发展进行了分析，并将GIS技术引入到研究中，探讨了基于GIS的地表环境分析和评价。

2007年12月～2008年11月：西部测图项目“多源数据在西部地区土地覆盖信息提取中的应用研究”，利用多源遥感数据进行西部地区地表覆盖信息提取，生成分类体系中的各地表覆盖信息。在该项目工作成果的基础上，与矿区同类地质灾害的提取进行对比，研究面向对象的影像分割分类方法，为高分辨率、高光谱遥感数据在矿区地质灾害信息提取与研究方面提供技术支持。

2009年5月～2012年12月：利用卫星遥感影像，分别针对府谷矿区、永夏矿区的主要井田开展生态环境解译。主要内容包括：通过植被类型遥感解译，提取并统计植被类型数据、相应面积、比例和各植被类型盖度；对解译区内动物资源状况进行调查，对解译区内的野生动物（特别是保护动物）列表；通过土壤类型遥感解译，提取并统计土壤类型及相应面积、比例，分析解译区水土流失状况；通过土地利用类型遥感解译，提取并统计土地利用类型及相应面积、比例，编制解译区土地利用类型图；绘制解译区采煤沉陷积水区分布图，统计采煤沉陷积水区面积；分析解译区生态系统类型及特征，统计各类生态系统的面积、比例、分布以及地貌、植被分布等情况；通过对多个时段解译数据的统计、评价，分析矿区生态环境的变化情况、变化原因等。

2011年1月～2014年12月：国家科技支撑计划子课题“国产卫星测图数据在矿山地质灾害监测中的应用示范”。重点研究基于国产测图卫星数据的矿区典型地物提取技术，基于国产测图卫星数据构建矿产资源开采损害监测与评价模型；基于GIS开发矿区开采损害监测与评价信息系统并结合相关矿区展开示范性应用研究。

2014年1月～2016年12月：国家测绘局公益项目“面向地理国情服务的资源开发地表沉降监测”。围绕监测地理国情、支撑生态建设、辅助决策支持等目标，针对煤炭资源开采所带来的地面沉降破坏及威胁，研究空天地地表沉降协同监测技术，构建地面沉降时空演化规律及预测预报模型、地面沉降灾害风险评价指标体系等，以解决目前地理国情监测分析中所遇到的协同监测、多源数据集成分析、地面沉降临界预测预报等方面难题。

## 1.4 主要研究结论

### 1.4.1 总结了矿区典型地质灾害类型成因以及演变机制

煤炭资源开发的强扰动性使得矿区地质灾害类型复杂多样，如岩土体运动灾害、地面变形灾害、矿山与地下工程灾害、城镇地质灾害、土地退化灾害、水土污染与地球化学异常灾害以及水源枯竭灾害等。本书在剖析煤炭资源开采规律的基础上，重点分析了矿区采矿塌陷、地表变形、矸石堆积、地裂缝和滑坡体等较为典型的矿山地质灾害类型等的成因、特点以及研究现状，并简要总结了采动扰动下的矿区地质灾害体的演变机制。

### 1.4.2 对比分析了矿区主要地质灾害体的遥感影像解译特征

遥感影像解译标志能够反映和表现目标地物信息在遥感影像上的各种特征，这些特征能帮助读者识别遥感影像上的目标地物。本书在文献分析、实地调研的基础上，基于遥感影像，对各种典型地质灾害类型在影像上的解译特征(颜色、色调、形状以及纹理等)进行了分析、概括和对比，建立了采煤塌陷地(积水塌陷地、非积水塌陷地)、矿区不同规模的地裂缝(大型、中型和小型)、煤矸石山、滑坡和尾矿坝等的解译标志，为基于影像特征的地质灾害信息提取奠定基础。

### 1.4.3 构建了矿区典型地质灾害体的提取技术流程，并进行了实例提取验证

(1) 地表塌陷地

在对矿山开采所导致的采动塌陷地领域知识分析的基础上，总结了开采工作面走向和沉陷地主轴方向、开采沉陷控制保护、土地复垦以及保护等知识的基础上，构建了面陷夹角、开采沉陷控制保护缓冲区、塌陷斑块分维数范围等指标，提出了基于领域知识的塌陷地提取算法。潞安矿区的提取结果证明，新知识参与的修正模型可以将塌陷地信息提取的精度提高到85％～90％。

针对目前开采塌陷地的提取多采用单一数据源和单一尺度的特点，本书将多尺度图像纹理信息作为辅助特征引入塌陷地的提取中，构建了融合多尺度特征的矿区采煤沉陷地提取技术流程，并以资源三号卫星(ZY-3)临影像作为数据源，以 ALOS 影像作为对比数据源，分析了积水塌陷地提取的适宜尺

度，并以徐州煤矿区积水塌陷地提取为实例，选择多尺度分割模型，提取了徐州矿区（部分）积水塌陷地信息，提取精度达到了85.36%左右。

（2）采动地裂缝

在充分考虑地裂缝大跨度的光谱特征、特定的形状特征、纹理特征和拓扑特征等基础上，构建了面向对象多尺度分割来实现矿区地裂缝分布信息的提取技术流程。并以大同矿区忻州窑矿的地裂缝提取为例，对比和分析了不同空间分辨率的影像（资源三号卫星、Google Earth 和无人机影像），提取不同规模地裂缝的适宜性，验证了 ZY-3 数据可以提取中型级别以上地裂缝信息，且忻州窑矿地裂缝的提取精度达到了85.22%。

（3）矸石山

结合多尺度分割和 CART 算法各自的优势，本书提出一种基于 CART 算法的目标信息提取思路，其将小尺度分割与大尺度分割相结合，将影像分割成一系列同质性对象；并以同质性对象为基本单元选择训练样本，然后利用 CART 算法提取目标信息。实验结果表明：与单纯像素级的 CART 算法相比，该方法可有效减少提取结果的噪声，一定程度上排除了其他地类对目标信息的干扰，提取精度显著提高。

（4）矿区滑坡

利用遥感影像为数据源，以滑坡体提取为目标，在分析滑坡体解译标志的基础上，归纳整理滑坡体的判别准则，区别影像中与滑坡体相近的地物，构建了基于知识推理的煤矿区滑坡体识别专家提取系统，借助该专家系统能够辅助影像数据使用者快速、高效地完成矿区滑坡体的信息提取工作。

### 1.4.4 利用 GIS 插件技术，开发了煤矿区开采沉陷预计、分析和预测模型

基于为煤矿区地质环境评价、规划奠定数据基础的角度，本书基于 GIS，以 ArcGIS 的组件 ArcEngine 作为开发基础平台，以 Visual Studio 为开发工具，应用面向对象的开发方式开发了适用于山地、倾斜煤层的地面开采沉陷预计、分析与可视化软件插件模型，建立了集数据采集、处理、分析和预计于一体的以多维、动态为特征的开采沉陷预计、分析与可视化系统，可方便对开采沉陷过程与规律的认识研究。

### 1.4.5 构建了基于 T-ANN-CA 模型的煤矿区土地利用演化与模型

矿区在不同的发展阶段，土地利用类型之间的转换具有不同方式，土地利用结构的演化存在阶段性的特点。因而利用 CA 模型对矿区的土地利用变化

进行模拟和预测就要求在不同阶段使用不同的转换规则，而传统的 CA 模型难以满足这样的要求。本书基于矿区生命周期理论，改进了传统 CA 模型，通过控制变量的引入，实现了元胞转换规则的动态获取和应用。为了验证模型的有效性，以潞安矿区的常村矿为研究对象，利用改进的模型对常村矿土地利用空间结构进行了成熟期和衰退期的预测。通过和传统 CA 模型预测结果的比较，表明该模型的预测结果和矿区的不同阶段的土地利用演化特点比较吻合。因此该模型能够提高矿区土地利用结构演变模拟和预测的精度，利用该模型是有效可行的方法。

### 1.4.6 基于 SD-CA-GIS 的环境累积效应分析建模

累积效应分析强调环境变化的时空放大作用，突出环境要素之间的时空交互作用，从而对环境分析方法的能力提出了挑战。本书在对传统环境分析方法进行归纳、分析和总结的基础上，以 GIS 为基础平台，集成系统动力学和元胞自动机的优点，建立了能够分析时间累积和空间累积效应的 SD-CA-GIS 模型，并以山西省潞安矿区作为研究区域，利用 SD-CA-GIS 模型分析了矿区社会、经济、工程和环境等因子之间的时空交互作用，预测和模拟了该矿区环境系统在 2006～2030 年的演化趋势，并以土地利用变化的累积状况为例进行了剖析，并给出了环境效应累积的管理措施和建议。

### 1.4.7 构建了煤矿区景观演变的生态累积效应表征模型

在总结煤矿区景观生态分类研究现状、趋势的基础上，本书以遥感技术为支撑，构建了基于中小尺度的煤矿区景观生态分类框架；并基于累积效应原理和景观分析原则，在提出景观生态基准值概念的基础上，利用景观类型结构偏离累积度、景观格局干扰累积度和生态敏感性退化累积度构建了煤矿区景观生态累积效应表征模型，以潞安矿区为研究区域，以 1993 年作为采前景观生态基准，在对矿区景观(1993～2000～2006)分析的基础上，对矿区景观演变所造成的生态累积效应进行分析。

### 1.4.8 开发了地面地质灾害分析与评价平台

煤炭资源开发所带来的地表沉降对矿区地质环境带来了一系列的影响，影响了地面建构筑物、道路、管线等，影响了生产和生活。因此，本书以煤炭资源开采为例，结合示范区实际，研究资源开采沉降机理及时空演化规律，构建针对不同保护对象的地面沉降灾害风险性评价指标，以 GIS 为平台，集成地层、地质、采矿等基础数据及沉降预测模型，开发资源沉降分析平台，为煤炭资源开发地面沉降预测及危害性评价等提供理论和技术方法，为政府部门管理、决策等提供技术支撑。

## 本章参考文献

[1] 毕晓丽，宏伟. 生态环境综合评价方法研究进展[J]. 农业系统科学与综合研究，2001，17(2)：122-126.

[2] 卞正富. 论矿山生态建设[J]. 煤炭学报，2007，32(1)：13-19.

[3] 卞正富，张国良. 矿山开采沉陷对潜水环境的影响与控制[J]. 有色金属工程，1999(1)：4-7.

[4] 曹代勇，王佟，王丹，等. 煤炭地质学——涵义与发展趋势[J]. 煤炭学报，2010，35(5)：765-769.

[5] 常春平，陈辉. 石灰石矿生态环境评价初探[J]. 河北师范大学学报，1998，22(1)：115-118.

[6] 陈彩虹，胡锋，张落成. 南京市城乡交错带景观格局研究[J]. 应用生态学报，2003，14(8)：1363-1368.

[7] 陈彩虹，沈翠新. 现代信息技术与生态环境质量评价[J]. 经济林研究，2003，21(4)：131-133.

[8] 陈龙乾，邓喀中，赵志海，等. 开采沉陷对耕地土壤物理特性影响的空间变化规律[J]. 煤炭学报，1999(6)：586-590.

[9] 陈桥. 黑龙江矿山生态环境三维定量评价模型系统研究[D]. 长春：吉林大学，2004.

[10] 陈涛，徐瑶. 基于RS和GIS的四川生态环境质量评价[J]. 西华师范大学学报，2006，27(2)：153-157.

[11] 程胜高，李国斌，陈德兴. 矿产资源开发生态环境影响评价[J]. 中国地质大学学报，2001，15(2)，26-29.

[12] 邓春光，张晓丽，等. 基于“3S”技术的生态环境质量评价研究进展[J]. 林业调查，2007，32(3)：14-17.

[13] 杜培军，郭达志. 2003. GIS支持下的遥感图像中采矿塌陷地提取方法研究[J]. 中国图像图形学报，8(2)：231-235.

[14] 杜培军，郭达志. GIS支持下遥感图像中采矿塌陷地提取方法研究[J]. 中国图象图形学报，2003，8(2)：231-235.

[15] 范立民. 保水采煤的科学内涵[J]. 煤炭学报，2017，42(1)：27-35.

[16] 范立民，贺卫中，张晓团，等. 榆神府矿区地裂缝研究[C]. 全国采矿学术会议. 2015.

[17] 范立民，张晓团，向茂西，等. 浅埋煤层高强度开采区地裂缝发育特征——以陕西榆神府矿区为例[J]. 煤炭学报，2015，40(6)：1442-1447.

[18] 冯稳，张志，乌云其其格，等. 采用决策树分类方法进行煤矸石信息提取研究[J]. 黑龙江大学自然科学学报，2011，28(2)：277-280.

[19] 耿海清. 我国大型煤矿项目建设环境、社会问题及其对策[J]. 煤炭学报，2008，33(5)：592-596.

[20] 顾广明. 煤炭开发项目生态环境影响评价有关问题讨论[J]. 能源环境保护，2007，21(4)：53-56.

[21] 顾和和，胡振琪，刘德辉，等. 开采沉陷对耕地生产力影响的定量评价[J]. 中国矿业大学学报，1998，27(4)：414-416.

[22] 顾和和，胡振琪. 我国煤矿区的生态环境保护——煤炭工业可持续发展几个重要领域的研究之五[J]. 中国煤炭，1997(6)：16-19.

[23] 郭达志，盛业华，张书毕等. 2001. 工矿区环境动态监测与分析研究[M]. 北京：地质出版社.

[24] 郭广礼，王悦汉，马占国. 煤矿开采沉陷有效控制新途径[J]. 中国矿业大学学报，2004，33(2)：150-153.

[25] 胡克，陈桥，赵伟，等. 基于 AHP 法的矿山生态环境综合评价模式研究[J]. 中国矿业大学学报，2006，35(3)：377-383.

[26] 胡振琪等. 采煤沉陷地的土地资源管理与复垦[M]. 北京：煤炭工业出版社，1996.

[27] 黄丹，刘庆生，刘高焕，等. 面向对象的煤矸石堆场 SPOT-5 影像识别[J]. 地球信息科学学报，2015，17(3)：369-377.

[28] 黄盛初. 中国煤炭发展报告[M]. 北京：煤炭工业出版社，2004.

[29] 季惠颖，赵碧云. 遥感技术在环境监测中的应用综述[J]. 环境科学导刊，2008，27(2)：21-24.

[30] 焦姗，龙建辉，于慧丽. 山西煤矿区滑坡特征及分类[J]. 煤田地质与勘探，2017，45(3)：101-106.

[31] 荆青青，张志，王旭. 基于 ASTER 遥感影像的煤矸石分布信息提取方法[J]. 煤炭科学技术，2008，36(5)：93-96.

[32] 况顺达，杨胜元. 贵州省矿山地质环境遥感调查评价[J]. 贵州地质，2006，23(14)：296-301.

[33] 赖百炼，吴军虎. 晋城采空区遥感调查及稳定性评价[J]. 煤田地质与勘探，2011，39(6)：32-35.

[34] 李逢春. GIS 技术支持下的矿区沉陷环境影响评价系统研究[D]. 徐州：中国矿业大学，2003.

[35] 李凤霞，郭建平. 中国生态环境评价研究进展[J]. 青海气象，2007(1)：11-15.

[36] 李洪义，史舟. 基于遥感与 GIS 技术福建省生态环境质量评价[J]. 遥感技术与应用，2006，21(1)：49-54.

[37] 李江锋，周心澄，徐建明. 北京首云铁矿区生态环境现状及评价[J]. 中国水土保持，

2009(4),12-15.

[38] 李婧,刘少峰.数字高程模型在矿山遥感动态监测中的应用[J].江西有色金属,2005,19(3):6-9.

[39] 李军.采煤区地质灾害信息快速提取技术[J].中国地质灾害与防治学报,2015,26(2):132-136.

[40] 李琳,袁春,周伟,等.平朔露天矿区土地利用/覆盖变化分析[J].资源与产业,2007,9(3):6-9.

[41] 李永树,韩丽萍.地表沉陷区铁路临界变形值的探讨[J].矿业研究与开发,2000,20(5):13-15.

[42] 李永树,卓健成.地表沉陷区铁路安全性预报研究[J].中国地质灾害与防治学报,1998(3):99-106.

[43] 连达军.矿区生态环境的采动累积效应研究——以潞安矿区为例[D].徐州:中国矿业大学,2008.

[44] 刘宏伟,李昌,张洪升.平顶山矿区地面沉陷与地裂缝地质灾害探讨[J].中国水运月刊,2008,8(3):156-158.

[45] 刘少峰, 王陶, 张会平,等. 数字高程模型在地表过程研究中的应用[J]. 地学前缘,2005,12(01):305-311.

[46] 刘轩,傅建春,牛海鹏,等.阳泉矿土地利用结构变化及景观综合稳定性评价[J].煤炭学报,2016,41(3):719-726.

[47] 吕鹏,牛琳,张炜,等.国外基于遥感的滑坡灾害研究方法进展[J].地质学刊,2015,39(3):495-500.

[48] 苗艳艳,樊勇,葛纯朴.遥感技术在湖北矿山环境调查中的应用[J].矿业安全与环保,2007,34(5):30-33.

[49] 芮素生.煤炭工业的持续发展与环境[M].北京:煤炭工业出版社,1994.

[50] 上官科峰,王更雨.窑街矿区采动影响的山体滑坡机理探讨[J].煤炭科学技术,2009(6):42-45.

[51] 盛业华,郭达志,张书毕,等.工矿区环境动态监测与分析研究[M].北京:地质出版社,2001.

[52] 宋亮,李素荣,虞茉莉.不同遥感方法在煤矿区地物分类识别中的对比分析[J].河北遥感,2014(2):11-14.

[53] 孙亚军,张梦飞,高尚,等.典型高强度开采矿区保水采煤关键技术与实践[J].煤炭学报,2017,42(1):56-65.

[54] 汤育.阜新市海州露天矿区开采对空气质量的影响[J].气象与环境学报,2008,24(1):32-35.

[55] 唐尧.高分辨率遥感数据在矿山环境调查中的应用研究[J].河北遥感,2015(1):12-15.

[56] 陶虹，宁奎斌，陶福平，等. 陕北典型风沙滩地区浅层地下水动态特征及对煤炭开采响应分析[J]. 煤炭学报，2016，41(9)：2319-2325.

[57] 田永中，岳天祥. 2003，生态系统评价的若干问题探讨[J]. 中国人口、资源和环境，13(2)：17-22.

[58] 王国平. “3S”技术在辽宁阜新煤矸石资源调查中的应用[J]. 地质与勘探，2004，40(3)：74-76.

[59] 王果，蒋瑞波，肖海红，等. 基于无人机倾斜摄影的露天矿边坡三维重建[J]. 中国矿业，2017，26(4)：158-161.

[60] 王鹏，刘庆生，刘高焕，等. 煤矸石堆场信息遥感提取方法对比[J]. 地球信息科学学报，2013，15(5)：768-774.

[61] 王鹏，张海燕. 基于遥感技术对兖州煤田采煤塌陷地现状调查[J]. 山东国土资源，2012(12)：49-51.

[62] 王瑞国. 基于 WorldView-2 数据的乌东煤矿地质灾害遥感调查及成因分析[J]. 国土资源遥感，2016，28(2)：132-138.

[63] 王双明，杜华栋，王生全. 神木北部采煤塌陷区土壤与植被损害过程及机理分析[J]. 煤炭学报，2017，42(1)：17-26.

[64] 王行风，杜培军，孙久运. 兖济滕矿区地表塌陷遥感信息解译研究[J]. 水土保持研究，2007，14(5)：230-232.

[65] 王行风. 基于空间信息技术的煤矿区生态环境累积效应研究[M]. 北京：测绘出版社，2014.

[66] 王娅娟，孟淑英，李军，等. 地裂缝信息遥感提取方法研究[J]. 神华科技，2011，9(5)：31-33.

[67] 王云南，任光明，王家柱，等. 滑坡遥感解译研究综述[J]. 西北水电，2017(1)：17-21.

[68] 吴侃. 开采沉陷动态预计程序及其应用[J]. 测绘工程，1995，4(3)：44-48.

[69] 夏军武，于广云，吴侃，等. 采动区桥体可靠性分析及抗变形技术研究[J]. 煤炭学报，2005，30(1)：17-21.

[70] 徐友宁，陈社斌，陈华清，等. 陕西大柳塔煤矿区土地沙漠化时空演变研究[J]. 水文地质工程地质，2007，4：98-102.

[71] 杨策，钟宁宁，陈党义. 煤矿开采过程中地下水地球化学环境变迁机制探讨[J]. 矿业安全与环保，2006，33(2)：30-32.

[72] 杨进生，郭颖平，盖利亚，等. 无人直升机遥感在华北平原地裂缝监测中的应用[J]. 遥感信息，2015(1)：66-70.

[73] 杨玲，王广军，李映东. 露天煤矿区草地荒漠化的遥感分析[J]. 辽宁工程技术大学学报，2006，25(6)：936-939.

[74] 姚玉增，李敏，金成洙. 矿业开发对资源型城市扩展及热环境的影响——以阜新市为例[J]. 地质找矿论丛，2008，23(1)：73-76.

[75] 余学义.采动区地表剩余变形对高等级公路影响预计分析[J].西安公路交通大学学报,2001,21(4):9-12.

[76] 张美华.黄山景观生态环境的层次分析法综合评价[J].西南师范大学学报,2000,25(6):704-707.

[77] 张紫昭,隋旺华.新疆地区煤矿地质环境影响程度分析评价模型[J].煤炭学报,2017,42(2):344-352.

[78] 赵经彻,高延法,张怀新.兖州矿区开采沉陷控制的研究[J].煤炭学报,1997,22(3):248-252.

[79] 赵炜.基于GIS、RS技术的陕北煤炭开发区地裂缝信息的自动提取[D].西安:长安大学,2009.

[80] 赵银兵,何政伟,倪忠云.基于生态地质环境的矿产资源开发模式研究[J].安徽农业科学,2009,37(1):299-300.

[81] 仲嘉亮,朱海涌.基于RS/GIS技术生态环境质量评价方法研究[J].新疆环境保护,2006,28(1):1-51.

[82] EHLERS M. Monitoring of environmental changes caused by hard-coal mining[J]. Proceedings of Spie,2002,4545:64-72.

[83] FISCHER C,BUSCH W. Monitoring of environmental changes caused by hard coal mining:International Symposium on Remote Sensing[C]. Toulouse:Internatioal Society for Optics and Photonics,2002:64-72.

[84] LEGG C A. Application of remote sensing to environment aspects of surface operations in the United Kingdom. Remote sensing:an operational technology for the mining and petroleum industries. Conference[C]. Lodon:Kluwer Academic Publishers,1990:159-164.

[85] VENKATARAMAN G,KUMAR S P,RATHA D S. Open cast mine monitoring and environmental impact studies through remote sensing a case study from Goa,India[J]. Geocarto-International,1997,12(2):39-53.

[86] WANG X F,WANG Y J. Research on extracting mining subsidence land information from remote sensing images based on field knowledge [J]. Journal of China University of Mining & Technology,2008,18(2):168-172.

# 第2章 煤矿区地质灾害类型以及影像特征

矿产资源的大规模、高强度开发在为经济社会发展做出巨大贡献的同时，也带来较为严重的地质灾害与环境问题，如地面沉陷、地裂缝、滑坡、崩塌、泥石流、道路变形、植被退化和水体污染等现象。同时资源开采所带来的巨大利润也使得非法开采、越界开采、越层开采等现象屡禁不止，贫困地区更为突出。应用空间对地观测技术，可以快速查明矿产资源的开发状况，及时了解地表环境损害的时空变化，发现矿区地质环境的灾害动态与前兆因子，分析矿区生境变化和地表灾害的发生背景、演变状态、格局、过程和异常等，从而实现对矿区地质环境灾害、资源开采的合法性和生态环境的变化等的监测，对矿山安全生产及维护矿业秩序具有重要意义。

## 2.1 采动扰动下的煤矿区地质灾害类型

矿产资源开发的强扰动性使得矿区地质灾害种类复杂多样。常见的地质灾害类型主要有：① 岩土体运动灾害，如崩塌、滑坡和泥石流等；② 地面变形灾害，如地面塌陷、地表沉降、地面开裂（地裂缝）等；③ 矿山与地下工程灾害，如煤层自燃、洞井塌方、冒顶、偏帮、鼓底、岩爆、高温、突水、瓦斯爆炸等；④ 城镇地质灾害，如建筑基坑变形、垃圾堆积等；⑤ 土地退化灾害，如水土流失、土地沙漠化、盐碱化、潜育化和沼泽化等；⑥ 水土污染与地球化学异常灾害，如地下水质污染、农田土地污染以及地方病等；⑦ 水源枯竭灾害，如河水漏失、泉水干涸和地下含水层疏干等。在这些灾害类型中，采矿塌陷、地表变形、矸石堆积、地裂缝和滑坡体等都是较为典型的矿山地质灾害类型等。

### 2.1.1 矿区塌陷地

采矿塌陷是一种典型的土地利用、土地覆盖变化现象。伴随着地下采煤活动的进行，地表塌陷地开始出现，影响空间范围逐渐变大，土地利用状况也悄然改变，与遥感影像上相对应的光谱特性、纹理特征和空间特征等都随之发生变化。

在假定采空区上方为平坦的情况下，当充分采动时，地表移动过程终止后的移动盆地一般可分为三个区域：① 中间区。地面下沉较均匀，下沉值最大，在平面上相当于盆地部分。② 内边缘区。地面下沉值不等，向盆地中心倾斜，呈凹形。理论上下沉值从最大下沉值的一半到最大下沉值。③ 外边缘区。地面下沉值不等，向盆地中心倾斜，呈凸形。理论上下沉值从零到最大下沉值的一半。

从空间结构上观察，塌陷地多具有以下特征(图 2-1)：① 具有坑状结构。不管是移动盆地还是塌陷坑，多表现为一种凹坑状结构。② 积水特性。由于地下潜水位较高，当塌陷到一定深度时，将导致塌陷区积水。③ 表面覆被的非均一性。塌陷区内既有积水区，也有塌陷但未积水的荒地，还有因受积水影响导致盐渍化的裸露土地，不同土地覆盖斑块之间，以不规则、非均一的形式存在。

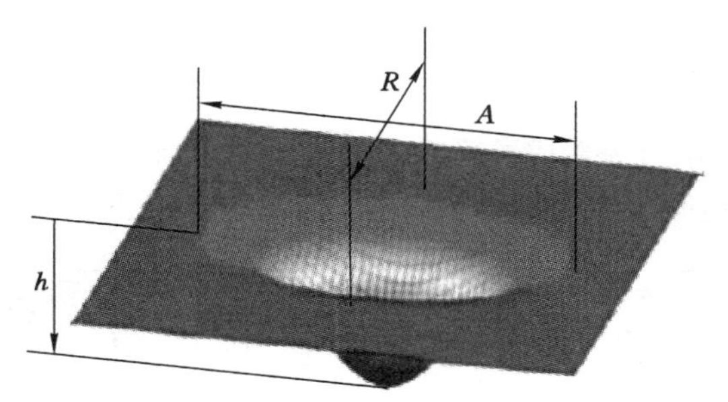


图 2-1　塌陷地特征

## 2.1.2　矿区地裂缝

矿山开采形成地下采空区和地面沉陷，从而引起地面不均匀沉降，致使岩土体开裂；或者由于过量抽取地下承压水造成含水层因失去孔隙水逐渐固结而变薄，含水层厚度的横向变化引起局部不均匀压密从而产生差异沉降。这些都称为非构造性地裂缝。或者由于季节变化，土壤收缩而形成地裂缝。

由于山区地形的起伏，开采矿产资源对地表产生的影响远大于平原地区，其中最突出的问题是开采地下矿产资源使地表产生大量的裂缝，这些裂缝不仅破坏了土地，使得耕地无法种植粮食，造成常年性和季节性积水、村庄搬迁、建筑物变形、地下管道破坏等，而且使得山区地表坡体的稳定性受到影响，从而形成滑坡等矿山环境灾害。

### 2.1.3 矿区矸石堆场

在煤炭开采掘进和洗选过程中排出的大量煤矸石，约占开采量的 20%。目前我国煤矸石的综合利用率多为 30%～40%，多数就近堆放，形成大小不一、占压土地、破坏景观的煤矸石堆场(山)。据统计，全国约有煤矸石山 5 000 多座，累计堆存量达 50 亿 t，占地 150 $km^2$，其中约有三分之一的煤矸石山发生程度不同的自燃。煤矸石自燃时放出 $SO_2$、$H_2S$、CO、$CO_2$ 和氮氧化物等有害气体，并伴有大量烟尘，有时引发坍塌、泥石流等地质灾害；淋溶液污染周围土壤和水体，成为矿区最严重的污染源，危及矿区的生态安全和人类健康。

由于应用传统的方法调查煤矸石的分布不仅需要花费大量的人力和财力，并且调查周期长，所以我国对各矸石山和矸石场的占地面积几乎未开展过系统调查和研究。遥感具有大面积快速获取地物信息特征的能力，对于山区小型煤矿、煤矸石分布的调查和监测，无疑是最好的方式。

### 2.1.4 矿区滑坡体

矿产开发对矿区地表造成了严重的影响，在水土流失区极易造成滑坡，形成滑坡体。因区域、地形、地貌和构造等因素的影响，滑坡体的形状各异(图 2-2)。

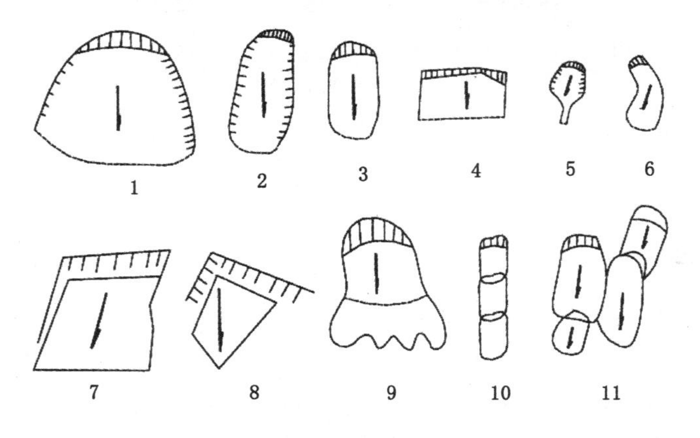


图 2-2 滑坡的平面形态

鉴于滑坡的危害性，国内外较早开展了对滑坡体的遥感研究。1996 年，Mantovani 等概括了欧洲利用遥感技术开展滑坡填图、监测和分析与预警等方面的研究。2003 年，Wasowski 等认为光学和 SAR 卫星功能的增强和对地观测数据处理能力的增强促进了遥感技术在滑坡灾害中的应用。2006 年，欧洲空间局利用合成孔径雷达差分干涉测量、永久散射体、干涉点目标分析方法来获取毫米级精度的地表形变运动。欧盟的 MIMEO 项目综合应用高光谱遥感和地理信息系统技术开展了矿区环境监测研究。国内，卓宝熙(2011)、王治华(2015)和张继贤等(2008)分别在遥感工程地质应用、数字滑坡、3S 技术在滑坡灾害调查、监测和预警方面的应用进行了探索和深入的研究工作。

目前遥感技术在滑坡研究中的应用经历着从单一的遥感影像资料向多时相、多数据源的复合分析发展；从静态的定性制图向动态监测、定量分析、信息获取的过程发展；滑坡相关信息提取的手段从主要依赖于目视解译向计算机辅助与自动获取的过程过渡。对于矿区，国内目前多以单目标遥感调查为主，利用不同类型的遥感数据、结合 GIS 技术开展滑坡调查及区域危险性评估已经取得一定的进展，并初步形成了技术流程，然而矿区滑坡形成的原因较为特殊，受矿业活动的扰动性更强，已有的评价方法需要进一步完善和补充。

### 2.1.5　尾矿坝

尾矿坝是由尾矿堆积而成的坝体，分为初期坝和后期坝。初期坝是在原地建造的土石坝，后期坝是利用水力输送的选厂尾矿在初期坝上冲填而成的尾矿堆积坝。与普通的土石坝相比，尾矿坝只有一面是临空的，另一面是堆积的尾砂。随着时间的推移，尾矿坝的体积是逐渐增大的。

根据后期坝的形成原因，尾矿坝多呈阶梯状分布。尾矿坝是人类工程活动的产物，与自然形成的事物相比，几何形状较规则，边缘呈现笔直形态，与周围地物界线分明。这一结构在高分辨率遥感图像上具有稳定、细致的纹理特征(路鹏等，2015；董绍艳等，2015)。

尾砂经排砂管排放到尾矿坝，在管口出露的位置，压力陡降，面积突然开阔，水体流速骤减，尾砂由近坝端向远坝端逐步推送，在自然状态下慢慢沉淀，与洪流冲出沟谷形成洪积扇的情形类似。在尾矿库近坝端，常见到尾砂呈放射状或扇形的沉积形态。随着时间的推移，在逐渐干涸的尾矿库表面，上述纹理特征依然清晰可见。

由于选矿工艺的要求，矿石经过破碎、磨矿，其粒度很细才能入选，致使尾矿的粒度也就很细，全尾矿平均粒径一般为 0.03～0.05 mm，极个别的粗一些。地物的表面积与体积之比是决定地物反射太阳辐射的另一个重要因素。在同体积情况下，大尺寸的物体因为有较长的内部光路径，会吸收一部分太阳辐射导致反射率降低;小尺寸的物体因为有较大的表面积而反射较多的太阳辐射导致反射率升高。颗粒极细小是尾砂的一大特征,尾砂具有极小的尺寸、极大的表面积与体积之比,这一特性大大增强了尾砂对太阳辐射的反射能力。尾砂主要为各种浅色矿石的破碎物,其影像的颜色大多为浅灰白色。

### 2.1.6 污染水体

水是生命之源,但由于人口膨胀、资源短缺、环境恶化,全球水危机正急剧上升。监测以及防治水污染、保护水环境已成为世界各国高度重视的问题。传统的水质监测是人工定点监测,这种方法只能了解局部监测断面上的实时水质状况,且受到人力、物力和气候等因素限制,无法进行长时间大面积的跟踪监测,难以反映整体水质在时间和空间上的动态变化。而水质遥感监测技术则具有监测范围广、速度快、成本低且便于进行长期的动态监测等优点,可以及时提供整个流域的水质状况以及污染物质的时空迁移特征,具有不可替代的优越性。

矿产资源开发对地表水体和地下水资源带来不同程度的影响,在高潜水位矿区,如华东、华南和沿海一些矿区,地下开采往往出现大面积积水,土地原有使用价值被破坏。在广大缺水矿区,则往往使本来不丰富的地表水资源更加短缺,并且不同程度地污染水资源。利用遥感图像可以提取地表水的分布状况,对水体污染作出评价,为合理利用现有水源、开发新水源和矿区生产建设提供不可缺少的资料。

## 2.2 矿区主要地质灾害体的遥感影像特征

### 2.2.1 矿区塌陷地

塌陷、挖损、压占是煤矿开发对土地破坏的三种最常见、最普通和最直接的形式。煤矿塌陷按照积水情况分为常年积水塌陷地、季节性积水塌陷地以及非积水塌陷地。按照塌陷地是否稳定可以分为塌陷稳定地以及塌陷不稳定地。按照土地损害程度和形状可以分为漏斗形塌陷地、阶梯状断裂地以及平缓塌陷地等。图 2-3 为徐州矿区采煤积水塌陷盆地实地照片,图 2-4 为大同矿区采煤塌陷坑照片。

采煤塌陷地在遥感图像上表达的信息十分丰富。为了分析和进一步研究,本书基于 ZY-3 影像,结合目前常用的同类遥感影像,对采煤塌陷地在影

图 2-3　徐州矿区采煤积水塌陷盆地实地照片

图 2-4　大同矿区采煤塌陷坑实地照片

像上的解译特征（颜色、色调、形状以及纹理等）进行了分析、概括和对比，如表 2-1 所示。

表 2-1

## 2.2.2　矿区采动地裂缝

我国学者对矿区采动地裂缝的形成机理、发育特征、分布特点、类型、影响因素、沉降变化规律、土地复垦、减灾防治对策等进行了系统的研究。但由于地裂缝分布的广泛性，传统的矿区地裂缝地质灾害调查方法已远远不能满足要求。图 2-5 为大同矿区地裂缝实地所拍摄的照片。

**表 2-1　　　　矿区采煤塌陷地在不同遥感影像上的解译特征**

<table>
<tr><th rowspan="1"></th><th colspan="2">影像类型</th><th>例图</th><th>颜色</th><th>形状</th><th>纹理</th><th>备　注</th></tr>
<tr><td rowspan="8">采煤塌陷地</td><td rowspan="3">ZY-3</td><td>东部矿区</td><td>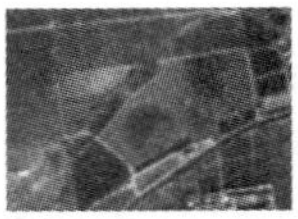</td><td>呈深绿色</td><td>不规则椭圆形</td><td>纹理光滑</td><td rowspan="3">东部地区积水塌陷地较为常见，中部地区和西部地区塌陷土地一般为非积水塌陷。总体来说，塌陷类型多为椭圆形塌陷坑</td></tr>
<tr><td>中部矿区</td><td>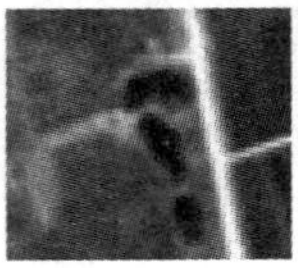</td><td>呈黑色或墨绿色</td><td>不规则圆形</td><td>纹理光滑细腻</td></tr>
<tr><td>西部矿区</td><td>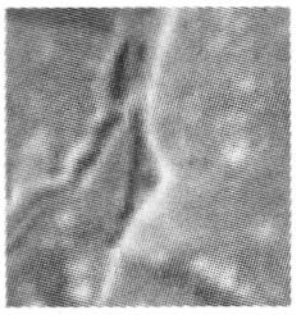</td><td>呈深灰色</td><td>不规则圆形</td><td>纹理较粗糙</td></tr>
<tr><td colspan="2">SPOT<br>（淮南矿区）</td><td></td><td>呈浅棕色</td><td>矩形</td><td>纹理较粗糙</td><td>塌陷形状较规则</td></tr>
<tr><td colspan="2">ALOS 融合后<br>（徐州矿区）</td><td></td><td>呈深绿色</td><td>不规则圆形、矩形</td><td>纹理较细腻</td><td>融合后塌陷水体颜色不均匀，与农田颜色较为接近</td></tr>
<tr><td rowspan="3">Geoeye</td><td>东部矿区</td><td></td><td>呈蓝灰色</td><td>不规则椭矩形</td><td>纹理平滑细腻</td><td rowspan="3">Google 上采煤塌陷坑与周围水体颜色较为接近，区分较为困难，塌陷盆地在形状上呈近似对称形式</td></tr>
<tr><td>中部矿区</td><td>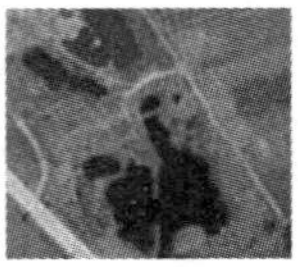</td><td>呈黑色</td><td>不规则形状</td><td>纹理较平滑</td></tr>
<tr><td>西部矿区</td><td>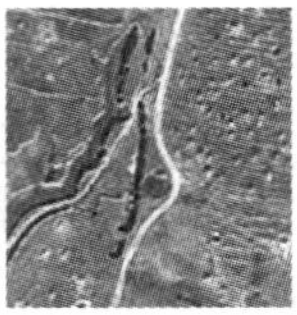</td><td>呈浅灰色</td><td>不规则圆形</td><td>纹理粗糙</td></tr>
</table>

图 2-5　大同矿区地裂缝

依据原国土资源部 2006 年 4 月《〈县(市)地质灾害调查与区划基本要求〉实施细则(修订稿)》、2005 年 7 月的《国土资源部地质灾害灾情和险情快速处置程序》中的内容，地裂缝灾害的规模分级标准如表 2-2 所示。

**表 2-2　地裂缝灾害的规模分级标准**

| 级别 | 规　　模 |
|---|---|
| 巨型 | 地裂缝长＞1 km，地面影响宽度＞20 m |
| 大型 | 地裂缝长＞1 km，地面影响宽度 10～20 m |
| 中型 | 地裂缝长＞1 km，地面影响宽度 3～10 m，或长＜1 km，宽 10～20 m |
| 小型 | 地裂缝长＞1 km，地面影响宽度＜3 m，或长＜1 km，宽＜10 m |

由于该标准中地裂缝的规模划定是以地面影响宽度为准，并不是地裂缝的实际宽度，所以对地裂缝的级别划分还要以实地情况为准，综合考虑多种因素，如稳定性、危险程度、受威胁村庄、道路、农田破坏情况、造成的经济损失等。因此，依据表 2-2，本书针对不同级别的地裂缝，选择不同等级的研究区：河南省平顶山市石龙区青草岭、山西省大同市忻州窑矿区、山西省大同市马脊梁矿区。

(1) 平顶山石龙区

河南省平顶山市石龙区青草岭地裂缝纵贯整个青草岭南北，宽度为 2～16 m，最大可测深度 22 m，全长约 11.3 km。断裂带由 2～5 条地裂缝组成，断裂带在张庄村西南部的青草岭山坡上形成塌落带，塌落宽度为 5～18 m。该处裂缝因地下采煤引发，近年来呈加剧态势，严重威胁青草岭周边煤矿和东坡下的 2 个行政村、6 个自然村的生命财产安全，并对 G207 国道构成威胁。依据《平顶山市地质灾害防治规划(2006—2015 年)》，该处裂缝稳定性差，危险程度为危险，因此被平顶山市国土资源局评定为巨型地裂缝。图 2-6 为该巨型地裂缝的地理位置及实地图片。

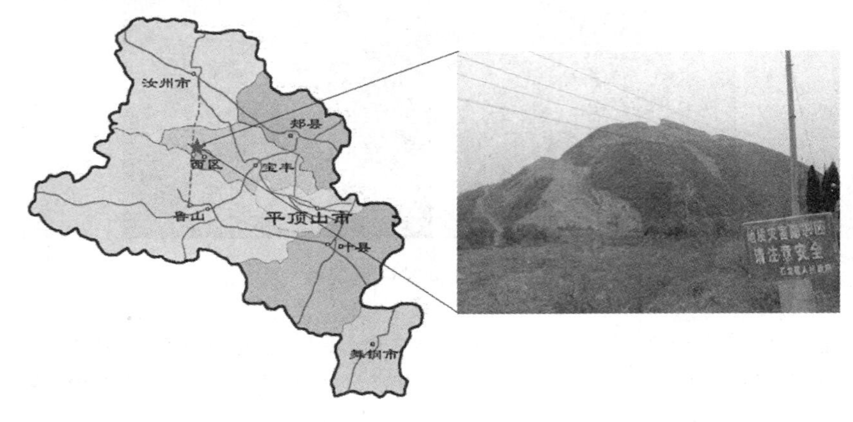


图 2-6　平顶山市石龙区青草岭巨型地裂缝

（2）大同忻州窑矿区

大同市同煤集团忻州窑矿经过 50 余年的开采，形成了大范围的采空区，存在多处地裂缝。这些地裂缝不仅分布范围广，且在地下沿着巷道贯通，多数深不见底。经过实地调查，矿区内一些大型地裂缝对村民的正常生活构成了严重威胁，部分村庄已整体搬迁，矿上每年还要对矿区地裂缝进行 4 次排查和 3 次填充，裂缝填充面积达到 18.102 4 $km^2$，造成了大量的经济损失。该矿内的许多裂缝规模大、影响范围广，符合大型地裂缝的标准，因此，选择此处为大型地裂缝的研究区，其地理位置见图 2-7。研究区内包括两种类型的大型地裂缝：一种是未填充的大型地裂缝，如图 2-7(a)所示；另一种是被填充过的大

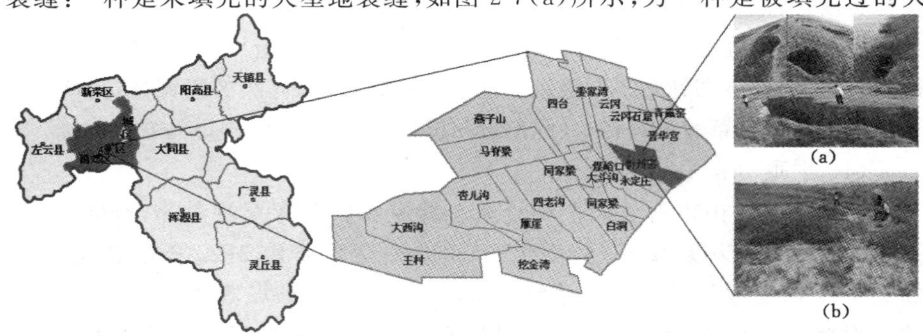


图 2-7　忻州窑矿区大型地裂缝

(a) 未填充的地裂缝；(b) 被填充过的地裂缝

型地裂缝，如图 2-7(b)所示。

(3) 大同马脊梁矿区

大同市同煤集团马脊梁矿区内地裂缝位于山坡上、田地里或贯穿道路两边，导致山坡上房屋倒塌，影响了田地的种植和道路的稳固性，包括中型和小型两种地裂缝，其地理位置如图 2-8 所示。图 2-8(a)和 2-8(b)分别显示了该研究区内的一条中型地裂缝和一条小型地裂缝的地面形态。

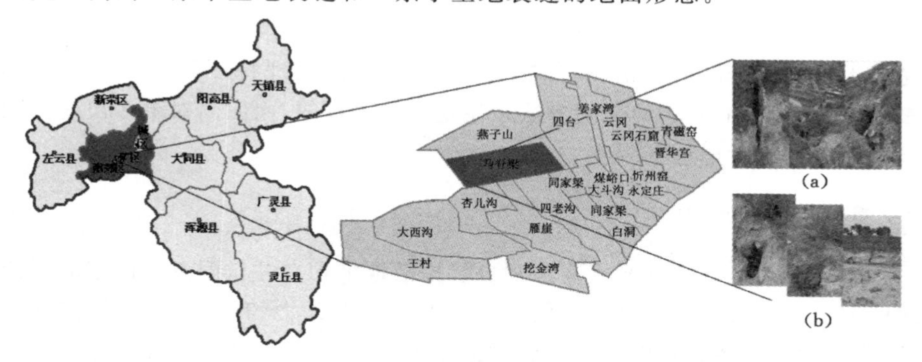


图 2-8　马脊梁矿区中小型地裂缝

(a) 中型地裂缝；(b) 小型地裂缝

遥感影像解译标志能够反映和表现目标地物信息在遥感影像上的各种特征，这些特征能帮助读者识别遥感影像上的目标地物。根据不同矿区地裂缝在不同遥感影像上的特征，建立矿区地裂缝解译标志，如表 2-3 所示。

表 2-3

表 2-3　　矿区地裂缝遥感影像解译标志

| 影像类型 | 例　图 | 颜色/色调 | 形　状 | 纹　理 | 位置 |
|---|---|---|---|---|---|
| ZY-3 影像 |  | 沿着裂缝延伸方向，一侧断续呈黑色，另一侧断续呈白色，其他地方呈深灰色 | 不规则条带状 | 不规则，呈现不规则的黑-灰-白单元 | 山顶 |
| Google Earth 影像 |  | 沿着裂缝延伸方向，一侧断续呈黑色，另一侧呈灰色或白色 | 断续型不规则条带状 | 不规则，表面粗糙 | 丘陵 |
| 无人机影像 |  | 沿着裂缝延伸方向，一侧断续呈黑色，另一侧呈白色，中间呈灰色 | 断续型不规则条带状 | 不规则，表面粗糙 | 山顶和山坡 |

由表 2-3 可以看出，由于地裂缝具有一定的深度，且具有不规则性，在阳光的照射下会出现断续或连续的阴影地带，所以从光谱特征上来看，通常一侧呈黑色，一侧呈白色，中间相连处呈或深或浅的灰色，光谱范围跨度非常大，且由于地裂缝的弯曲性，这种分布呈现出不规则性。另一方面，由于地裂缝一般分布于海拔较高的山顶、山坡和丘陵地带，与其邻接的地物面积通常比较大。

地裂缝在遥感影像上的这种分布特征，使得在地裂缝提取过程中，要充分考虑地裂缝大跨度的光谱特征、特定的形状特征、纹理特征和拓扑特征等因素，这对于传统的基于像元的方法来说是无法实现的，而面向对象多尺度分割技术可以综合考虑这些因素。

### 2.2.3 矿区矸石山

煤矸石大量以圆锥式或沟谷式自然松散地堆积在井口附近。由于应用传统的方法调查煤矸石的分布不仅需要花费大量的人力和财力，并且调查周期长，所以我国对各矸石山较少开展过系统调查和研究。遥感具有大面积快速获取地物信息特征的能力，对于山区煤矸石分布的调查和监测，无疑是最好的方式。

近年来，遥感技术在煤矿区地质灾害监测方面做了大量有益尝试，但仍存在许多问题。如在煤矸石解译中，研究人员大多采用传统的像素级分类法，而煤矸石与其他地类在光谱特性上没有显著差异，这使得矸石山提取结果普遍存在“椒盐现象”，对于分类结果及面积统计有较大干扰。与之相比，面向对象分类法是以同质性的影像对象为基本处理单元，不仅可以利用地物的光谱特性，还可以将纹理、邻域信息、上下文关系等信息用于分类，从而有效排除其他地类干扰，获得高精度的目标提取结果。

煤矸石尽管总面积不大，但地形破碎，立地多样。煤矸石的堆积已经成为开采矿石燃料时愈来愈严重的环境问题。并且，地下开采的煤矿开采硐口小，容易隐蔽，调查难度非常大，在中低等分辨率遥感数据中，开采硐口几乎不能从影像中解译出。

随着空间分辨率的提高，煤矿区内较小的地物类型(如矸石山、洗选废渣等)也随之清晰可见。矸石山的影像解译标志见表 2-4。

表 2-4

**表 2-4　　矸石山影像解译标志(ZY-3 与类似传感器影像对比)**

| 影像类型 | | 例　图 | 颜色/色调 | 形　状 | 纹　理 |
|---|---|---|---|---|---|
| ZY-3 | 中部矿区 | | 呈暗灰色或浅褐色 | 近似圆形或不规则椭圆形 | 较为粗糙,表明有细小颗粒 |
| | 西部矿区 | | 呈浅灰色 | 不规则形状,顶部较为平坦 | 较为粗糙,表面有细小条纹 |
| Google Image | | | 呈浅褐色 | 不规则形状 | 较为粗糙,表面有细小条纹 |
| EROS 影像 | | | 呈暗绿色和黑色 | 近似圆锥形 | 较为粗糙,表面有细小条纹 |

### 2.2.4　矿区滑坡体

滑坡的解译标志主要是通过滑坡地貌的各种组成要素建立的,如滑坡体的形态、滑坡后壁、滑坡舌以及滑坡对河流的改道、道路的错段,或在更高分辨率图像上偶尔可见的滑坡表面形成的裂缝、对植被的扭曲、滑坡舌对建筑的破坏等。解译标志建立的过程如下:① 研究目标的形状特征,确定滑坡在影像中的轮廓。② 研究目标的尺寸特征,确定滑坡的延伸和危害范围。③ 研究目标的色调特征。不同的沉积类型、不同的颗粒组成、不同的含水量都影响色调的变化,因此色调的特征是很重要的解译标志。④ 影像结构特征。依据色调、纹型、光洁度(粗糙度)来确认滑坡的存在,并通过类似的影像结构,识别滑坡的分布特征。图 2-9 为平顶山矿区山体滑坡实地拍摄照片。

遥感影像对滑坡的解译能力取决于影像空间分辨率与待识别滑坡的大小

图 2-9　平顶山矿区山体滑坡

的相对关系，一般认为某一影像在对比度条件好的情况下目视解译可识别的最小规模滑坡的面积是其空间分辨率的 20～25 倍。有研究者指出，影像上最小可识别的滑坡为覆盖 10×2 个像元大小的滑坡体，由于融合影像空间分辨率为 2.5 m，因此可估计最小的可识别滑坡体长应超过 25 m，最宽处至少要大于 5 m 才可被识别。

### 2.2.5　矿区尾矿坝

尾矿坝在遥感影像上有两大明显的特征：① 有放射状或扇形的形态结构；② 反射率高，在影像上呈浅灰白色。从目前的研究进展来看，要实现地物的完全自动提取存在着很大的困难。相对于人来说，计算机的地物识别速度是有明显优势的，但是识别精度却没有人工识别高。因此，利用计算机和人各自的优点进行半自动特征提取和识别，在目前来讲更为现实。

### 2.2.6　矿区水环境

表 2-5 为某矿区受污染水体的遥感解译标志，可将解译出的河流、湖泊、水塘按其形状、大小、位置及污染等级转绘到地理底图上，编制专题图。

在遥感图像上地表水体分布及污染程度的主要解译标志是形状、纹理、大小和色调。由于在遥感图像上一般只能对地表水的浑浊度、表面油膜等污染作定性分析，难以定量地分析、评价污染物的浓度，因此一般还应结合水样常规监测、化验，以提供所需的数据与资料。

**表 2-5　受污染水体的遥感解译标志**

| 污染等级 | 直接解译标志 | 间接解译标志 |
|---|---|---|
| 尚清洁 | 均匀深蓝色，一般水体面积较大 | 附近排污口少，有清水补给源 |
| 受污染 | 不均匀黑色调，一般水体面积较小 | 多位于河流上段或在田野中 |
| 重污染 | 不均匀黑色调，有油膜呈白色，泡沫呈黄色 | 多分布在工业区和居民点中，有排污口与之相连通 |
| 严重污染 | 不均匀黑色调，有油膜，泡沫多，或有红色斑块 | 主要在河流的中下游段，排污口较集中，有污水排入，漂浮物多 |

## 2.3　矿区地质灾害体监测分析框架

矿区是由自然以及社会的众多要素组成的结构复杂、功能综合的人工生态大系统。为了解决矿区所面临的生态和地质环境问题，必须将遥感手段与其他手段结合起来，进行综合研究。像矿区这种生态系统，其遥感调查方法和自然生态系统和城市生态系统有很大的差异性，主要表现为：

① 矿区地表除自然环境外，还有各种矿山地面设施、材料堆放场地、开采引起的地表破坏等。在矿山内，有水泥地、沥青地、煤堆等。其光谱特性与天然的植物、土壤、岩石等的光谱特性有较大的差异，具有典型的非均质性；但又不同于城市环境，矿山与其周围环境具有相对独立性。因此，矿山的多种地物及其类型的轮廓明显、边界较为清晰，有利于提高图像解译质量和成图精度。

② 矿区范围一般有几百至一千多平方千米。对这种相对较小的区域，要求传感器具有较高的分辨率。因此，较低空间分辨率的遥感影像资料难以满足矿区遥感调查的需要，但随着高空间分辨率如资源三号卫星等高空间分辨率影像图像逐渐积累，并将覆盖全球，这给矿区环境研究提供了重要的信息源。

③ 由于矿区工业生产的特殊性，大量的废气、烟尘、尘埃排入大气，增加了大气的浑浊度，衰减了太阳辐射，减小了地物的辐射亮度，故大气污染对矿区遥感的影响应给予充分的估计。

④ 由于矿区是典型的人工与自然生态系统的综合，在对矿区遥感影像进

行选择时，不仅要考虑太阳高度角的变化对矿区要素的光谱响应的影响，也要充分考虑社会要素的影响。

综合以上多种因素，本书拟主要利用资源三号卫星等高分辨率遥感数据，并尽量采集和利用地面常规环境监测数据以及各种其他采矿、地质勘探、社会、经济等资料，应用目视图像判读和计算机数字图像处理以及 GIS 等先进的技术手段，进行多信息复合及综合分析评价，以图像为载体，提取矿区环境开采沉陷、土地利用、地表滑坡、植被变化等信息。

对于上述的研究内容来说，主要的技术关键是：

① 分清矿区下垫面的类型；

② 矿山土地利用的分类系统及其遥感信息综合标志的确立；

③ 土地利用的敏感区及其界面位置的结构和功能分析；

④ 环境信息及其同步测试数据的合理配置、选择与相关；

⑤ 对开采沉陷等造成的遥感影像，进行典型的空间和光谱信息特征分析，运用多种科技手段获取信息，建立信息模型，并进行多因素综合分析评价；

⑥ 各种数据和信息的综合分析以及目标内容的信息提取。

针对不同的研究目标和灾害类型，需要采用不同的技术流程和工作程序来实现。概括起来，利用资源三号等遥感影像数据进行矿山地质灾害监测的综合分析框架如图 2-10 所示。

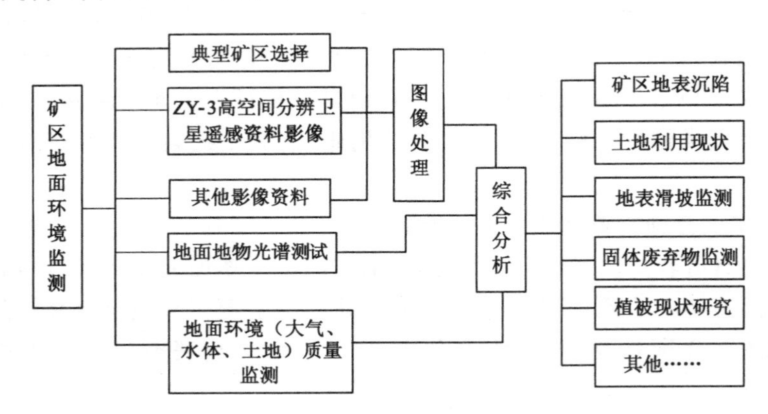


图 2-10　矿区地质灾害监测综合分析框架

# 本章参考文献

[1] 董绍艳，李全明. 数字尾矿库系统结构及功能实现方法[J]. 中国安全生产科学技术，2015(5)：78-83.

[2] 路鹏，周超，陈圣波，等. 基于 Hyperion 数据的江西德兴矿区粘土矿物信息提取及其找矿意义[J]. 地球科学，2015(8)：1386-1390.

[3] 王治华. 滑坡遥感调查、监测与预警[M]. 北京：地质出版社，2015.

[4] 张继贤，刘正军，刘纪平. 汶川大地震灾情综合地理信息遥感监测与信息服务系统[J]. 遥感学报，2008，12(6)：871-876.

[5] 卓宝熙. 工程地质遥感判释与应用[M]. 北京：中国铁道出版社，2011.

# 第3章 采煤塌陷地监测与提取

采煤所造成的地表塌陷是矿区环境综合治理的主要问题，也是矿区经济、社会和生态环境可持续发展所面临的重要问题。定量、实时和动态获取塌陷地信息自然成为区域环境综合治理、地表塌陷控制模式等研究工作的关键环节。应用现代遥感技术提取和分析矿区塌陷地信息是矿区环境研究的重要的方向。国内外对于遥感技术在矿区塌陷地研究中的应用作了大量的研究，本书不再赘述。本章重点从采煤塌陷地的领域知识和积水塌陷地的多尺度分析方面探讨采煤塌陷地的信息提取问题。

## 3.1 基于领域知识的塌陷地信息提取

采矿塌陷地是一种典型的土地利用、土地覆盖变化现象。伴随着地下采煤活动的进行，地表塌陷地开始出现，影响空间范围逐渐变大，土地利用状况也在悄然改变(卞正富，2004)，遥感影像上相对应的光谱特性、纹理特征、空间特征等都随之发生变化。应用现代遥感技术提取和分析矿区塌陷地及其变化信息是矿区环境研究的重要内容之一。对于矿区塌陷地信息的提取，杜培军(2003)，武彦斌等(2007)做了比较详细的总结。实际应用中，多根据矿区所处地区地下潜水位的高低分成高潜水位地区的基于积水知识的提取模型和低潜水位地区的基于土地覆盖因子变化的提取模型，提取的精度大多在80%～85%，想进一步提高精度难度较大。传统方法所提取的塌陷地数量、面积多大于实际塌陷地的数量和面积，造成该现象的主要原因是将矿区范围内的自然水体或原有荒地误提取为塌陷地。如在华东高潜水位矿区利用积水模型提取时易将井田范围内的自然水面误提取为采煤活动所造成的，而在山西等地利用土地覆盖因子提取模型时又容易将非采煤造成的荒地误认为是采煤造成的。很显然，要想提高塌陷地信息提取的精度，关键在于确定采矿塌陷坑和自然水面、原有荒地的不同,才可以剔除多提取的塌陷地信息,这就需要引入新的知识和规则。本章根据煤矿开采的基本知识构建了基于领域知识的修正模型,并结合所参与的“山西潞安矿区开采沉陷控制模式与应用研究”项目进行试验。试验结果证明,新知识参与的修正模型可以将塌陷地信息提取的精度提高到85%～90%。

### 3.1.1 基于开采沉陷的塌陷地知识描述

根据矿山开采沉陷及煤矿区土地利用等相关理论和知识,可以利用以下几方面的知识描述采矿区的塌陷盆地。

#### 3.1.1.1 塌陷盆地的主轴方向和工作面开采方面的关系知识

由开采沉陷理论可知,在水平和近水平煤层开采条件下,塌陷盆地是以采空区中心相对称的椭圆,而在倾斜煤层开采条件下,塌陷盆地则为偏向下山方向的非对称椭圆,随着倾角的增大,这种非对称性亦增大,当煤层倾角接近90°时,又成为对称的椭圆,塌陷盆地呈碗形或兜形。下沉等值线以采空区中心为原点呈椭圆形分布,椭圆的长轴位于工作面开采尺寸较大的方向(Persik Z,1999;邹友峰等,2003)。由此可以获得塌陷盆地多边形形态延伸方面的知识。即在正常情况下,椭圆形盆地的主轴方向是沿工作面开采方向平行前进的,它与开采方向线之间的夹角比较小,在实际中由于相邻矩形工作面的平行关系极易造成地表地形的波状起伏(图3-1),甚至造成地表积水塌陷地的平行排列(图3-2)。基于这一点就可以采用工作面开采方向与待判定图斑的长轴之间的夹角作为剔除误提塌陷地信息的重要领域知识,在此基础上构建“面

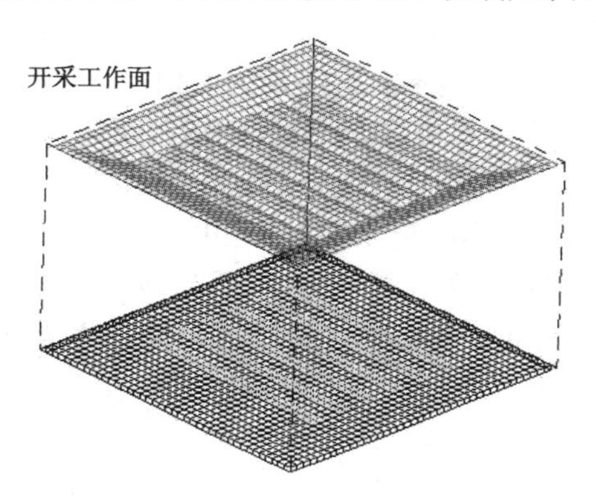


图3-1　地表下沉三维模拟图

陷夹角”指标(即工作面的开采方向和塌陷图斑长轴之间的夹角)来描述塌陷盆地的形态。当然它需要在获取矿区工作面设置方案的基础上,在 GIS 支持下进行。

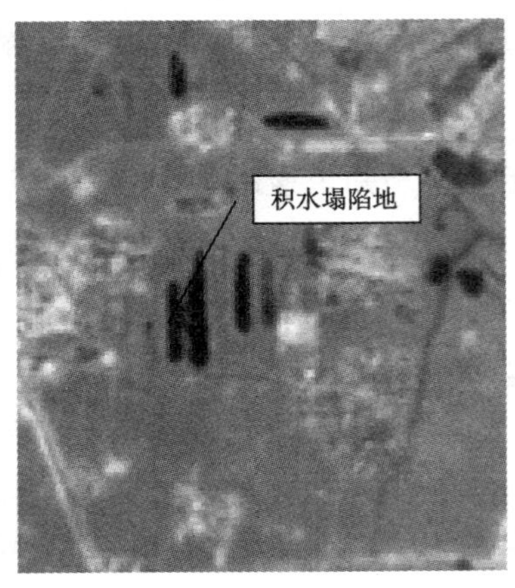


图 3-2 潞安矿区遥感影像塌陷地

3.1.1.2 地物之间的空间关系知识

采矿引起的岩层和地表移动,使得位于其影响范围内的井巷、地表建(构)筑物等遭受到不同程度的破坏,为了保护重要的建筑物、村镇居民点等,使其免遭采动损害的影响,必须采用开采沉陷控制保护技术。矿山开采沉陷控制保护技术一般可以分为 4 类:以充填体为核心的岩层控制技术、以部分支撑矿柱为核心的开采技术、以协调开采为核心的变形控制技术和以建筑物保护为核心的保安煤柱设计技术(邹友峰,2003)。前三种主要目的是地表不下沉或下沉量在允许的范围之内,大多不会出现较大面积的下沉。而后者则是在重要的目标附近向外扩展一定的范围,在该范围之内的地下煤矿不允许开采(即留有煤柱)。也就是说,如果提取的图斑出现在该范围之内,应该是自然荒地或自然水面,而不是采煤造成的塌陷地。故在应用中需要根据矿区内的不同建(构)筑物保护等级,参照国家的有关保护规定,联系当地的实际情况,确定具体的留宽范围,利用 GIS 中的缓冲区分析方法对矿区内的各建筑物创建缓冲区,如果发现有提取的塌陷地出现在缓冲区范围内,则可以考虑剔除该塌陷地。

3.1.1.3 基于土地利用的塌陷盆地形态知识

由于不同地质赋存条件、开采方式的不同,塌陷盆地是形态各异的,但是针对某一个具体地区来说,塌陷盆地的形态具有一定的相似性。同时由于我国煤矿区大多处于农业发达的耕作区,农民大多会对沉陷地区进行一定程度的改造，从而使得塌陷盆地变得越来越规则。在实际应用中，可以利用分数维来描述塌陷盆地的形态及其变化。具体的思路是在矿区内通过实地调查选择一定的数量的典型塌陷盆地进行统计分析，获得塌陷地的分数维值的分布范围。再将影像上初步提取的塌陷地与之相比较，在这个范围内，则可能是塌陷地，反之则不是。需要注意的是，该指标的应用具有区域性，不同的区域、不同的开采方式都会造成塌陷盆地分维数范围的不同，同时考虑到土地利用方式也是多样的。因此，该指标只能作为辅助的参考指标。

### 3.1.2　实例验证

为了验证所提出的领域知识的有效性，本章以潞安矿区为研究区域进行了塌陷地信息提取试验研究，试验所采用的遥感数据源是 TM/ETM 轨道号为 125-35 的 2 期遥感图像作为数据源，接收时间分别为 1993 年 6 月 4 日和 2004 年 5 月 9 日，以山西省长治市 1∶1 万的地形图为基准，以该区 1∶5 万土地利用现状图作为参考，采用遥感图像处理软件 ENVI 对 2 个时相遥感图像进行几何纠正、图像预处理等工作。根据所研究的矿区选择合适的塌陷地信息提取模型。因为潞安矿区有的井田有积水，而有的井田又没有积水，所以初步提取时同时采用了基于积水的提取模型和基于土地覆被变化的提取模型。在此基础上获得粗分类结果，然后利用上文所提出的领域知识设置相关指标进行误提塌陷地信息的剔除工作。技术路线见图 3-3。

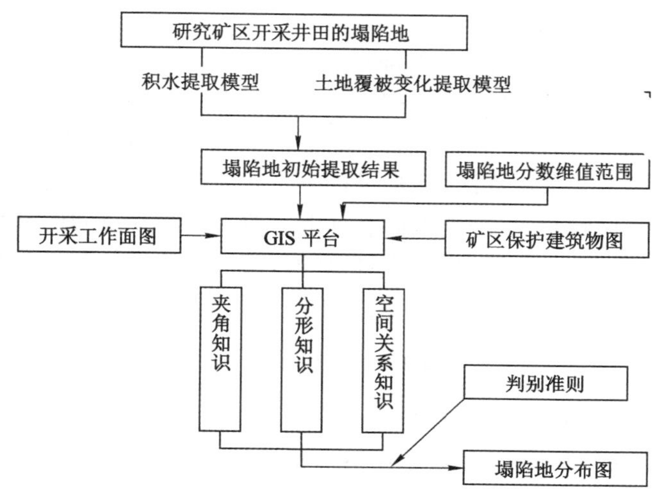


图 3-3　山西潞安矿区塌陷地提取技术路线图

#### 3.1.2.1 领域知识指标值的获取

(1)“面陷夹角”范围值的确定

从理论上讲，塌陷地长轴方向和工作面开采方向基本上是平行的关系，但是由于各种因素的影响，两者之间的夹角应该会有一定的偏差。研究区在研究时段内只开采了3号煤，煤层赋存条件好，水平开采。1970年前采用房柱式等非长壁式陷落法采煤。1970年后，矿井逐步推行长壁式综采陷落法开采，从20世纪80年代初期开始使用综合机械化采煤设备，综合机械化一次采全高，塌陷盆地多呈椭圆形，比较有利于知识指标的构造。在对研究区的部分典型塌陷地进行调查、分析的基础上确定了夹角的范围为0°～10°。

(2) 基于开采沉陷控制保护技术的保护带宽(即缓冲区)确定

缓冲区的确定主要是根据建筑物的保护级别，从建筑物的边界向外扩展一定的范围，作为设计保护煤柱的受护边界。关于受护边界的距离留设，国家在采煤规程中有明确的规定标准，其中的留设距离实际上就可以作为缓冲距离。但是在实际应用中发现，由于部分矿区过于追求经济效益，对保护级别较低的建筑物并不严格按照国家的要求留设，如村庄民房，国家规定的留设宽度为10 m，但是实际上多小于10 m，山西部分井田甚至达到5 m，造成村庄周围的房屋受损严重。因此在实际应用中需要根据保护等级做一调整，高保护等级的基本上可以按照国家标准来确定，但是低等级需要减小缓冲区距离。在潞安矿区井田范围主要是农村地区，因此，农村居民点的缓冲区的距离设为5 m，集镇的缓冲区距离设为15 m。

(3) 塌陷斑块分维数范围的确定

描述分形的有效参数是分形维数，它是反映空间现象的重要参量。分维数可以用来测定斑块形状的复杂程度，其测量方法有很多种，例如有变尺度法、网格法、密度相关函数法、面积周长法等。塌陷盆地的空间形态在特定时间内呈二维空间分布，本书采用董连科推导的二维欧式空间的分形维数公式计算塌陷地形态的分形维数(董连科，1991；栾元重等，2006)。它是面积周长法的实际应用，具体公式如下：

$$\lg P = \frac{D}{2}\ln A + C \tag{3-1}$$

式中，$A$ 代表斑块的面积；$P$ 为同一斑块的周长；$C$ 为截距；$D$ 为分形维数。$D$ 值在1～2之间。其值越大，表示图形形状越复杂；其值越小，说明斑块形状越有规律且越简单。当 $D=1.5$ 时，则代表图形处于布朗随机运动状态，而且越接近该值，稳定性越差。

实际应用中选择了具有历史资料的王庄矿 1993 年典型塌陷地和这些塌陷地在 2004 年的形态变化数据计算其分数维及其变化。最后计算得到的公式为 $y_{1993}=0.6677x+0.1259$ 和 $y_{2004}=0.5043x+0.6637$，所以 $D_{1993}=1.3354$ 和 $D_{2004}=1.0086$。因此，可以将分维值的范围确定为 1.005～1.4，在进行计算时，该值只作为参考指标。

利用 GIS 工具和相关的领域知识（刘春等，1999），最后获得研究区 2004 年的塌陷地信息，信息提取结果见表 3-1。

**表 3-1　潞安矿区塌陷地信息提取结果（2004 年）**

| | 初始提取结果（引入知识前） | | 最终提取结果（引入知识后） | | 剔除图斑信息 | |
|---|---|---|---|---|---|---|
| | 塌陷地数量 | 塌陷地面积/$hm^2$ | 塌陷地数量 | 塌陷地面积/$hm^2$ | 数量 | 面积/$hm^2$ |
| 石纥节矿 | 52 | 407.3 | 46 | 367.7 | 6 | 40.2 |
| 五阳矿 | 73 | 780.8 | 61 | 749.2 | 12 | 31.6 |
| 漳村矿 | 47 | 413.4 | 42 | 399.5 | 5 | 13.9 |
| 王庄矿 | 64 | 1 019.2 | 53 | 987.1 | 11 | 32.1 |
| 常村矿 | 10 | 17.8 | 8 | 12.6 | 2 | 2.6 |
| 合　计 | 246 | 2 638.5 | 210 | 2 516.1 | 36 | 120.4 |

#### 3.1.2.2　信息提取结果分析

潞安矿区有五对矿井，分别为五阳矿、漳村矿、王庄矿、石纥节矿和常村矿，由于开采历史不同、开采方法有一定的变化，所以本书所引入的领域知识应用的适应性也略有差异。

（1）基于保护缓冲区的知识应用最为理想，不管是新矿井，还是老矿井，都可以有效地应用。其应用的关键是缓冲距离的确定，部分井田并不严格按照国家的规定去做，故在确定之前需要做一了解和调查，特别需要关注自然村落等低等级保护对象的缓冲距离的确定。

（2）根据塌陷盆地长轴的方向和工作面开采方向关系所构建的面陷夹角的知识应用是否理想和塌陷盆地的形成时间长短关系密切。一般来说形成时间短的塌陷地受人类活动影响小，形态比较接近椭圆形；形成时间长的，形态会发生变化，长轴方向可能会发生偏离。在潞安矿区的五个井田中，该知识在常村矿的应用最为理想。常村矿为潞安矿区的新建矿井，年设计生产能力为 400 万 t，是一个正在发展壮大的年轻矿井。因为开采时间较短，对居民点等建筑物影响相对较小，主要是对耕地影响较大、无积水塌陷地。景田范围内的塌陷地所表现出的形态和上述的领域知识的描述比较接近。如位于南浒庄到北浒庄的一块荒地，形状基本呈标准的椭圆形，长轴的方向和其下 S1-1 工作面的掘进方向几乎平行，结果比较准确。利用这一知识可以方便地剔除原有荒地图斑。

(3) 对于开采历史较长的矿井分数维知识的应用效果较为理想。如五阳煤矿、漳村煤矿（井田面积较小）和王庄矿是在旧有生产矿井的基础上，几经改造与建设形成的，现在是潞安集团的主力矿井，由于长期强调经济效益，“重开采、轻保护”，造成塌陷地面积较多，塌陷地的种类也比较齐全，积水塌陷地、季节性积水塌陷地、盐渍地、荒地等都有存在，由于受人类活动的影响，塌陷地的形态变化远比常村复杂。但人类影响的结果却是使塌陷地的形态越来越规则，分数维的值也是越来越小。利用该知识作为面陷夹角知识的有效辅助可以有效剔除原有荒地、自然水体等图斑。

#### 3.1.2.3 结论

领域知识是存在于诸领域中隐含的、难以明确表达的知识（刘春等，1999；翟仁建等，2006）。通过分析研究对象的共同特征，约束相关联的数据，可以建立基于领域知识的地物自动提取模型，从而能够大大减少工作量。因此在利用遥感影像进行地物信息提取时，除了考虑遥感影像上的光谱、纹理等信息以外，还要根据研究对象的特点，引入和研究对象相关的领域知识，可以有效提高目标信息的提取精度。在对煤矿区塌陷地进行提取时，除了考虑常规信息以外，还要考虑煤矿开采方面的领域知识，在此基础上构造相关的指标，就能有效地提高塌陷地信息提取的精度。当然煤矿区塌陷地的形成受各种因素的影响，如地质条件、煤层的产状、煤炭开采方法、保护措施等。因此在应用本书提出的模型时，需要针对特定的地区，设计适合煤矿开采领域的特点和需要的指标，确定和研究区相适应的指标值，才可能有效地提高塌陷地信息提取的精度。

## 3.2 矿区积水塌陷地多尺度分布信息提取

从目前的研究来说，积水塌陷地是采煤沉陷区中研究较多的一种类型，由于表现为水体，形状特征明显，光谱特征单一，提取相对简单，因此积水塌陷地的提取多采用单一数据源，单纯依赖光谱特征（甚至单一波段，如红外波段）来提取积水塌陷地。这种监测方式对于地表地物类型简单、精度要求相对较低的调查是可以满足要求的，但对于地表地物类型复杂、开采情况混乱、积水塌陷地与自然水体、地物阴影光谱特征相近的情况下，进一步提高积水塌陷地的提取精度就成为一个挑战。

相关研究表明，多尺度纹理有助于更好地描述目标地物信息，而图像分割作为遥感影像地物研究的基本手段之一，能够更有效地描述图像纹理信息。有些积水塌陷地提取方法虽然已经利用图像纹理辅助分类，但是没有考虑如何更好利用煤矿区积水塌陷地的多尺度图像纹理特征来辅助积水塌陷地的提取。

本书以资源三号影像作为数据源，探讨积水塌陷地提取的适宜尺度，研究通过多尺度分类特征提取煤矿区积水塌陷地的多尺度目标信息；并以 ALOS 影像作为对比数据源，对研究区积水塌陷地进行了变化分析。

### 3.2.1　矿区塌陷地提取研究的适宜尺度转换方法研究

为了研究适宜矿区积水塌陷地的尺度影像，本书以徐州矿区的资源三号影像为研究对象，讨论尺度转换方法，分析尺度效应以及适宜尺度选取问题，以期得到符合研究区内积水塌陷地研究的适宜尺度。

遥感影像的最佳空间分辨率是随着研究对象和像幅内在特征的改变而变化的。为了得到采煤积水塌陷地在不同尺度的影像上的特征信息，实验选用局部平均法、中值采样法、最邻近法、双线性内插法、立方卷积法等五种尺度转换方法，在研究区资源三号影像 2.1 m 全色影像的基础上分别获取 5 m、7.5 m、10 m、15 m、20 m、25 m 以及 30 m 等七组多尺度图像集序列。图 3-4 为研究区 400×400 大小的塌陷积水地的 5 m、7.5 m、10 m、15 m、20 m、25 m、30 m 等七组不同尺度影像示意图。

在对数据源进行尺度转换后，得到五种方法转换后的七组多尺度影像。由于尺度转换后影像的行列数和像元数会发生变化，因此，采用计算影像的灰度均值、标准差、平均梯度、信息熵四个评价指标对转换后的影像质量进行评价。经分析发现，与其他四种方法得到的影像相比，三次卷积法对影像进行尺度转换后得到的影像光谱保真度、清晰度、信息量以及稳定性等方面都比较好，所以实验中以三次卷积法作为尺度转换方法。

采用变异函数法研究遥感影像适宜尺度的基本过程为：变异函数法以不同尺度影像的一个栅格大小作为间隔 $h$，以图像中像元的灰度值作为区域变量，计算研究对象的变异函数，绘制变异函数曲线图。将曲线图内横坐标设为影像尺度，纵坐标设为变异函数值。若尺度为 $a$ 时，影像的变异函数值达到最

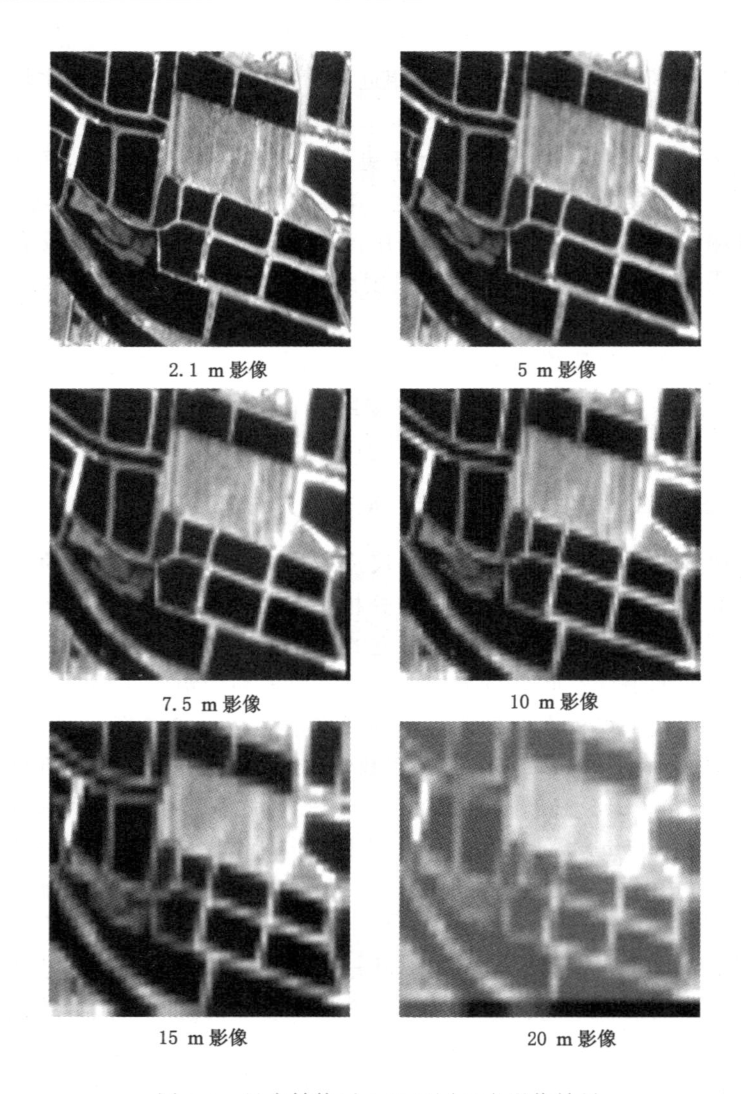


图 3-4　尺度转换后七组不同尺度影像效果

大,并且随尺度的变化趋于稳定,就称尺度 $a$ 为该影像的适宜尺度。

以徐州矿区资源三号卫星影像作为实验数据源,计算影像在 5 m、7.5 m、10 m、15 m、20 m、25 m 以及 30 m 等尺度影像上的变异函数值,确定研究区域的最适宜尺度。计算结果见表 3-2。

为了更直观地反映影像变异函数值随尺度变化的情况,将影像尺度设为横坐标,变异函数值设为纵坐标,绘制变异函数折线图(图 3-5)。从图中可以看出,随着尺度的增大变异函数值呈现逐渐增大的趋势,在图像尺度变为 7.5 m 时开始逐渐趋于平缓,当尺度增大到 20 m 时变异函数值增大较多,考虑可能是由于噪声引起的。随后变异函数值在 100～120 之间上下波动,并趋于稳定。根据变异函数值的计算结果,将实验数据的适宜表达地物的尺度范围定为 7.5～20 m。

**表 3-2　不同尺度下研究区影像变异函数值**

| 尺度 | 2.1 m | 5 m | 7.5 m | 10 m | 15 m | 20 m | 25 m | 30 m |
|---|---|---|---|---|---|---|---|---|
| 变异函数值 | 27.802 | 74.401 | 104.368 | 114.526 | 121.799 | 141.906 | 115.113 | 109.068 |

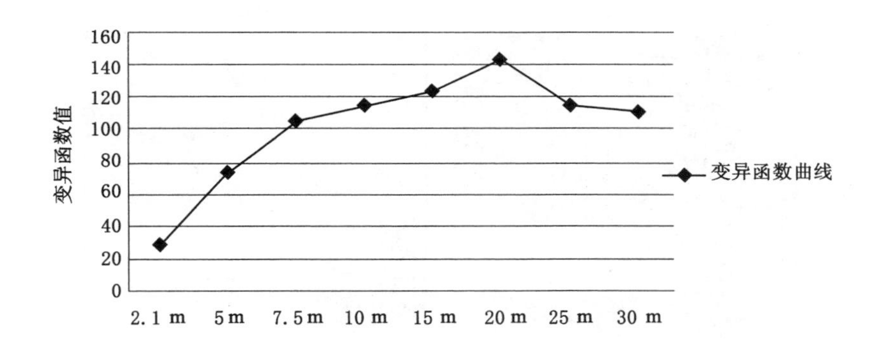


图 3-5　研究区影像变异函数折线图

### 3.2.2　矿区积水塌陷地不同尺度的综合形状指标比较

为了得到适宜煤矿区积水塌陷地表达的尺度,试验将研究区资源三号卫星 2.1 m 全色影像扩展为 5 m 到 30 m 的七组不同尺度影像并进行对比分析,最后得出适宜矿区内地物表达的尺度范围。在对煤矿区积水塌陷地进行提取时,不仅需要对图像的光谱特征进行识别,也需要分析图像的形状特征。而且塌陷地信息提取主要是分析塌陷地空间范围信息,选取最适宜表达积水塌陷地形状特征的尺度显得尤为重要。因此,实验采用计算煤矿区积水塌陷地综合形状指标确定最终的适宜尺度。

以研究区资源三号测绘卫星影像作为数据源,从影像上选取四处具有不同类型采煤积水塌陷地的试验区(图 3-6),使之基本能够代表徐州矿区积水塌陷地的大小规模和形态特征。每幅影像大小为 400×400。计算四幅试验区影像在 5 m、7.5 m、10 m、15 m、20 m、25 m 以及 30 m 等七组尺度上的综合形状指标，分析研究区域的最适宜尺度。综合形状指标见表 3-3。

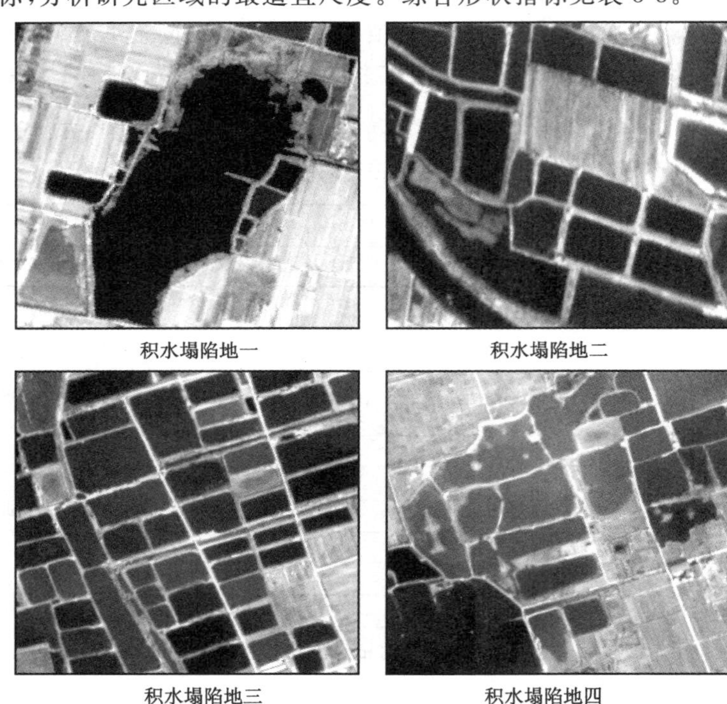


图 3-6　庞庄矿部分积水塌陷区域图

**表 3-3　　试验区在不同尺度影像上的综合形状指标**

| | 5 m | 7.5 m | 10 m | 15 m | 20 m | 25 m | 30 m |
|---|---|---|---|---|---|---|---|
| 积水塌陷地一 | 3.305 5 | 3.218 2 | 3.065 0 | 2.883 6 | 2.731 6 | 2.713 5 | 2.572 3 |
| 积水塌陷地二 | 4.039 2 | 4.030 7 | 4.056 4 | 3.771 3 | 3.608 1 | 3.482 7 | 3.385 8 |
| 积水塌陷地三 | 4.240 9 | 4.165 9 | 4.004 8 | 3.808 5 | 3.740 7 | 3.548 5 | 3.307 3 |
| 积水塌陷地四 | 3.503 9 | 3.526 7 | 3.481 4 | 3.134 3 | 3.216 6 | 2.855 2 | 2.712 9 |

从表 3-3 中可以看出，积水塌陷地一和积水塌陷地三的综合形状指标在尺度 5 m 的图像上最大，然后随着尺度的增大呈下降趋势。积水塌陷地二和积水塌陷地四的综合形状指数分别在尺度为 10 m 和 7.5 m 时最大，然后随

着尺度的增大不断下降。

为了更加直观地对比分析采煤塌陷地在不同尺度图像的变化情况，从积水塌陷地试验一区的图像上提取积水塌陷地(图 3-7)，通过对提取结果图的分析研究结合上文中两种方法的选取结果，最终确定研究区资源三号测绘卫星影像提取积水塌陷地的适宜尺度。

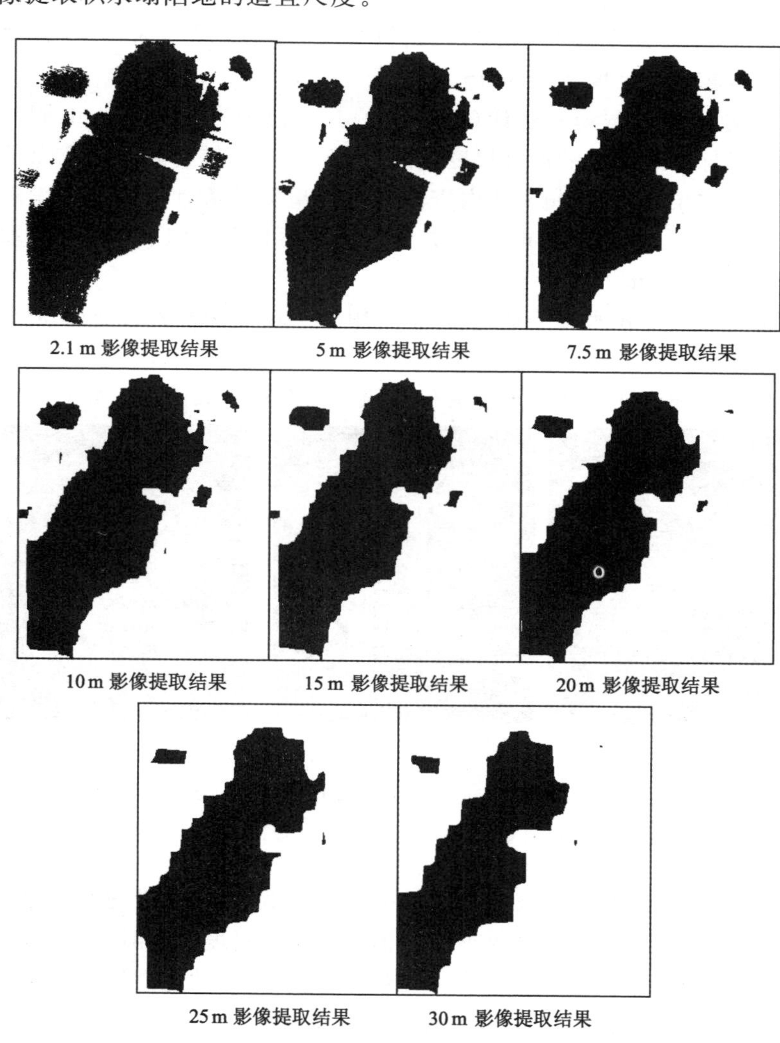


图 3-7　试验一区采煤积水塌陷地提取效果图

采煤积水塌陷地一在不同尺度上的提取结果如图 3-7 所示。从图中可以看出，随着图像空间分辨率的降低，采煤积水塌陷地的特征逐渐简单化，塌陷地边界信息减少，在尺度为 15 m 的影像上，塌陷地边缘已经出现非常明显的锯齿状。当图像尺度继续增大时，地物特征的损失情况更加严重。结合四个积水塌陷地试验区综合形状指数的计算结果，可知积水塌陷地在尺度为 5 m、7.5 m 以及 10 m 的图像上综合形状指数比较高，比较适合表达地物的特征，所以研究区较适宜尺度范围为 5～10 m。

由上文可知，变异函数法计算得到适宜尺度范围为 7.5～20 m，同时根据综合形状指标结果确定的适宜尺度范围为 5～10 m。综合两者研究以及试验区一的提取结果，可将徐州矿区内资源三号卫星影像适宜采煤积水塌陷地提取的尺度选为 7.5 m 和 10 m，也就是说庞庄矿适宜采煤积水塌陷地提取的尺度为 7.5 m 和 10 m。

为了后续提取积水塌陷地的需要，采用三次卷积法对资源三号 5.8 m 影像进行重采样，得到分辨率为 7.5 m 和 10 m 的适宜积水塌陷地提取影像。重采样后的徐州庞庄矿适宜尺度影像与原影像图对比如图 3-8 所示。

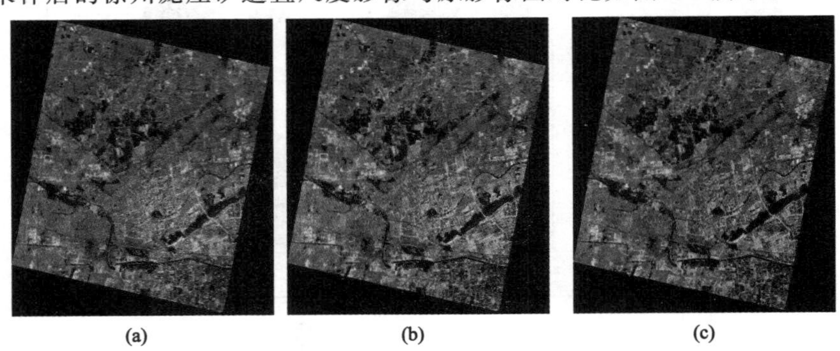


图 3-8 研究区原影像与适宜尺度影像对比图
(a) 原始 5.8 m ZY-3 影像；(b) 7.5 m ZY-3 影像；(c) 10 m ZY-3 影像

当图像尺度上推时，即图像的空间分辨率变低，图斑边缘的混合像元数量减少，图斑内的光谱特征差异性变小。但是当图像尺度下推时，即图像的空间分辨率变高，位于图斑边缘的混合像元数量增加，内部的光谱特征差异性也开始变大。这样看来，图像尺度的变化对地物提取精度的两种影响因素是互相矛盾的；从另一种角度看，遥感影像地物提取精度多取决于遥感数据的空间分辨率和地物目标大小之间的相对关系。因此对于大小不一、分布并不均匀的矿区积水塌陷地而言，尺度的增大虽然影响了积水塌陷土地边缘的混合像元数量，也会引起地物内光谱特征差异性变低，造成地物间的可分性增强。因此，在不同尺度的遥感影像上提取积水塌陷地的地物信息，以及融合多尺度遥感影像上积水塌陷地的多尺度信息，最终可以获得更精确的采煤积水塌陷地提取结果。

### 3.2.3　矿区积水塌陷地多尺度分布信息提取技术流程

采煤积水塌陷地本身属于水体但是又不能单纯以提取水体的方法进行分析。试验以徐州庞庄矿资源三号测绘卫星 2.1 m 融合后影像、资源三号测绘卫星 7.5 m 和 10 m 两种适宜尺度影像为研究数据源，引入 GLCM 和 Gabor 小波纹理分析方法，通过对三种不同尺度影像的四个波段以及平均波段分别进行纹理分析，获取研究区多波段多尺度纹理特征信息，并对纹理特征进行基于 Meanshift 算法的分割；比较分析分割后两种纹理特征以及分类方法对积水塌陷地提取结果的影响，根据分析结果和研究区采煤积水塌陷地实际情况提取矿区采煤积水塌陷地；通过投票法将原始影像下提取的积水塌陷地信息和两种适宜尺度下提取的积水塌陷地信息进行决策级融合，得到矿区资源三号影像上积水塌陷地多尺度分布信息。

庞庄矿积水塌陷地多尺度分布信息提取技术流程如图 3-9 所示。

### 3.2.4　实例分析

以徐州庞庄矿 2010 年 12 月 17 日 ALOS 影像和 2012 年 1 月 25 日的资源三号测绘卫星影像为试验数据源，对比两个时间段庞庄矿采煤积水塌陷地的变化情况，两幅影像内均无云，时相接近都为冬季时段，能够确保同类地物光谱特征一致。首先提取庞庄矿区融合后 ALOS 影像上的采煤积水塌陷地分布信息，然后对 2010 年 ALOS 影像提取的采煤积水塌陷地信息和 2012 年 ZY-3 影像提取的采煤积水塌陷地信息进行变化监测。

试验以 2012 年 1 月 25 日的资源三号测绘卫星影像为基准影像对 2010 年 12 月 17 日的 ALOS 影像相对校正，相当于已经对两幅影像进行图像配准，精度优于 1 个像元。研究主要利用两种原始数据影像依据试验提出的徐州庞庄矿采煤积水塌陷地提取方法提取积水塌陷地分布信息，最后将获取的积水塌陷地分布信息结果图重采样为 10 m 分辨率，最终结果如图 3-10 所示。

在 ENVI 软件平台上对 2010 年和 2012 年采煤积水塌陷地提取结果图进行变化监测，获取最终庞庄矿积水塌陷地分布信息变化情况图（图 3-11），图

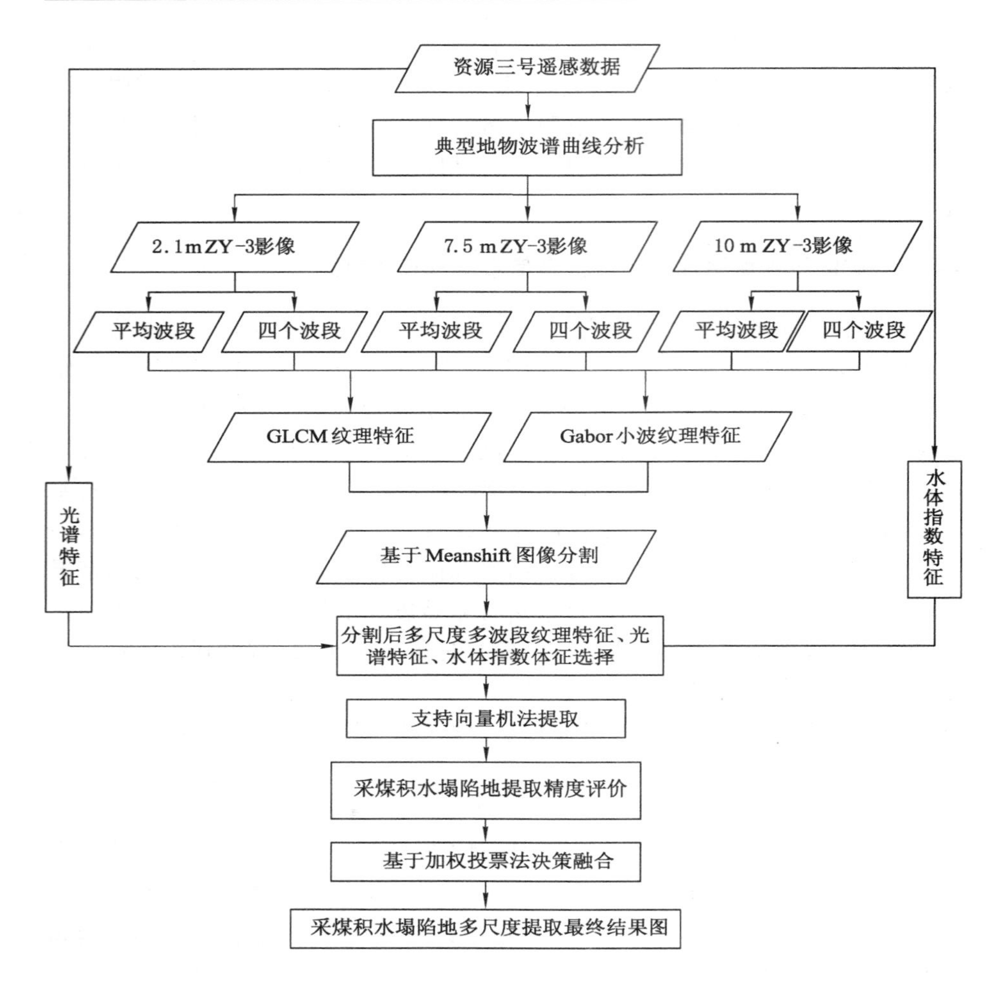


图 3-9　庞庄矿积水塌陷地多尺度分布信息提取技术流程

中白色部分为发生变化的像元，黑色部分为没有发生变化的像元。具体矿区积水塌陷地面积及百分比变化量如表 3-4 所示。

由图可知，在提取精度均为 80%以上的情况下，2010 年、2012 年积水塌陷地面积变化量为 852 400 m$^2$，变化百分比为 0.56%。观察庞庄矿积水塌陷地变化情况，可以发现塌陷变化部分主要是在 2010 年原始积水塌陷坑边缘出现细微变化，但是也有一部分区域是由其他地物转变为积水塌陷地，主要分布在小周屯、徐丰公路庞庄桥段、肖场和东城附近的积水塌陷地。

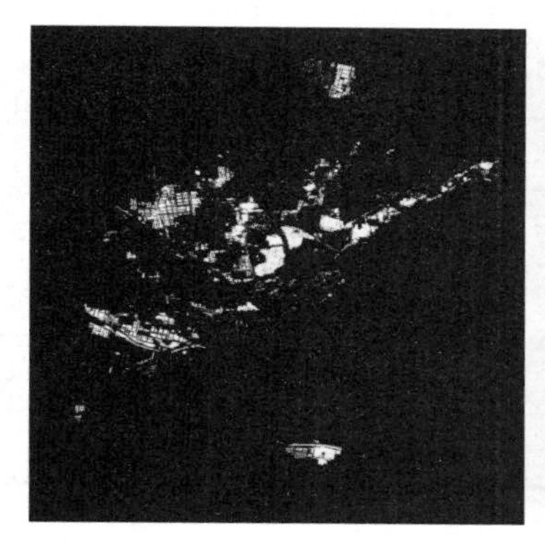

ALOS 影像积水塌陷地提取结果

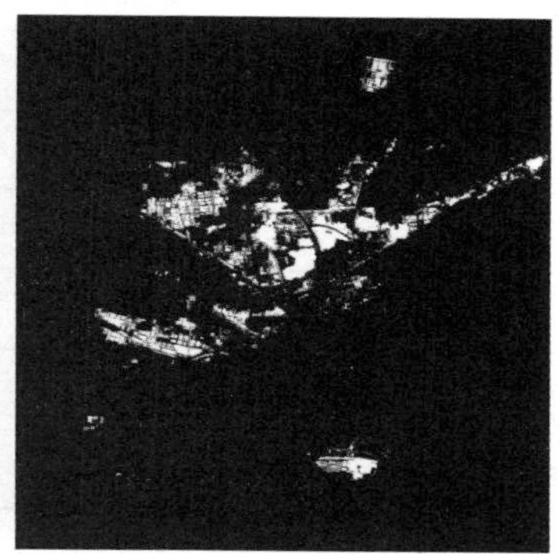

ZY-3 影像积水塌陷地提取结果图

图 3-10　ALOS 影像和 ZY-3 影像积水塌陷地分布信息提取结果图

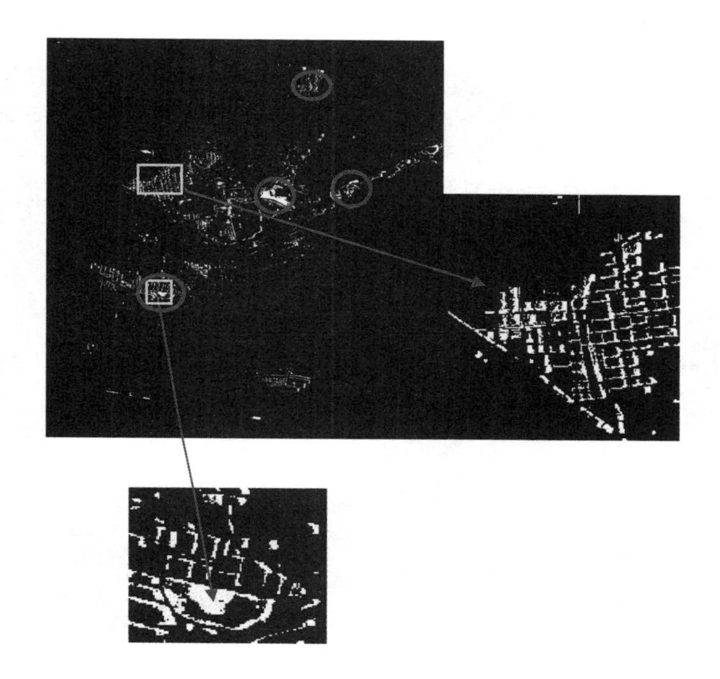

图 3-11　研究区 2010～2012 年积水塌陷地分布信息变化情况

**表 3-4　　2010、2012 年研究区采煤积水塌陷地动态变化统计**

| 土地类型 | 2010 年面积 | | 2012 年面积 | | 占比差值 |
|---|---|---|---|---|---|
| | m² | 占比 | m² | 占比 | |
| 积水塌陷地 | 6 778 100 | 3.45% | 7 630 500 | 4.01% | 0.56% |
| 其他 | 34 327 700 | 17.51% | 27 419 400 | 14.43% | −3.08% |
| 未分类 | 154 921 900 | 79.03% | 154 958 700 | 81.55% | 2.52% |
| 提取精度 | 82.405% | | 85.355 7% | | |

根据矿区采煤积水塌陷地分布信息多尺度提取的技术路线，以徐州各矿区为研究对象，利用资源三号测绘卫星影像，进行矿区采煤积水塌陷地的提取，制作出 1∶5 万徐州(部分)矿区采煤积水塌陷地分布图(图 3-12)。

图 3-12

图 3-12　徐州(部分)矿区采煤积水塌陷地分布图

# 本章参考文献

[1] 卞正富.矿区开采沉陷农用地土地质量空间变化研究[J].中国矿业大学学报，2004，33(2):213-218.

[2] 董连科.分形理论及其应用[M].沈阳:辽宁科学技术出版社,1991.

[3] 杜培军.工矿区陆面演变与空间信息技术应用的研究[D].徐州:中国矿业大学,2001.

[4] 杜培军,郭达志.GIS 支持下遥感图像中采矿塌陷地提取方法研究[J].中国图像图形学报,2003,8(2):231-235.

[5] 刘春，丛爱岩. 基于“知识规则”的 GIS 水系要素制图综合推理[J].测绘通报，1999(9):21-24.

[6] 栾元重,范玉红,王勇,等. 塌陷区地形分型生成方法与应用[J].地球信息科学,2006,8(4):111-116.

[7] 武彦斌,彭苏萍,黄明,等.淮南积水沉陷区水深遥感定量分析[J].中国矿业大学学报,2007,36(4):53-541.

[8] 翟仁建,武芳,邓红艳,等. 基于遗传多目标的河流自动选取模型[J].中国矿业大学学报,2006,35(3):403-408.

[9] 邹友峰,邓喀中,等.矿山开采沉陷控制工程[M].徐州:中国矿业大学出版社,2003.

[10] PERSIK Z. The test of applicability of land subsidence monitoring by InSAR ERS-1 and ERS-2 in the coal mine damaged region(Upper Silesia)[J]. International Archives of Photogrammetry and Remote Sensing,1999,32(7):555-558.

# 第4章 融合多尺度分割与CART算法的矸石山信息提取

煤矸石是煤矿生产的必然产物，是煤炭开采和洗煤排放中占地面积量和累积积存量最大的固体废弃物。目前我国煤矸石的综合利用率为30%～40%，多数就近堆放于矿区周围，形成大小不一、占压土地、破坏景观的矸石山。煤矸石堆积产生如污染(水、土、大气)、自燃、占地、爆炸、结构侵蚀、稳定等环境岩土效应，还经常发生塌方、滑坡、泥石流等地质灾害。准确掌握矸石山的空间分布信息，对于矸石山治理及矸石山地质灾害监测具有重要意义。

## 4.1 融合多尺度分割和CART算法的矸石山信息提取基本原理

多尺度分割是一种应用广泛的图像分割算法，它能够综合考虑不同尺度的影像信息，把精细尺度的精确性与粗糙尺度的易分割性这对矛盾完美地统一起来，在保证对象内部异质性最小的基础上，使对象间的异质性达到最大，为后续的目标提取提供较为准确的信息。CART算法是一种二叉树形式的决策树，其结构清晰，易于理解；对于处理高维、非线性数据准确性高，实现简单；对于输入样本没有任何统计分布要求。结合多尺度分割和CART算法各自的优势，本章给出一个新的目标信息提取方法，将小尺度分割与大尺度分割相结合，将影像分割成一系列同质性对象；以同质性对象为基本单元选择训练样本，然后利用CART算法提取目标信息，并将其应用到矸石山提取研究中。

### 4.1.1 基本流程

结合多尺度分割和CART算法的目标对象提取方法包含影像分割和对象分类两个方面。其基本思想是先应用小尺度对影像精细分割，后使用大尺度进行图斑合并，从而将影像分割成同质性对象；再以同质性对象为基本单元选择训练样本，最后采用 CART 算法提取目标信息及矢量输出，基本流程如图 4-1 所示。

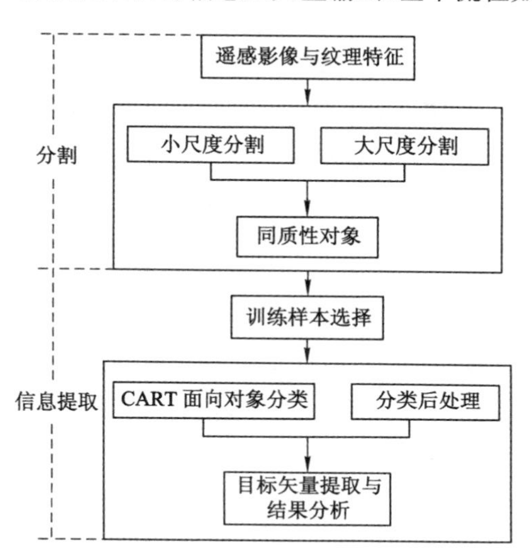


图 4-1　结合多尺度分割和 CART 算法的对象提取流程

关键步骤如下：

(1) 多尺度分割。对影像中目标设定一个分割阈值，根据目标地物的色彩、形状、纹理等特征，计算影像对象异质性值 $f$，即：

$$f = w \cdot h_{\text{color}} + (1 - w) \cdot h_{\text{shape}} \tag{4-1}$$

式中，$h_{\text{color}}$ 为光谱异质性值；$h_{\text{shape}}$ 为形状异质性值；$w$ 是用户定义的权重，取值 0～1 之间。光谱异质性值 $h_{\text{color}}$ 与组成对象的像元数目及各个波段标准差有关，波段标准差根据组成对象的像元值计算得到。形状异质性值 $h_{\text{shape}}$ 取决于影像对象的紧密度和光滑度。

(2) 采用异质性最小的区域合并算法，将光谱信息类似的相邻像素集合起来构成区域多边形，对每个需要分割的区域找一个种子像素作为生长的起点，然后将种子像元周围邻域中与种子像素有相同或相似性质的像素合并到种子像素所在的区域中，将这些新的像素当作新的种子像素继续进行上面的过程，直到再没有满足条件的像素，这样一个对象就生成了。

(3) 建立金字塔数据结构。构造过程中，滤波器的参数保持不变，压缩高分辨率影像，但把高分辨率像元的信息保留到低分辨率的影像上，从而形成金字塔结构模型。原始影像保存在金字塔最底层，金字塔的上一层图像的尺度比起相邻的下一层要粗糙，同时所含信息具有一定的概括性，在影像信息损失最小的前提下将影像成功地分割成为有意义的影像多边形对象。

(4) 基于 CART 算法的面向对象目标提取。将选择的基于同质性对象的训练样本对 CART 分类器进行训练，递归地对训练集进行划分，采用经济学中的基尼系数作为划分样本集的准则，直至每个子集的记录全部属于同一类或某一类占压倒性多数。基尼系数的数学定义如下：

$$I = 1 - \sum_{j=1}^{J} p^2(j \mid h) \tag{4-2}$$

式中，$p(j \mid h) = \frac{n_j(h)}{n(h)}$，$\sum_{j=1}^{J} p(j \mid h) = 1$，$p(j|h)$是从训练样本集中随机抽取一个样本，当某一测试变量值为 $h$ 时属于第 $j$ 类的概率，$n_j(h)$为训练样本中该测试变量值为 $h$ 时属于第 $j$ 类的样本个数，$n(h)$为训练样本中该测试变量值为 $h$ 的样本个数，$j$ 为类别个数。

这样生成的决策树叶节点较多，会出现过度拟合的情况，影响目标提取的速度与精度，因此采用交叉验证对树的结构进行修剪。将样本数据分为训练数据和检测数据两部分，进行循环交替验证。验证过程中引入一个“可调错误率”的概念，即对某个树枝的所有叶节点增加一个惩罚因子，如果该树枝仍然能够保持低错误率，则说明它是强者，予以保留；否则它是弱者，给予剪除。最终得到一棵兼顾复杂度和错误率的最优二叉树，将其应用于整幅影像进行目标提取并输出目标矢量边界。主要的技术流程如图 4-2 所示。

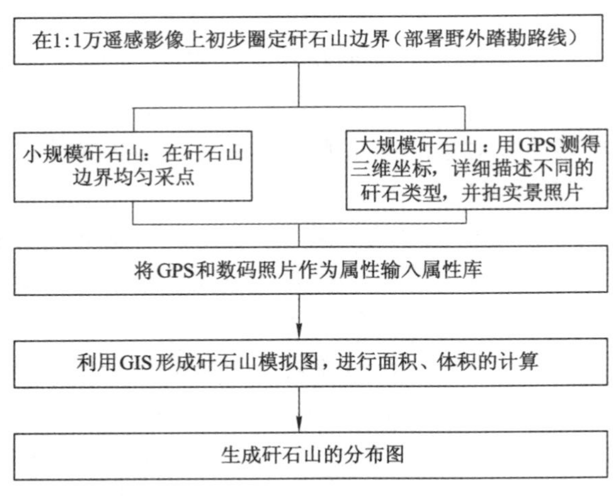


图 4-2　矸石堆场提取流程

### 4.1.2　算法实验

选取由 0.7 m EROS-B 影像与 10 m ALOS 多光谱影像融合后影像，从中裁剪一小块包含一座典型矸石山的影像作为实验对象。根据多尺度分割理论，先对影像中目标设定一个较小的分割阈值进行小尺度分割，光谱信息类似的相邻像素集合起来构成区域多边形对象，保证对象内部异质性最小；然后在小尺度分割的基础上，设定一个较大的阈值再次合并光谱信息类似的相邻对象，达到对象间异质性最大的效果。在实验中，以 20 和 70 为分割尺度，以0.5 为中心调整形状因子参数和光滑度参数，使用同质指数和异质指数来判断影像分割是否达到理想状态，最终采用的分割参数如表 4-1 所示，矸石山提取实验结果如图 4-3 所示。

**表 4-1　　　　多尺度分割参数**

| 分割层次 | 分割尺度 | 颜色权重 | 形状权重 | 平滑度 | 紧致度 |
|---|---|---|---|---|---|
| 小尺度分割 | 20 | 0.8 | 0.2 | 0.5 | 0.5 |
| 大尺度分割 | 70 | 0.8 | 0.2 | 0.5 | 0.5 |

当设定的分割阈值为 20 时，其分割结果(如图 4-3 中 C 图)中仍存在许多细碎的图斑，为获得更有利于分类的同质性对象，在小尺度分割的基础上再进行大尺度分割，合并光谱信息类似的相邻对象。最终分割结果如图 4-3 中 D 图，图中的分割区域能较好地体现矸石山的轮廓边界，其内部匀质性也较理想。

以分割形成的同质性对象为基本单元，根据影像中地物分布情况选择样本，后将其按比例 8∶2 进行随机抽取，其中 80%作为训练样本，20%作为测试样本；应用基尼系数递归地对训练集进行划分，生成一颗二叉树，用修剪后的决策树规则对整个影像进行矸石山提取，最终矸石山提取结果如图 4-3 中 F 图所示。为验证本章方法的有效性，以像素为基本处理单元利用 CART 算法对实验区进行矸石山提取，其结果如图 4-3 中 E 图所示。

对比图 4-3 中 E 图和 F 图发现，两图的大部分地物分布信息一致。图 4-3 中 E 图中矸石山提取结果的“椒盐现象”较明显，主要是因为矸石山对象中包含与水体、建筑物光谱特性相似的个别像素，以像素为基本单元进行分类时，这些像素很容易被误分成水体或建筑物，这些被误分的孤立像素便形成了“椒盐现象”。然而图 4-3 中 F 图中矸石山边界清晰且平滑性较好，分割的基础上

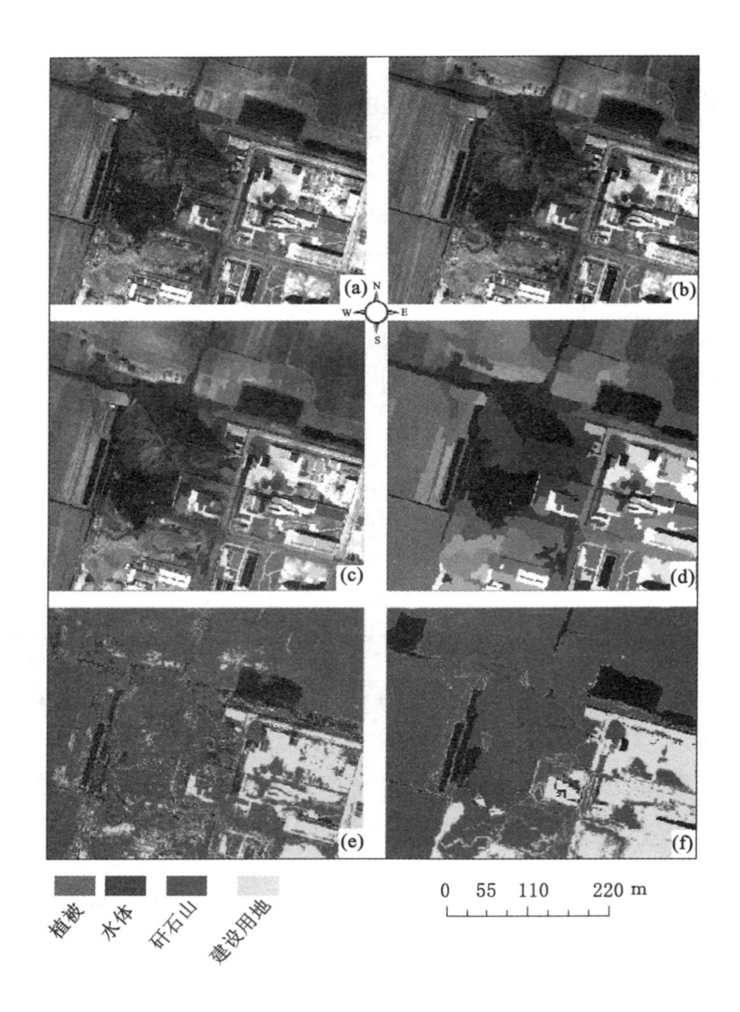


图 4-3 研究区矸石山提取结果

(a) 原始影像;(b) 矸石山边界提取结果;(c) 小尺度分割结果;(d) 大尺度分割结果;(e) 像素级 CART 分类结果;(f) 面向对象 CART 分类结果

进行对象分类有效抑制了“椒盐现象”,得到的提取结果更易于理解。

为定量比较本文方法与像素级的 CART 算法的目标提取结果,从混淆矩阵和矸石山实测面积两方面评价精度,其中混淆矩阵针对实验区的 4 种地物类型,结果如表 4-2 和表 4-3 所示。

**表 4-2　面向对象的 CART 分类精度混淆矩阵(以像元数为单位)**

| 地物类型 | 矸石山 | 植被 | 居民地 | 水体 | 行和 | 用户精度/% |
|---|---|---|---|---|---|---|
| 矸石山 | 435 | 6 | 2 | 44 | 487 | 89.32 |
| 植被 | 10 | 327 | 46 | 1 | 384 | 85.16 |
| 居民地 | 5 | 6 | 430 | 2 | 443 | 97.07 |
| 水体 | 2 | 44 | 72 | 889 | 1 007 | 88.28 |
| 列和 | 452 | 383 | 550 | 936 | 2 321 | |
| 生产者精度/% | 96.24 | 85.38 | 78.18 | 94.98 | | |

总体分类精度=(2 081/2 321)×100%=89.659 6%,Kappa 系数=0.854 7。

**表 4-3　像素级的 CART 分类精度混淆矩阵(以像元数为单位)**

| 地物类型 | 矸石山 | 植被 | 居民地 | 水体 | 行和 | 用户精度/% |
|---|---|---|---|---|---|---|
| 矸石山 | 378 | 16 | 26 | 266 | 686 | 55.10 |
| 植被 | 3 | 324 | 79 | 46 | 452 | 71.68 |
| 居民地 | 33 | 20 | 412 | 17 | 482 | 85.48 |
| 水体 | 38 | 23 | 33 | 607 | 701 | 86.59 |
| 列和 | 452 | 383 | 550 | 936 | 2 321 | |
| 生产者精度/% | 83.63 | 84.60 | 74.91 | 64.85 | | |

总体分类精度=(1 721/2 321)×100%=74.149 1%,Kappa 系数=0.650 3。

由表 4-2 和表 4-3,本方法较传统像素级的 CART 算法的精度高,总体分类精度提高了 15.5%,Kappa 系数提高了 0.2。究其原因,主要是 CART 面向对象方法在分类时以分割形成的同质性对象为基本处理单元,并将同质性对象内部所有像素的亮度值的数学期望作为建立二叉树分类规则的度量,较好地反映了地物的真实光谱特性,降低了由于孤立像素引起的误分现象,与单纯像素级的 CART 算法相比,分类精度及 Kappa 系数均得到较大提高。

此外,CART 算法的面向对象方法提取的矸石山矢量边界如图 4-3 中 B 图所示,提取结果边界清晰,与原始影像上矸石山边界基本一致。本方法提取矸石山总面积为 24 097 $m^2$,错分面积为 2 759 $m^2$,提取精度为 88.55%。错分与多种因素有关,例如影像分辨率的限制、矸石山的堆放形状不规则,以及矸石山与其他地物的边界在影像上较难区分,即使是目视解译判断也较难准确区分。

## 4.2 矿区矸石山提取实例

利用超高分辨率遥感影像 GeoEye 作为比较基准，利用国产资源三号卫星影像，基于上述方法提取了忻州窑矿区内的 4 座矸石山，分别在面积和边界形态两个方面对比了验证。每座矸石山的矢量边界细节对比图如图 4-4 所示，面积及精度见表 4-2。

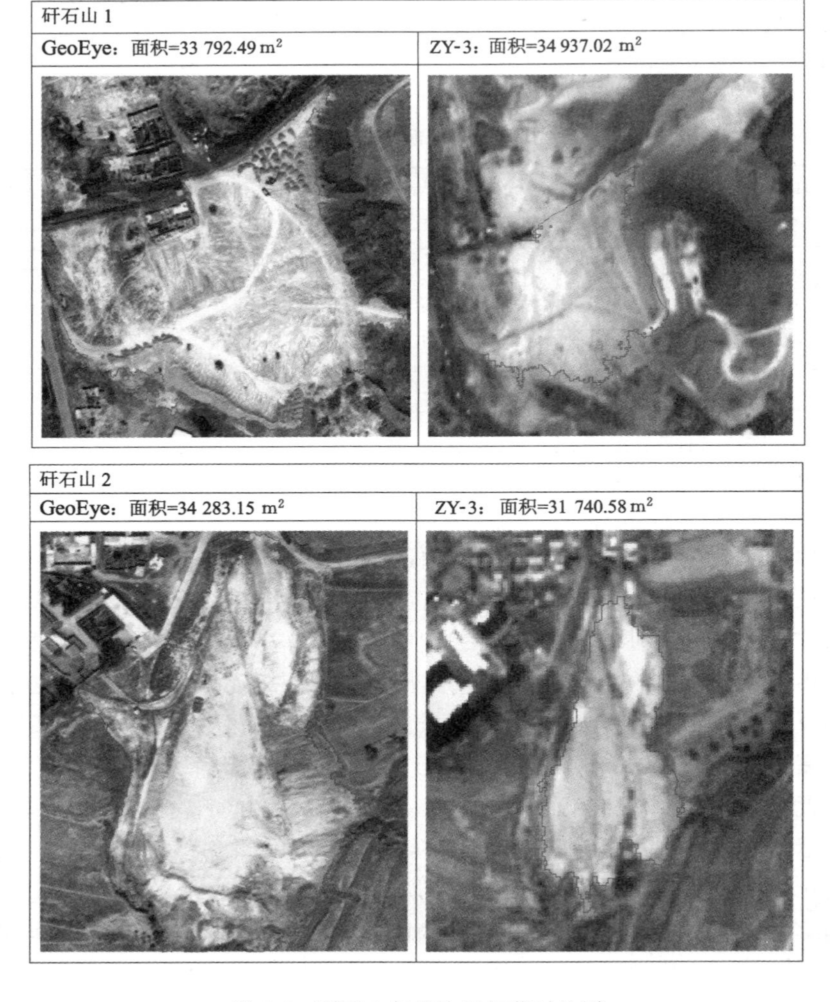


图 4-4 矸石山矢量边界细节对比图

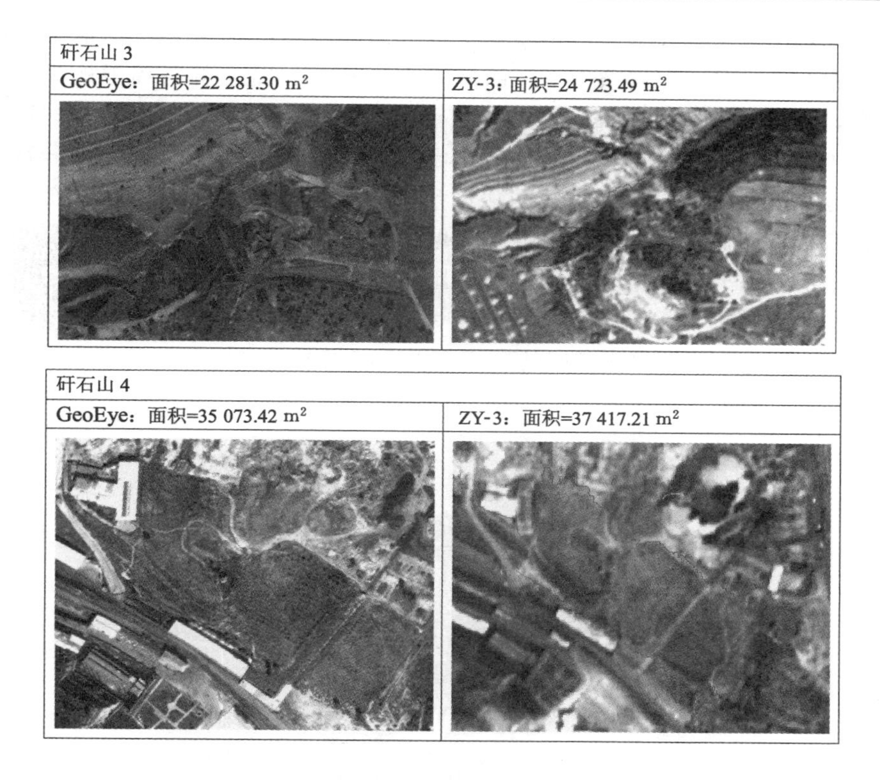


续图 4-4　矸石山矢量边界细节对比图

**表 4-2　　矸石山面积及精度**

| 矸石山编号 | GeoEye/m² | 资源三号/m² | 错分面积/m² | 面积精度 |
|---|---|---|---|---|
| 1 | 33 792.49 | 34 937.02 | 1 144.53 | 96.72% |
| 2 | 34 283.15 | 31 740.58 | 2 542.57 | 91.99% |
| 3 | 22 281.3 | 24 723.49 | 2 442.19 | 90.12% |
| 4 | 35 073.42 | 37 417.21 | 2 343.79 | 93.74% |
| 平均面积精度：93.14% | | | | |

为验证本章所提出算法的精度，选择资源三号卫星影像作为信息源进行矸石山分布信息的提取。由于矸石山堆积范围较大，在实地对于矸石山边界难以确定，因此将利用影像分辨率较高的 GeoEye 影像作为对比验证的标准。资源三号影像分辨率为 2.5 m，GeoEye 影像分辨率为 0.6 m，但从矸石山面

积精度看(表 4-2),资源三号卫星影像的平均面积精度达 93.14%,最小的面积也在 90%以上。观察图 4-4 中的矸石山 2,矸石山的边界与周围地物较为模糊,为算法解译造成困难,解决这一问题可以通过大量的选择训练样本输入算法进行学习,最后得到满意的结果。结果说明:资源三号卫星影像在矸石山提取方面与 GeoEye 相比,基本可以满足矸石山提取的精度要求,在矸石山分布信息提取方面是可行的。缺点是提取的边界存在锯齿现象,不够平滑。另外造成错分的因素还与影像质量、成像时间密切相关。

图 4-5

图 4-5 为山西忻州窑矿区的矸石山提取结果图。

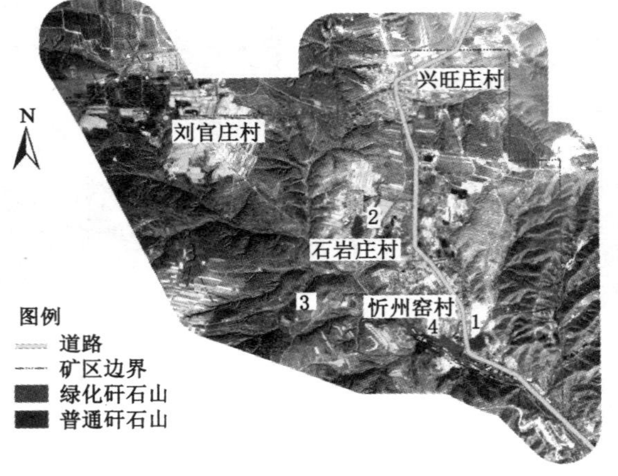

图 4-5　忻州窑矿区矸石山提取结果图

# 第 5 章　面向对象多尺度分割的矿区采动地裂缝提取

矿山开采形成地下采空区和地面沉陷，从而引起地面不均匀沉降，致使岩土体开裂而使地表产生大量的裂缝。这些裂缝不仅破坏了土地，使得土地无法耕种，造成常年性或季节性积水、村庄搬迁、建筑物变形、地下管道破坏等。对于山区来说，地裂缝使得山区地表坡体的稳定性受到影响，从而容易形成滑坡等矿山环境灾害。

## 5.1　面向对象多尺度分割矿区采动地裂缝提取技术流程

地裂缝在遥感影像上的分布特征，使得在地裂缝提取过程中要充分考虑地裂缝大跨度的光谱特征、特定的形状特征、纹理特征和拓扑特征等因素，对于基于像素提取的传统方法这是难以实现的，而面向对象的多尺度分割技术可以综合考虑这些因素。本章所给出的面向对象多尺度分割的方法提取矿区地裂缝分布信息的技术流程如图 5-1 所示。

### 5.1.1　数据准备与预处理

数据准备与预处理主要包括影像的几何校正、融合、影像增强以及纹理特征的提取。提取纹理特征图时选择对比度和二阶矩两个统计量，同时确定约等于地裂缝纹理单元尺寸的窗口大小。

### 5.1.2　多尺度分割

多尺度分割最关键的环节是最佳分割参数的确定。分割参数包括图层权重、均质因子和尺度因子。其中，均质因子包括光谱因子和形状因子，形状因子又包括光滑度和紧致度两个因子。利用方差和影像各波段之间的相关性确定图层权重，并将对比度和二阶矩两个图层的权重分别设置为 1 和 10。其他

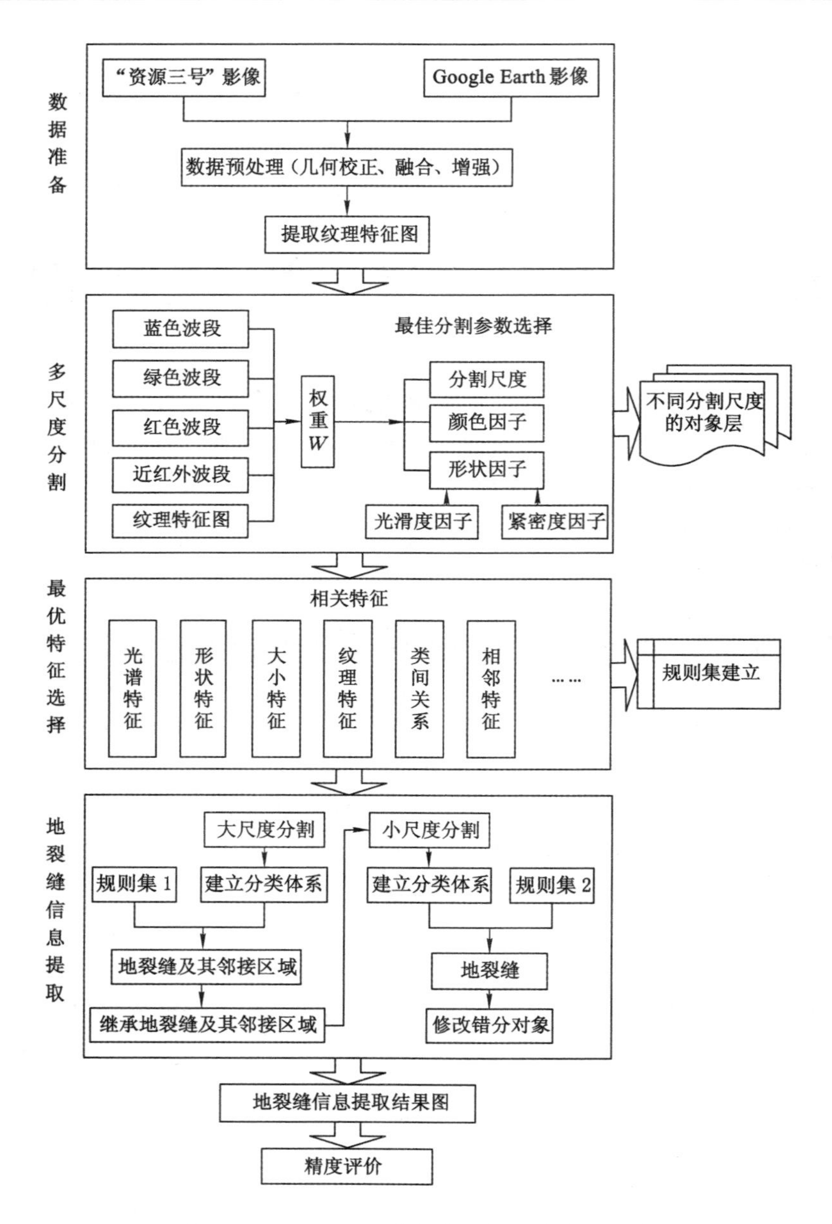


图 5-1 矿区地裂缝分布信息提取技术流程图

分割参数的确定则采用一种半自动化地选择最佳分割参数的方法，具体的流程见图 5-2。

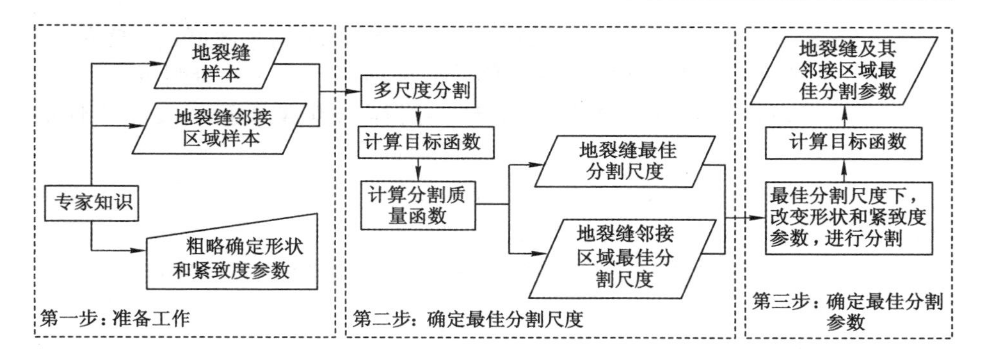


图 5-2　最佳分割参数选择流程

第一步：准备工作。根据地面实地调查情况、矿区地裂缝分布特征和地裂缝遥感影像解译标志，发现矿区地裂缝一般与面积较大的地物相邻，如山体、农田等。因此，需要按照地裂缝和其邻接区域的最佳分割参数进行影像分割。通过采集地裂缝样本和地裂缝邻接区域样本，并依据前面对分割参数的分析初步确定一个形状和紧致度的参数。

第二步：确定最佳分割尺度。大致确定地裂缝与其邻接区域的分割尺度范围，并按步长为 5 在确定的分割尺度范围内对选择的样本进行不同尺度的分割。

对某一分割尺度下产生的对象，其评价的准则一般为：对象内部具有良好的同质性，相邻对象之间具有明显的对比度，对象面积的大小对评价结果有不同的权重影响，所以采用区域内同质、区域间异质的准则，并考虑对象面积来计算目标函数，以此作为评价分割质量的依据。

区域内同质性的度量采用对象内部的标准差来表示：

$$\sigma = \sum_{i=1}^{n} a_i \sigma_i / \sum_{i=1}^{n} a_i \tag{5-1}$$

式中，$\sigma_i$ 是区域 $i$ 的标准差，$a_i$ 是区域 $i$ 的面积，$n$ 是影像分割后区域的总数。区域内的标准差 $\sigma$ 是一个面积加权平均值，这样可以避免小区域导致的不稳定性。$\sigma$ 越小，说明区域内的同质性越好。

区域间异质性的度量采用 Moran 的自相关指数 $I$ 来表示：

$$I = \frac{n \sum_{i=1}^{n} \sum_{j=1}^{n} w_{ij} (y_i - \overline{y})(y_j - \overline{y})}{\left(\sum_{i=1}^{n} (y_i - \overline{y})^2\right)\left(\sum_{i \neq j} \sum w_{ij}\right)} \tag{5-2}$$

式中，$y_i$是图像区域$i$的平均灰度值，$\bar{y}$是整个图像的平均灰度值，$w_{ij}$是区域$i$和$j$的空间邻近性度量。如果区域$i$和$j$相邻，那么$w_{ij}=1$，否则$w_{ij}=0$。$I$越小，说明区域间的异质性越好，$I$的最小值标志着区域间最大异质性的位置。

将式(5-1)和式(5-2)经过正规化后合并起来作为目标函数，好的分割结果应使目标函数取得极大值。为了使选择的最优分割尺度更加合理，在第一步应多选几个样本，且要尽量保证选择的样本基本涵盖该地物类别的不同特征。

$$F(\sigma,I) = F(\sigma) + F(I) \tag{5-3}$$

式中，$F(\sigma)$和$F(I)$分别由式(5-4)正规化得到：

$$F(x) = \frac{X_{\max} - X}{X_{\max} - X_{\min}} \tag{5-4}$$

将分割尺度和计算所得的目标函数值作为插值节点，可得计算最优分割质量的模型：

$$h_n(x) = a_0 + a_1 x + a_2 x^2 + \cdots + a_n x^n \tag{5-5}$$

由式(5-5)的最大值可以分别得到地裂缝及其邻接区域的最佳分割尺度。

第三步：确定最佳分割参数。在地裂缝最佳分割尺度下，分别固定形状和紧致度因子中的其中一个，以0.05的步长改变另一个因子，对地裂缝样本进行分割，计算其目标函数和分割质量函数，得到地裂缝的最佳分割参数。以同样的方法获取地裂缝邻接区域的最佳分割参数。

### 5.1.3 最优尺度选择

采用SEaTH (Separability and Thresholds)方法，该方法不仅可以计算任何数量的指定对象类及其组合的可分离性，确定对象类中相互间的最佳分离特征，也可以获取具有最大分离性的阈值，这使得在短时间内对描述对象的大量特征进行分析，从而快速构建分类模型成为可能。

SEaTH方法是依据每个类的典型训练样本数据，通过评价每个类的概率密度和计算对象间的互分性来确定各个类的特有特征。它首先假设各个类的概率分布为正态分布，然后利用Jeffries-Matusita距离，通过错分概率的贝叶斯决策规则度量可分性。对于两个类别($C_1$及$C_2$)和一个给定的特征，其Jeffries-Matusita距离$J$为：

$$J = 2(1 - \mathrm{e}^{-B}) \tag{5-6}$$

其中，$B$为巴氏距离(Bhattacharyya distance)，其计算式为：

$$B = \frac{1}{8}(m_1 - m_2)^2 \frac{2}{\sigma_1^2 + \sigma_2^2} + \frac{1}{2}\ln\left(\frac{\sigma_1^2 + \sigma_2^2}{2\sigma_1\sigma_2}\right) \tag{5-7}$$

式中，$m_i$ 和 $\sigma_i^2(i=1,2)$ 分别代表两个特征分布的均值和方差。

Jeffries-Matusita 距离 $J$ 借助于 $B$ 值在尺度[0～2]上度量两个类别的分离性，$J$ 值越高，两个类别的可分离性越大，$J=2$ 表明两个类别在所选分类特征下完全分离，即建立在训练样本基础之上所获取的特征用于分类时将不会出现错分现象。反之，$J$ 值越低，类别的可分离性越差，在实际应用中一般要求两类别间的 $J$ 值大于 1.85。

通过式(5-8)的高斯概率混合模型，得到两个类别 $C_1$ 和 $C_2$ 的一个特征的频率分布：

$$p(x)=p(x\mid C_1)p(C_1)+p(x\mid C_2)p(C_2) \tag{5-8}$$

最小错误概率的阈值通过式(5-9)获得：

$$p(x\mid C_1)p(C_1)=p(x\mid C_2)p(C_2) \tag{5-9}$$

上式中，$p(x|C_1)p(C_1)$ 是均值 $m_{C_1}$ 和 $\sigma_{C_1}^2$ 的正态分布，$p(x|C_2)p(C_2)$ 类似。

对 $x$ 取对数：

$$\frac{1}{2\sigma_{C_2}^2}(x-m_{C_2})^2-\frac{1}{2\sigma_{C_1}^2}(x-m_{C_1})^2=\ln\left[\frac{\sigma_{C_1}}{\sigma_{C_2}}\cdot\frac{p(C_2)}{p(C_1)}\right]=A \tag{5-10}$$

此方程的解可以表示为：

$$x_{1(2)}=\frac{1}{\sigma_{C_1}^2-\sigma_{C_2}^2}\left[m_{C_2}\sigma_{C_1}^2-m_{C_1}\sigma_{C_2}^2\pm\sigma_{C_1}\sigma_{C_2}\sqrt{(m_{C_1}-m_{C_2})^2+2A(\sigma_{C_1}^2-\sigma_{C_2}^2)}\right] \tag{5-11}$$

这两个解的选择是通过分析 $m_1$ 和 $m_2$ 两个均值的概率分布确定的。对于图 5-3 的示例而言，$X_1$ 是正确的阈值选择。

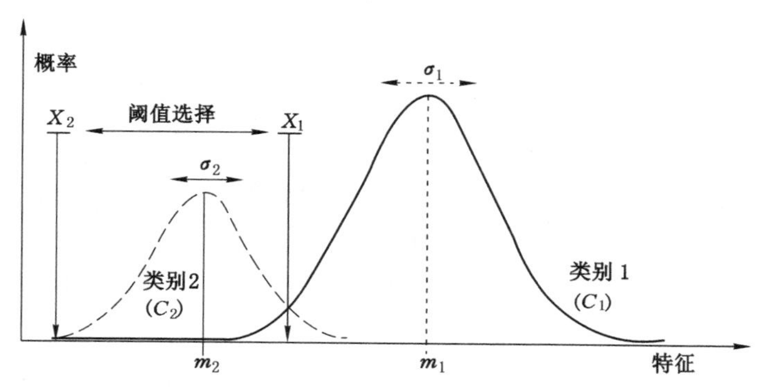


图 5-3　阈值选择

### 5.1.4 地裂缝分布信息提取

按照前述方法，分别确定地裂缝和地裂缝邻接区域的最佳分割参数，然后利用地裂缝邻接区域的最佳分割参数对遥感影像进行分割，采用 SEaTH 方法确定各类别之间的最优特征组合，并根据影像上的地物特征，建立分类体系，提取出地裂缝及其邻接区域。在此基础上，利用地裂缝最佳分割参数对影像进行分割，建立分类体系，提取地裂缝信息。对于错分对象，可采用手动的方法进行修改，最终得到地裂缝分布信息提取结果图。

### 5.1.5 精度评价

采用一种综合考虑面积一致和边界精度的面积比法来对地裂缝分布信息提取结果进行精度评价。图 5-4 为信息提取结果示例，图中矩形部分为提取的地物对象边界，椭圆部分为地物实际边界，两者之间有不重合的地方。定义提取结果边界超出地物实际边界部分的面积 $S_1$ 为正，未达到地物实际边界部分的面积 $S_2$ 为负，地物的实际面积为 $S$，用式(5-12)计算信息提取结果的精度。$A$ 越大，说明信息提取结果的精度越高。

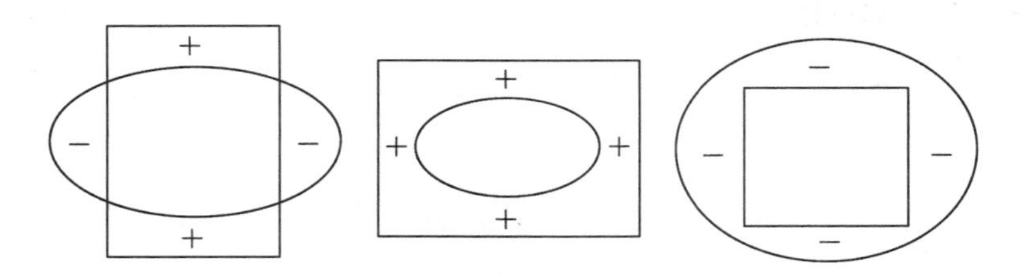


图 5-4 信息提取结果示例

$$A = 1 - \frac{1}{S}(|S_1| + |S_2|) \tag{5-12}$$

运用过程中，将结合实地调查、通过目视解译得到的地裂缝边界视为地裂缝实际边界，统计其面积得到 $S$，通过 ArcGIS 软件 ArcToolbox 工具中的相交和交集取反功能得到 $S_1$ 和 $S_2$ 的值，从而计算出地裂缝分布提取结果的精度。

# 5.2　矿区采动地裂缝分布信息提取实例分析

## 5.2.1　巨型地裂缝分布信息提取——平顶山矿区

### 5.2.1.1　研究区概况

平顶山市位于河南省中南部，地理坐标为 112°14′～113°41′E，33°08′～34°20′N。地裂缝多随地面塌陷而伴生，主要发育于平顶山矿区、韩梁矿区和朝川矿区以及郏县、汝州、宝丰煤矿采空区的外围地带，在低山丘陵等地形起伏较大的部位，地裂缝尤为明显。目前共发现地裂缝灾害点 18 处，按规模分为巨型 2 处、小型 16 处。其中，因地下采煤引发的穿越宝丰县石龙区的娘娘山地裂缝沿青草岭断层发育，长约 11.3 km，坡体裂缝两侧的山体相对位移 2～3 m，破坏了坡体的稳定性，造成多处崩塌和滑坡隐患，直接危及坐落于坡脚处的村庄、煤矿，并对 G207 国道构成威胁，属于巨型地裂缝。

### 5.2.1.2　数据预处理

采用的遥感数据为 ZY-3 影像，影像的获取时间为 2012 年 2 月 3 日，地图投影为 UTM 投影，投影基准面为 WGS-84。经过试验，发现主成分变换融合能使 ZY-3 影像中的光谱信息和空间分辨率得到很好的互补，效果最好，利于提高分类精度，因此采用主成分分析法，通过 ERDAS 软件利用多光谱影像与全色影像进行主成分变换融合，并采用直方图均衡化方法对影像做增强处理，以提高图像质量。融合影像和增强处理后的影像如图 5-5 所示。

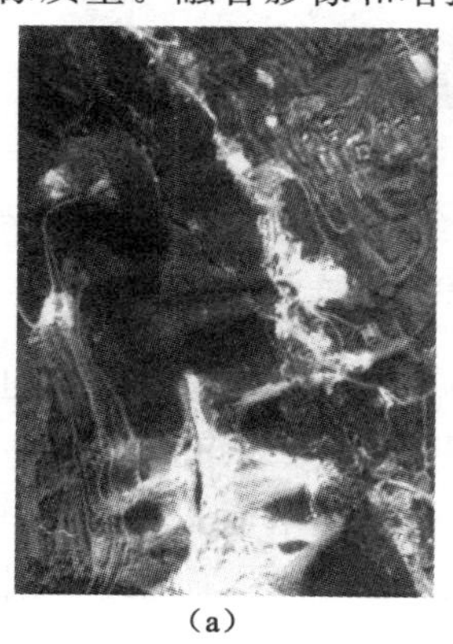
(a)

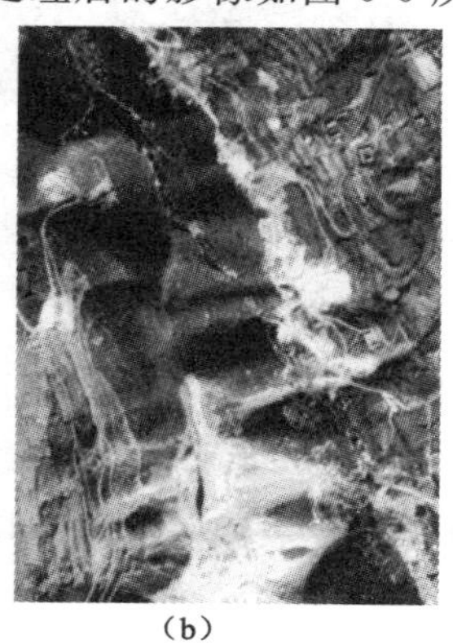
(b)

图 5-5　ZY-3 影像预处理结果

(a) 融合影像；(b) 增强影像

#### 5.2.1.3 分割参数确定

(1) 图层权重设置

参与影像分割的图层除了 ZY-3 影像 4 个波段的图层外，另外增加了基于二阶统计的二阶矩和对比度两个纹理特征图层作为辅助。根据影像各波段的方差值(表 5-1)，波段 3 的方差值最大，其所含的信息量也最大，因此，两个纹理特征图层基于波段 3 提取；根据提取纹理特征图时选择约等于地裂缝纹理单元尺寸的窗口大小的分析结果，将窗口大小设置为 9×9。提取的纹理特征图见图 5-6。将对比度图层权重设置为 1，二阶矩图层权重设置为 10。

**表 5-1　　ZY-3 融合影像方差统计**

| | Band1 | Band2 | Band3 | Band4 |
|---|---|---|---|---|
| 方差 | 114.721 | 269.877 | 696.163 | 508.702 |

图 5-6　ZY-3 影像的纹理特征图

(a) 二阶矩；(b) 对比度

表 5-1 中各波段的方差从大到小依次为：Band3＞Band4＞Band2＞Band1。表 5-2 为融合影像的相关系数统计，由该表可以看出，波段 1 与波段 2 的相关系数最大，超过了 0.95，因此可从它们中任选一个波段参与影像分割。鉴于波段 1 的方差最小，包含的信息量最少，为了提高分割速度，将波段 1 的权重设置为 0，其余设置为 1。

**表 5-2　ZY-3 融合影像相关系数统计**

| 相关系数 | Band1 | Band2 | Band3 | Band4 |
|---|---|---|---|---|
| Band1 | 1.000 | 0.956 | 0.855 | 0.687 |
| Band2 | 0.956 | 1.000 | 0.955 | 0.801 |
| Band3 | 0.855 | 0.955 | 1.000 | 0.914 |
| Band4 | 0.687 | 0.801 | 0.914 | 1.000 |

(2) 确定最佳分割参数

主要分 3 步：

① 准备工作。用 ENVI 软件分别采集地裂缝样本和地裂缝邻接区域样本，各采集 5 个，如图 5-7 所示。

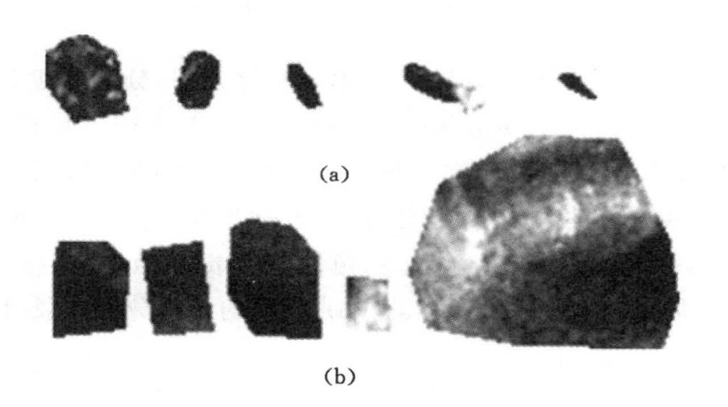

图 5-7　样本

(a) 地裂缝；(b) 地裂缝邻接区域

初步确定形状参数为 0.1，紧致度参数为 0.3。

② 确定最佳分割尺度。采用多尺度分割法分别对地裂缝样本和其邻接区域样本进行不同尺度的分割。由于地裂缝的面积较小，其尺度参数设置为从 10 到 40 依次增加，步长为 5；而地裂缝邻接区域的面积较大，其尺度参数设置为从 30 到 120 依次增加，步长也为 5。采用设置的一系列尺度参数依次对所采集的两种样本进行分割，并计算每个分割结果的目标函数值。最后，将分割尺度和计算所得的目标函数值作为插值节点，通过三次样条插值法计算最优分割质量计算模型。所得计算结果如图 5-8 所示。由最佳分割质量计算模型可以得到，当地裂缝及其邻接区域的分割尺度分别为 15 和 38 时，目标函数取得最大值(分别为 0.978 0、1.603 1)，故两者的最佳分割尺度分别为 15 和 38。

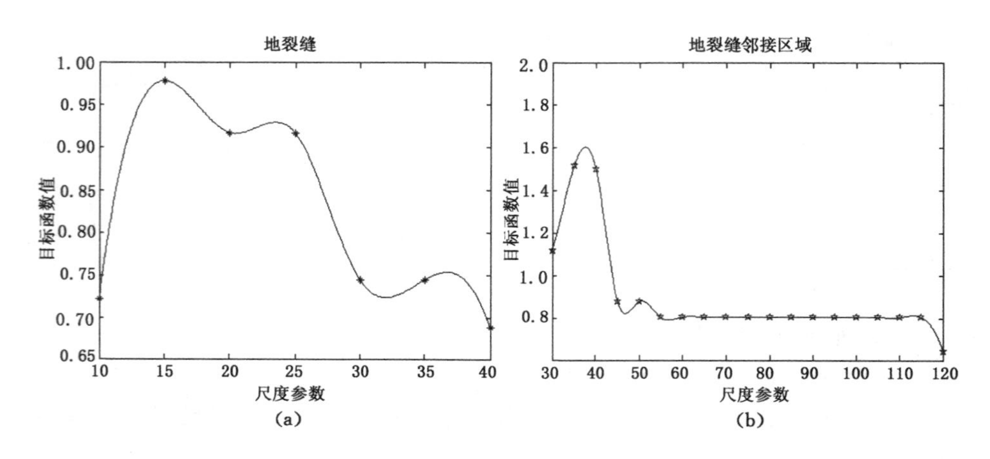


图 5-8 最优分割质量计算模型(尺度参数)

③ 确定最佳分割参数。对地裂缝样本进行分割,分割尺度设置为 15,固定紧致度因子(设为 0.3),使形状因子在[0～0.9]范围内以步长为 0.05 依次改变,对分割结果计算最优分割质量计算模型,计算结果如图 5-9(a) 所示。类似地,对地裂缝邻接区域样本进行分割,分割尺度设置为 38,固定紧致度因子(设为 0.3),使形状因子在[0～0.9]范围内以步长为 0.05 依次改变,对分割结果进行相同的计算,得到如图 5-9(b) 所示的最优分割质量计算模型。

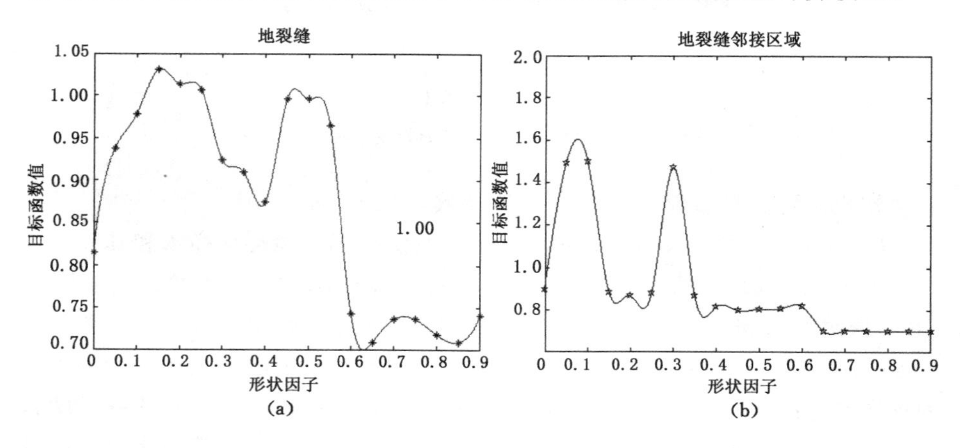


图 5-9 最优分割质量计算模型(形状因子)

由最优分割质量计算模型可得,地裂缝分割的最佳形状因子为 0.16,对应的目标函数值为 1.032;地裂缝邻接区域分割的最佳形状因子为 0.08,对应的目标函数值为 1.606 2。将分割尺度设置为 15，形状因子设置为 0.16，使紧致度因子在[0～1]范围内以步长为 0.05 依次改变，继续对地裂缝样本进行分割，计算分割结果的目标函数值如图 5-10(a)所示。类似地，将分割尺度设置为 38，形状因子设置为 0.08，使紧致度因子在[0～1]范围内以步长为 0.05 依次改变，对地裂缝邻接区域样本进行分割，计算结果如图 5-10(b)所示。

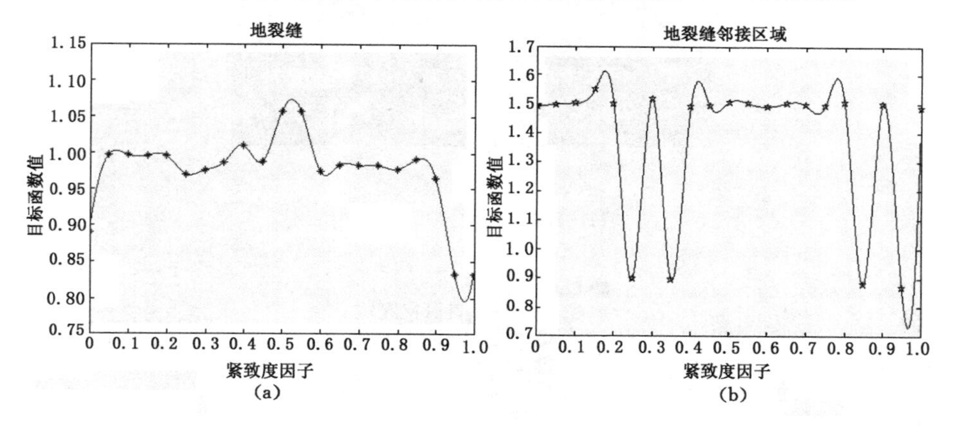


图 5-10　最优分割质量计算模型(紧致度因子)

由最优分割质量计算模型可得，地裂缝的最佳紧致度因子为 0.53，对应的目标函数值为 1.073 1；地裂缝邻接区域的最佳紧致度因子为 0.18，对应的目标函数值为 1.612 3。

由以上实验可知，地裂缝的最佳分割参数为：尺度为 15，形状因子为 0.16，紧致度因子为 0.53；地裂缝邻接区域的最佳分割参数为：尺度为 38，形状因子为 0.08，紧致度因子为 0.18。

5.2.1.4　*确定分割层次并建立分类体系*

将研究区影像分割成两个层次：一是基于像素层以地裂缝邻接区域样本的最佳分割参数进行分割，得到 Level 1 层；二是基于 Level 1 层以地裂缝样本的最佳分割参数进行分割，得到 Level 2 层。其中，Level 1 为父层，Level 2 为主层。这样，可以基于较大尺度首先把地裂缝邻接区域和宽度较大的地裂缝提取出来，再在此基础上基于较小的分割尺度把宽度较小的地裂缝细分出来。图 5-11 为两个层次的分割结果，由该图可以看出，基于最佳分割参数的分割质量非常好。

在此基础上根据遥感影像上的地物特征，建立合理的分类体系，如图5-12 所示。

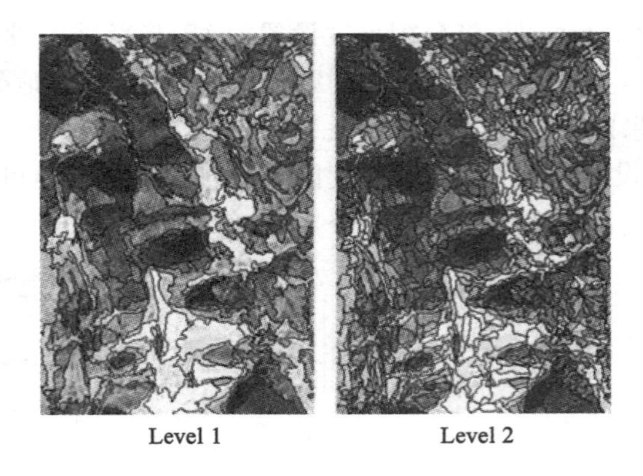


图 5-11 ZY-3 影像多尺度分割结果

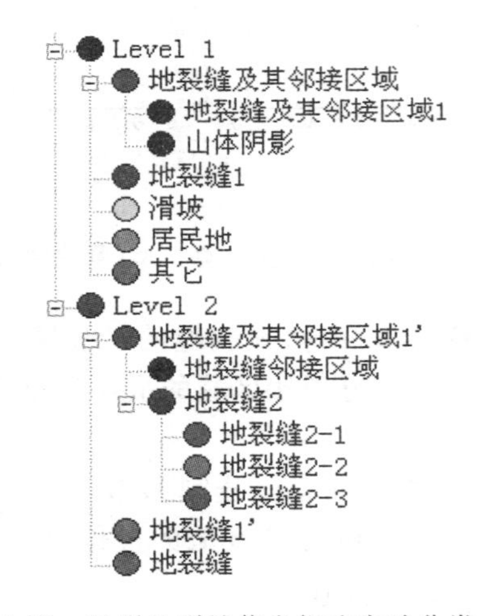


图 5-12 巨型地裂缝信息提取实验分类体系

将 Level 1 层分为滑坡、居民地、地裂缝 1、地裂缝及其邻接区域 1、山体阴影、其他。其中，由于滑坡、居民地和其他不是所关心的对象，因此对它们只是粗略的分类，不是严格意义上的分类，这些分类包括了与其相似但不一定是该类别的对象。由于地裂缝邻接区域是山体，部分地区由于光照影响为黑色阴影，与地裂缝邻接区域差异较大，且易与地裂缝黑色部分混淆，因此将地裂缝及其邻接区域分为地裂缝及其邻接区域 1 和山体阴影。该影像中有一处地裂缝与其他地裂缝形态结构很不一致，且在 Level 1 层易于分割，因此将其单独分为地裂缝 1。由于矿区地裂缝一般存在于离城市较远的地区，这些地区地物类型复杂多样，所以有时会存在一些无法判定类别的地物，这里将其归为“其他”类别。

将 Level 2 层分为地裂缝邻接区域、地裂缝 2-1、2-2 和 2-3 及地裂缝 1′。其中，地裂缝 1′为继承的 Level 1 层的地裂缝 1。由图 5-11 可知，地裂缝呈不明显的黑-灰-白单元分布，因此对应地将地裂缝分为地裂缝 2-1、2-2 和 2-3，以增加各类别的可分离性，提高分类的精度。分类结束后，可将其与地裂缝 1′合并为地裂缝。

#### 5.2.1.5　最优特征选择

首先根据研究区的影像特点和区域特征，选取 69 个特征用于影像对象的特征分析，如表 5-3 所示，包括光谱、形状和纹理特征。

**表 5-3　　用于对象分析的特征**

| 特征类型 | 特　征 |
|---|---|
| 光谱特征 | Mean Channel 1,2,3,4 Stddev Channel 1,2,3,4<br>Ratio Channel 1,2,3,4 BrightnessMax. Diff. |
| 形状特征 | Area($m^2$)Width(m) Length/Width Asymmetry<br>Compactness Density Shape index |
| 纹理特征 | GLCM Homogeneity (all dir.) Channel 1,2,3,4<br>GLCM Contrast (all dir.) Channel 1,2,3,4<br>GLCM Dissimilarity (all dir.) Channel 1,2,3,4<br>GLCM Entropy (all dir.) Channel 1,2,3,4<br>GLCM Ang. 2ndmoment(all dir.) Channel 1,2,3,4<br>GLCM Mean (all dir.) Channel 1,2,3,4<br>GLCMStdDev (all dir.) Channel 1,2,3,4<br>GLCM Correlation (all dir.) Channel 1,2,3,4<br>GLDV Ang. 2ndmoment(all dir.) Channel 1,2,3,4<br>GLDV Entropy (all dir.) Channel 1,2,3,4<br>GLDV Mean (all dir.) Channel 1,2,3,4<br>GLDV Contrast (all dir.) Channel 1,2,3,4 |

选择大约 3%的对象作为样本，选择过程中尽量保证每个类别的样本基本涵盖该类别的不同特征。然后采用 SEaTH 方法，通过选择的样本，对各类别间的最佳分类特征进行分析，得到相应的最佳分类特征排序、分离度和值域范围。由于对于分类而言，作为一种规则在很多场合没有必要使用远多于 2 个以上的

特征，表 5-4 列出了计算结果中部分类别组合分离性最好的 2 个特征。

由 SEaTH 分析汇总结果可知，地裂缝及其邻接区域 1 和地裂缝 1 与其他各类别的分离度较高（除“其他”类别外）。滑坡与居民地的分离度较低，这是由于分割参数的选择是以地裂缝和地裂缝邻接区域的样本为参考的，且这两者不是关注的分类，因此对滑坡和居民地不再细分。

**表 5-4　　SEaTH 分析汇总结果**

| 层次 | 对象类组合 | 分离度 | 值域 |
|---|---|---|---|
| Level 1 | 滑坡与地裂缝及其邻接区域 1 | | |
| | Mean Layer 2 | 1.999 | > 170.160 |
| | Max. Diff. | 1.999 | < 1.629 |
| | 滑坡与居民地 | | |
| | Width | 1.834 | > 51.275 |
| | Stddev Layer 3 | 1.668 | < 20.022 |
| | 滑坡与地裂缝 1 | | |
| | Mean Layer 3 | 2 | > 134.970 |
| | Mean Layer 2 | 2 | > 112.153 |
| | 居民地与地裂缝及其邻接区域 1 | | |
| | Mean Layer 1 | 2 | > 132.544 |
| | Mean Layer 2 | 1.819 | > 133.545 |
| | 居民地与地裂缝 1 | | |
| | Mean Layer 1 | 2 | > 98.475 |
| | Mean Layer 2 | 1.993 | > 95.738 |
| | 地裂缝 1 与地裂缝及其邻接区域 1 | | |
| | Max. Diff. | 1.963 | < 1.805 |
| | Stddev Layer 3 | 1.838 | > 35.427 |
| | 地裂缝 1 与山体阴影 | | |
| | Stddev Layer 3 | 2 | > 28.161 |
| | Stddev Layer 4 | 2 | > 16.258 |
| | 其他与地裂缝 1 | | |
| | Ratio Layer 3 | 1.812 | > 0.249 |
| | GLCM Mean (all dir.) Channel 4 | 1.808 | > 125.462 |
| | 其他与地裂缝及其邻接区域 1 | | |
| | Stddev Layer 3 | 1.531 | > 31.203 |
| | GLCMStdDev (all dir.) Channel 1 | 1.458 | > 43.570 |

**续表 5-4**

| 层次 | 对象类组合 | 分离度 | | 值域 |
|---|---|---|---|---|
| Level 2 | 地裂缝 2-1 与地裂缝邻接区域 | | | |
| | Mean Layer 4 | 1.997 | < | 40.868 |
| | Brightness | 1.944 | < | 21.510 |
| | 地裂缝 2-2 与地裂缝邻接区域 | | | |
| | Mean Layer 4 | 1.881 | < | 91.349 |
| | Stddev Layer 4 | 1.825 | > | 22.640 |
| | 地裂缝 2-3 与地裂缝邻接区域 | | | |
| | GLCM Homogeneity (all dir.) Channel 1 | 2 | < | 0.090 |
| | GLDV Entropy (all dir.) Channel 4 | 1.979 | > | 35.250 |

#### 5.2.1.6　规则建立

对 SEaTH 计算结果进行综合分析，根据分离难易程度和特征参数个数依次确定分离顺序和所用特征，从而形成如图 5-13 和图 5-14 所示的分类模型框架，以及表 5-5 所示的分类规则。

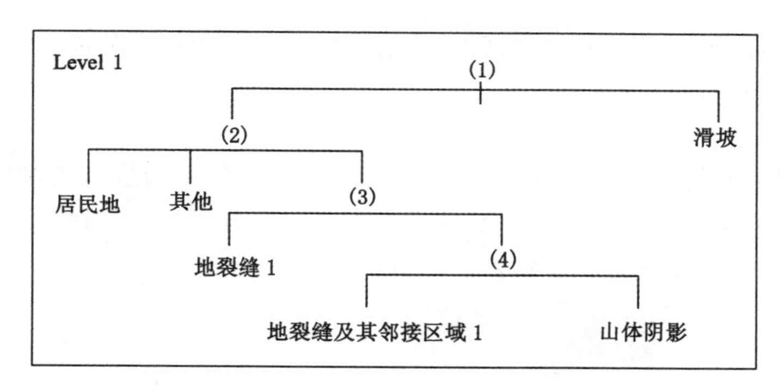


图 5-13　Level 1 层分类模型

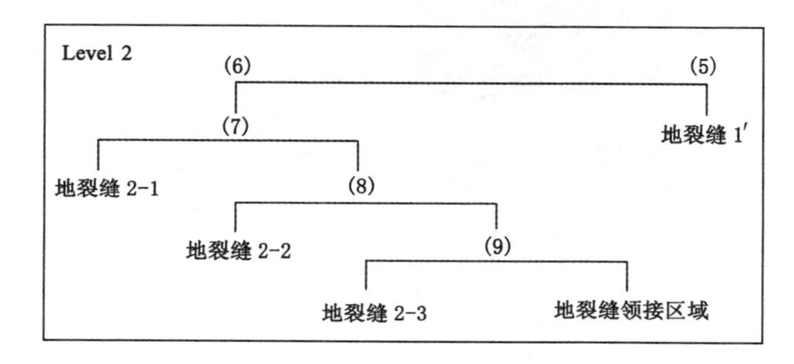


图 5-14　Level 2 层分类模型

表 5-5 巨型地裂缝信息提取实验分类规则

| 代号 | 分类规则 |
|---|---|
| (1) | Mean Layer 2 > 170.160 |
| (2) | Mean Layer 1 > 132.544 and Width > 51.275 |
| (3) | Max. Diff. < 1.805 and Stddev Layer 3 > 35.427 |
| (4) | GLCM Ang. 2ndmoment(all dir.) Channel 4 < 0.011 and GLDV Entropy (all dir.) Channel 4 > 2.785 |
| (5) | 继承父对象地裂缝 1 |
| (6) | 继承父对象地裂缝及其邻接区域 1 |
| (7) | Mean Layer 4 < 40.868 and Brightness < 21.510 |
| (8) | Mean Layer 4 < 91.349 and Stddev Layer 4 > 22.640 |
| (9) | GLCM Homogeneity (all dir.) Channel 1 < 0.090 |

其中，由于因 Level 1 中“其他”类别与其他各类别的可分离性较差，采用手动分类。

#### 5.2.1.7 地裂缝分布信息提取

根据分类规则和分类体系，利用 eCognition 软件中的进程树对遥感影像进行逐层分类。在 Level 1 层中，首先进行多尺度分割，然后对所有影像对象进行分类，得到的分类结果如图 5-15 所示。

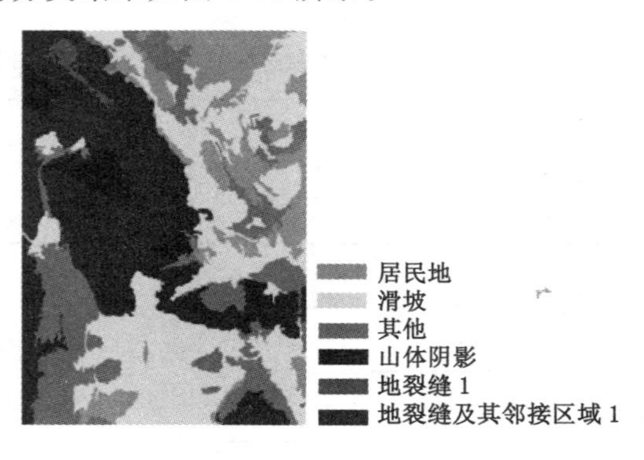


图 5-15 Level 1 层分类结果

由图 5-15 可以看出，居民地和滑坡存在混淆的现象，但地裂缝和其邻接区域的分离效果非常好。在 Level 2 层中，仅对 Level 1 层中的地裂缝及其邻接区域 1 进行多尺度分割，然后对该部分进行分类，并通过继承父对象中的地裂缝 1 得到地裂缝的另一部分对象，最后将地裂缝 1、2-1、2-2 和 2-3 合并为地裂缝，得到的分类结果如图 5-16 所示。

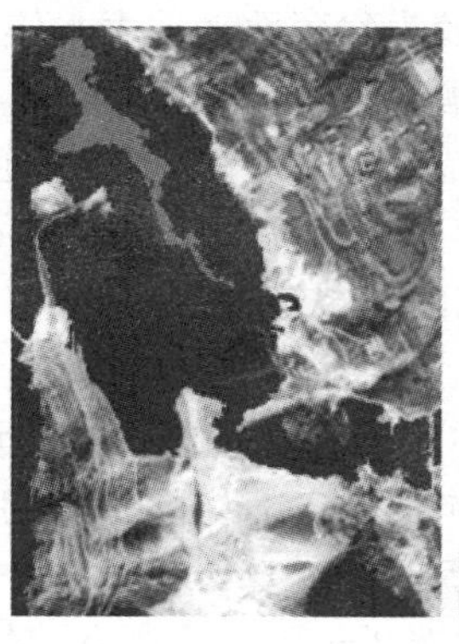


图 5-16　Level 2 层分类结果

5.2.1.8　精度评价

将地裂缝信息提取结果导出为 Shape 格式的文件，并导入到 ArcGIS 软件中，将其与通过现场调查结合目视解译得到的地裂缝分布信息做对比。采用 ArcToolbox 中的相交和交集取反功能，得到超出地裂缝实际边界部分的面积 $S_1$（+3 481 $m^2$），未达到地裂缝实际边界部分的面积 $S_2$（−360.8 $m^2$），参考地裂缝的面积 $S$ 为 19 559.4 $m^2$，计算得到地裂缝分布信息提取的精度为 80.4%。

精度不是很高，经过分析，其原因主要有以下两个方面：① 影像增强处理中采用了直方图均衡化处理方法，虽然大大提高了地裂缝的边界信息，但是由于山体高低起伏和光照的影响，使得地裂缝紧邻区域某部分出现了一块较大的阴影区域，与地裂缝混在一起，很大程度上影响了地裂缝的边界范围。② 地裂缝边界本身具有不确定性。由于地裂缝弯弯曲曲，且受光照的影响，光谱特征不一致，部分范围很难确定是否属于地裂缝；另外，地裂缝分布在山上，且深度较大，实地调查具有很大的危险性，很难在实地测量其边界，因此所用的参考数据可能存在一定的误差。

## 5.2.2　大型地裂缝分布信息提取——忻州窑矿区

5.2.2.1　研究区概况

山西大同煤矿集团位于大同平原以西，介于口泉山脉、牛心山脉之间，呈北东-南西向不对称向斜构造。忻州窑矿位于大同矿区的东北端，大同市西南，直线距离 17.5 km，属低山丘陵区，大部分地区为黄土覆盖，植被稀少，地表光秃，降水量少且强度集中，冲沟较为发育而无地表水体。沟谷呈树枝状分布，平时水量很小，地表径流主要来源于雨季洪水，具有季节性特征。忻州窑井田经过 50 余年的开采，形成了大范围的采空区，开采深度在 855～1 190 m 之间，采空区有古窑采空区及现有生产矿井采空区和小煤矿采空区。该矿包括两种大型地裂缝：一种是未被填充的地裂缝；一种是被填充过的地裂缝。

5.2.2.2 数据预处理

采用的数据是 GeoEye 影像的 RGB 数据以及 ZY-3 卫星影像，影像的获取时间分别为 2011 年 10 月 3 日、2012 年 5 月 6 日，分辨率分别为 0.41 m、2.1 m。

首先对影像进行几何校正。利用 ZY-3 自带的 RPC 文件对其进行正射校正，然后利用研究区已有的地形图选择若干个控制点，对经过正射校正并融合后的 ZY-3 以及 GeoEye 影像进行几何精校正。

然后，对 ZY-3 影像和 GeoEye 影像进行配准、融合。经过比较，采用 Gram-Schmidt 融合效果最好。最后，对融合后的影像进行裁剪，分别得到研究区内两种大型地裂缝的影像，如图 5-17 所示，其中类型 1 为未被填充的大型地裂缝，类型 2 为被填充过的大型地裂缝。

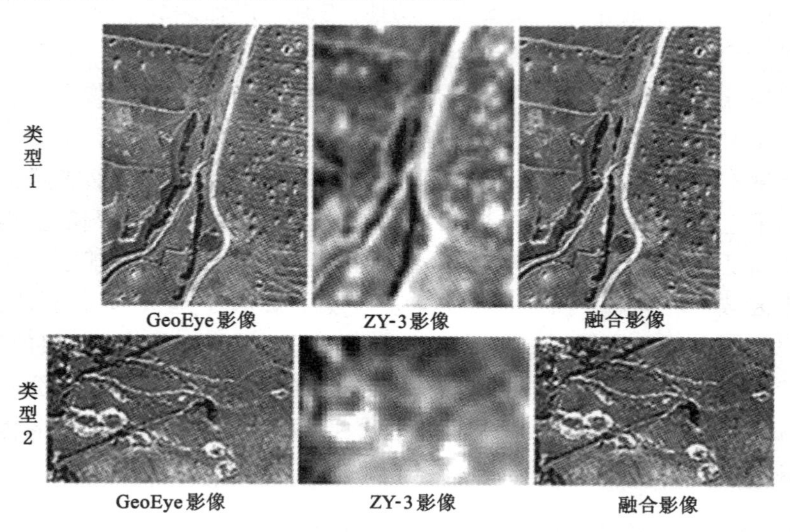


图 5-17 融合前后的研究区影像

#### 5.2.2.3　分割参数确定

(1) 图层权重设置

除融合影像所具有的 4 个波段的图层外，增加对比度和二阶矩两个纹理图层作为辅助图层，获取这两个图层时的窗口大小设置为 7×7。由表 5-6 知，两幅影像的波段 4 方差值最大，因此均基于波段 4 进行纹理图层的提取。提取结果如图 5-18 所示。将对比度图层权重设置为 1，二阶矩图层权重设置为 10。

**表 5-6　融合影像方差统计**

| | Band1 | Band2 | Band3 | Band4 |
|---|---|---|---|---|
| 方差 1 | 392.751 | 1 344.574 | 1 849.947 | 3 407.717 |
| 方差 2 | 272.439 | 814.363 | 1 202.579 | 1 913.637 |

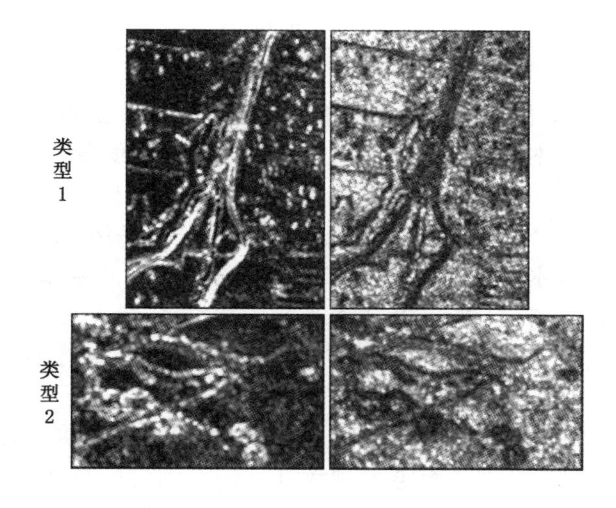


图 5-18　纹理特征图层(左:对比度,右:二阶矩)

表 5-6 中两幅影像各波段的方差从大到小依次为：Band4＞Band3＞Band2＞ Band1。表 5-7 为融合影像的相关系数统计，由该表可以看出，两幅影像波段 1 与波段 2 的相关系数均非常大，超过了 0.99，因此可从它们中任选一个波段参与影像分割。由于波段 1 的方差最小，包含的信息量最少，为了提高分割速度，将波段 1 的权重设置为 0，其余设置为 1。

(2) 确定最佳分割参数

第一步：准备工作。用 ENVI 软件分别采集地裂缝样本和地裂缝邻接区域样本，其中，未被填充的地裂缝研究区均采集5个，被填充过的地裂缝研究区采集的样本数分别为5个、4个。初步确定形状参数为0.1，紧致度参数为0.3。

**表5-7　融合影像相关系数统计**

| | 相关系数 | Band1 | Band2 | Band3 | Band4 |
|---|---|---|---|---|---|
| 1 | Band1 | 1.000 | 0.992 | 0.981 | 0.936 |
| | Band2 | 0.992 | 1.000 | 0.994 | 0.957 |
| | Band3 | 0.980 | 0.994 | 1.000 | 0.968 |
| | Band4 | 0.936 | 0.957 | 0.968 | 1.000 |
| 2 | Band1 | 1.000 | 0.994 | 0.990 | 0.953 |
| | Band2 | 0.994 | 1.000 | 0.996 | 0.951 |
| | Band3 | 0.990 | 0.996 | 1.000 | 0.953 |
| | Band4 | 0.953 | 0.951 | 0.953 | 1.000 |

第二步：确定最佳分割尺度。采用多尺度分割法分别对采集的地裂缝样本和其邻接区域样本进行不同尺度的分割。由于地裂缝的面积较小，其尺度参数的设置从5到40依次增加，步长为5；而地裂缝邻接区域的面积较大，其尺度参数的设置从20到50依次增加，步长也为5。采用设置的一系列尺度参数依次对两种样本进行分割，并计算每个分割结果的目标函数值。最后，将分割尺度和计算所得的目标函数值作为插值节点，通过三次样条插值法计算最优分割质量计算模型。所得两幅影像的计算结果如图5-19和图5-20中(a)、(b)所示。

由最佳分割质量计算模型可以得到，对于第一幅影像(即未被填充的大型地裂缝研究区)来说，当地裂缝及其邻接区域的分割尺度分别为11和29时，目标函数取得最大值(分别为1.351 7、0.721 0)，故两者的最佳分割尺度分别为11和29；对于第二幅影像(即被填充过的大型地裂缝研究区)来说，当地裂缝及其邻接区域的分割尺度分别为10和23时，目标函数取得最大值(分别为1.341 9、1.080 9)，故两者的最佳分割尺度分别为10和23。

第三步：确定最佳分割参数。首先确定第一幅影像的最佳分割参数。对地裂缝样本进行分割，分割尺度设置为11，固定紧致度因子(设为0.3)，使形状因子在[0～0.9]范围内以步长为0.05依次改变，对分割结果计算最优分割质量计算模型。类似地，对地裂缝邻接区域样本进行分割，分割尺度设置为29，固定紧致度因子(设为0.3)，使形状因子在[0～0.9]范围内以步长为0.05

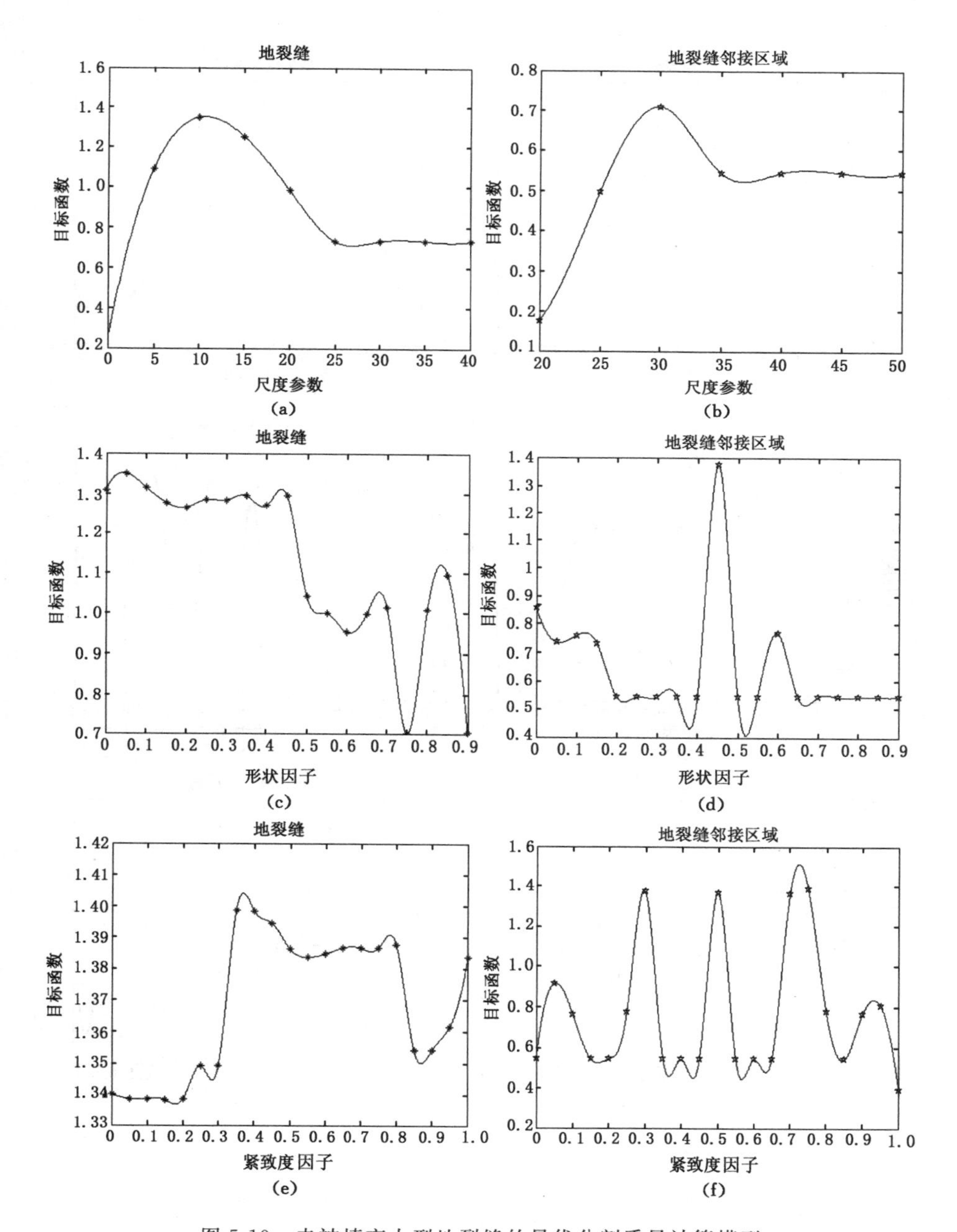


图 5-19　未被填充大型地裂缝的最优分割质量计算模型

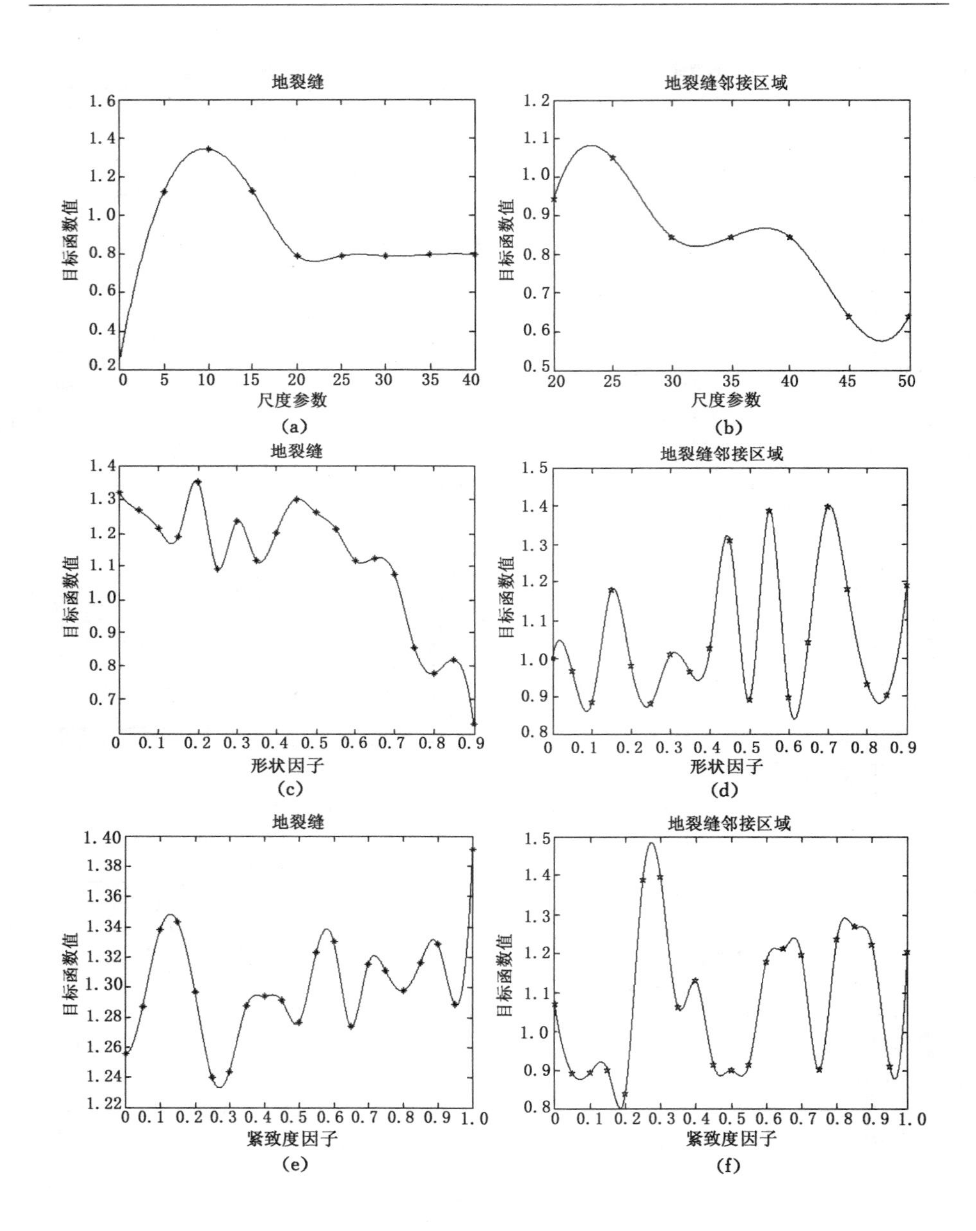


图 5-20　被填充过的大型地裂缝最优分割质量计算模型

依次改变，对分割结果进行相同的计算，得到最优分割质量计算模型如图5-19中(c)、(d)所示。由最优分割质量计算模型可得，地裂缝分割的最佳形状因子为0.04,对应的目标函数值为1.353 3;地裂缝邻接区域分割的最佳形状因子为0.45,对应的目标函数值为1.374 9。

将分割尺度设置为11,形状因子设置为0.04,使紧致度因子在[0～1]范围内以步长为0.05依次改变,继续对地裂缝样本进行分割,计算分割结果的目标函数值如图5-19 (e)所示。类似地,将分割尺度设置为29,形状因子设置为0.45,使紧致度因子在[0～1]范围内以步长为0.05依次改变,对地裂缝邻接区域样本进行分割,计算结果如图5-19(f)所示。由最优分割质量计算模型可得,地裂缝的最佳紧致度因子为0.37,对应的目标函数值为1.404 3;地裂缝邻接区域的最佳紧致度因子为0.72,对应的目标函数值为1.513 3。

分析上述实验结果,在依次采用最佳分割尺度、最佳形状因子和最佳紧致度因子的过程中,地裂缝样本分割结果的目标函数值的变化过程为:1.351 7→1.355 3→1.404 3;地裂缝邻接区域样本分割结果的目标函数值变化过程为:0.721 0→1.374 9→1.513 3。两者的分割质量都得到不断的提高,这验证了本书提出的选择最佳分割参数方法的正确性。

由此得到,对第一幅影像来说,地裂缝的最佳分割参数为:尺度为11,形状因子为0.04,紧致度因子为0.37;地裂缝邻接区域的最佳分割参数为:尺度为29,形状因子为0.45,紧致度因子为0.72。

采用同样的方法确定第二幅影像的最佳分割参数,计算所得的最优分割质量计算模型如图5-20所示,分别为:① 地裂缝:尺度为10,形状因子为0.2,紧致度因子为1;② 地裂缝邻接区域:尺度为23,形状因子为0.7,紧致度因子为0.27。

#### 5.2.2.4　确定分割层次并建立分类体系

将研究区影像分割成两个层次:一是基于像素层以地裂缝邻接区域样本的最佳分割参数进行分割的Level 1层;二是基于Level 1层以地裂缝样本的最佳分割参数进行分割的Level 2层,两幅影像的多尺度分割结果如图5-21所示。由该图可以看出,第一幅影像中,Level 1层的分割效果较好,将道路、冲沟甚至大部分的地裂缝都分割得较为完整;Level 2层的分割对象非常破碎,所采用影像为下载的RGB影像,影像质量不是很好,影像上甚至有不十分明显的“Google”字样,在具体应用时,仅对地裂缝及其邻接区域进行该尺度的分割,它用于对地裂缝的信息提取结果进行细部完善,并提取出形态较小的地裂缝。第二幅影像中,Level 1层的分割结果也较好,将树木和部分地裂缝完整地分割了出来;Level 2层的分割对象同样较为破碎,也用于对地裂缝信息提取结果进行细部完善。

将影像分为两个层次:Level 1为父层,用于提取地裂缝及其邻接区域信

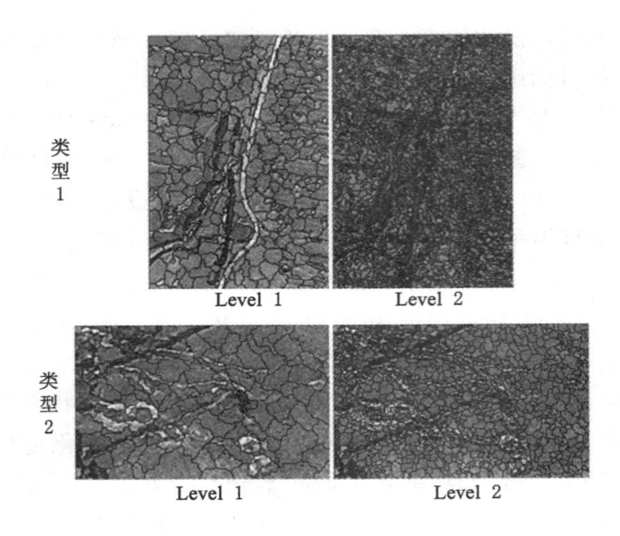


图 5-21 多尺度分割结果

息；Level 2 为主层，用于提取地裂缝信息。根据遥感影像上的地物特征，两幅影像建立的分类体系如图 5-22 所示。

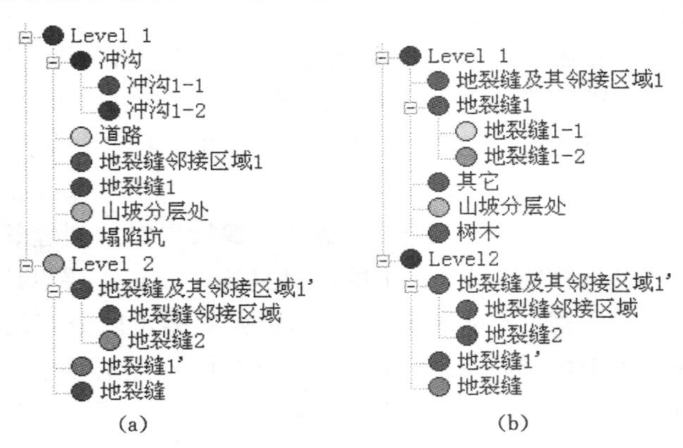


图 5-22 大型地裂缝信息提取实验分类体系

对于第一幅影像，由于塌陷地只有一处，可直接提取，冲沟的影像特征有两类，分别处理，以提高与其他类别的可分离性。由于地裂缝在 Level 1 层上大部分的分割较为完整，所以先在 Level 1 上提取出这部分地裂缝，最后再在 Level 2 层上对其他遗漏部分进行细分。地裂缝邻接区域中有一些坟地，但在分割时其分割效果不好，且不易分类，也不是所关心的对象，因此对其不加分类，若对最后信息提取结果造成影响，可以手动去除。

对于第二幅影像，将地裂缝分为较暗和较亮的两种地裂缝，即地裂缝1-1和地裂缝1-2，这两种地裂缝在Level 1层上大部分较为完整，可先提取出，再合并为地裂缝1，在Level 2层利用更小的影像对象进行更为完整的分类。"其他"类别是指影像上的两处不明地物，可直接提取。

#### 5.2.2.5　最优特征选择

根据研究区的影像特点和区域特征，除了传统特征外，另外增加了11个特征用于对象分析，如表5-8所示，包括1个光谱特征、6个形状特征和4个邻接特征。

**表5-8　增加的用于对象分析的特征**

| 特征类型 | 特　征 |
|---|---|
| 光谱特征 | Hue(R=Layer 4,G=Layer 3,B=Layer 2) |
| 形状特征 | Border Contrast Channel 1,2,3,4 Border Length |
| 邻接特征 | Mean diff. to neighbors Channel 1(0),2(0),3(0),4(0) |

表5-9和表5-10分别是采用SEaTH方法对两幅影像进行特征分析的部分结果。需要说明的是，表中仅列出了两种类别间分离性较好的2个特征，但实际上很多分离度较高的类别间还有其他一些能保证较高分离度的特征，并不限于表中所列特征。

**表5-9　第一幅影像SEaTH分析汇总结果**

| 层次 | 对象类组合 | 分离度 | 值域 |
|---|---|---|---|
| Level 1 | 地裂缝1与地裂缝及其邻接区域1 | | |
| | Mean Layer 2 | 2 | < 574.411 |
| | Brightness | 2 | < 407.168 |
| | 地裂缝1与冲沟1-1 | | |
| | GLCM Correlation (all dir.) Channel 1 | 1.567 | < 0.861 |
| | Mean Layer 2 | 1.089 | < 563.450 |
| | 地裂缝1与冲沟1-2 | | |
| | Mean Layer 2 | 2 | < 580.887 |
| | Brightness | 2 | < 408.947 |
| | 地裂缝1与山坡分层处 | | |
| | Mean Layer 4 | 2 | < 858.847 |
| | Mean Layer 3 | 2 | < 577.573 |

**续表 5-9**

| 层次 | 对象类组合 | 分离度 | | 值域 |
|---|---|---|---|---|
| Level 1 | 地裂缝及其邻接区域 1 与冲沟 1-1 | | | |
| | Brightness | 2 | > | 414.187 |
| | Mean Layer 4 | 2 | > | 827.347 |
| | 地裂缝及其邻接区域 1 与冲沟 1-2 | | | |
| | Brightness | 1.900 | < | 424.168 |
| | Mean Layer 2 | 1.800 | > | 611.155 |
| | 冲沟 1-2 与山体分层处 | | | |
| | Mean Layer 2 | 2 | < | 627.547 |
| | Mean diff. to neighbors Layer 4(0) | 2 | < | 24.682 |
| | 道路与山坡分层处 | | | |
| | Hue(R=Layer 4,G=Layer 3,B=Layer 2) | 1.971 | > | 0.992 |
| | GLCM Mean (all dir.) Channel 4 | 1.919 | > | 124.011 |

**表 5-10　　第二幅影像 SEaTH 分析汇总结果**

| 层次 | 对象类组合 | 分离度 | | 值域 |
|---|---|---|---|---|
| Level 1 | 地裂缝 1-1 与地裂缝 1-2 | | | |
| | GLCM Ang. 2nd (all dir.) Channel 1 | 2 | < | 0.002 |
| | Border Contrast Layer 4 | 2 | < | −26.153 |
| | 地裂缝 1-1 与树木 | | | |
| | GLDVEntroy (all dir.) Channel 2 | 2 | > | 3.892 |
| | RatioLayer 1 | 2 | < | 0.195 |
| | 地裂缝 1-1 与地裂缝及其邻接区域 1 | | | |
| | GLDV Ang. 2nd moment(all dir.) Channel 2 | 2 | < | 0.024 |
| | Mean Layer 2 | 1.998 | > | 548.851 |
| | 地裂缝 1-2 与地裂缝及其邻接区域 1 | | | |
| | GLCMStdDev (all dir.) Channel 3 | 2 | > | 43.572 |
| | Mean diff. to neighbors Channel 4(0) | 1.999 | < | −82.219 |
| | 树木与山坡分层处 | | | |
| | Shape index | 1.999 | < | 2.244 |
| | Max. Diff. | 1.976 | > | 2.077 |
| | 树木与地裂缝及其邻接区域 1 | | | |
| | Mean Layer 4 | 1.996 | < | 752.415 |
| | Brightness | 1.861 | < | 364.877 |
| Level 2 | 地裂缝邻接区域与地裂缝 2 | | | |
| | Mean Layer 2 | 1.976 | < | 529.076 |
| | Mean diff. to neighbors Layer 2(0) | 1.887 | < | 23.243 |

第一幅影像中由于 Level 2 层的影像对象过于破碎，很难找到较好的信息分类特征，且目视解译很容易找到要分类的对象，所以不对 Level 2 层进行 SEaTH 分析。

5.2.2.6　规则建立

基于 SEaTH 计算结果进行综合分析，根据分离难易程度和特征参数个数依次确定分离顺序和所用特征，从而形成分类模型框架。两幅影像的分类模型框架和分类规则如图 5-23、图 5-24 和表 5-11、表 5-12 所示。

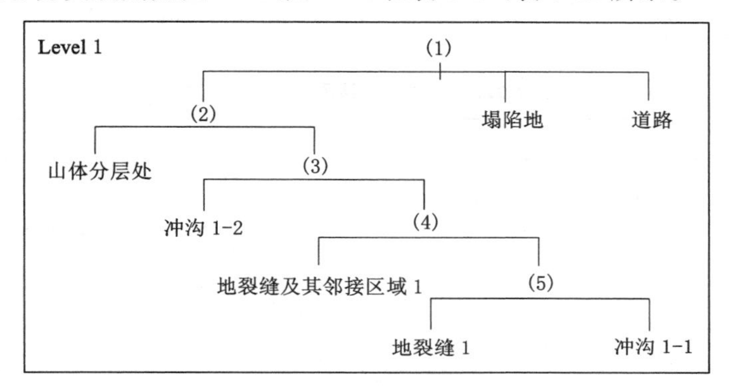


图 5-23　第一幅影像的分类模型

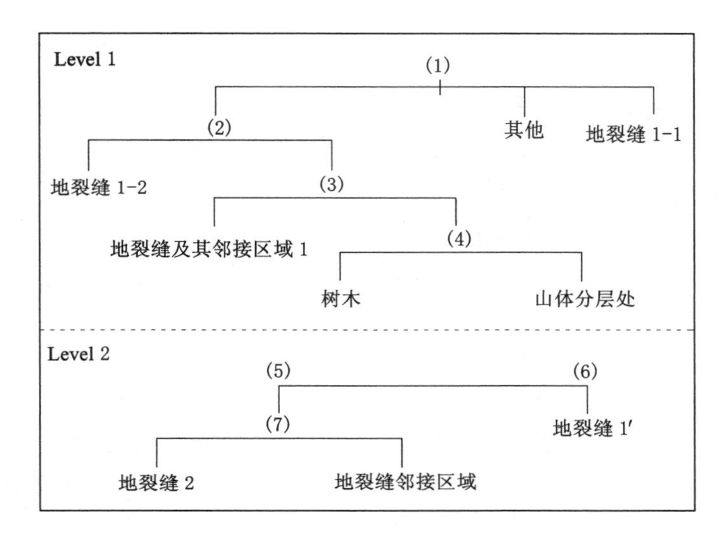


图 5-24　第二幅影像的分类模型

**表 5-11　　　　大型地裂缝信息提取实验分类规则(1)**

| 代号 | 分类规则 |
| --- | --- |
| (1) | Hue(R=Layer 4,G=Layer 3,B=Layer 2)>0.992 |
| (2) | Mean Layer 3 > 577.573 |
| (3) | Brightness < 424.168 and Mean Layer 2 < 611.155 |
| (4) | Brightness > 414.187 |
| (5) | GLCM Correlation (all dir.) Channel 1 < 0.861 |

**表 5-12　　　　大型地裂缝信息提取实验分类规则(2)**

| 代号 | 分类规则 |
| --- | --- |
| (1) | GLDV Ang. 2nd moment(all dir.) Channel 2 < 0.024 and Mean Layer 2 > 548.851 |
| (2) | GLCMStdDev (all dir.) Channel 3 > 43.572 and Mean diff. to neighbors Channel 4 (0) < −82.219 |
| (3) | Mean Layer 4 > 752.415 |
| (4) | Shape index < 2.244 and Max. Diff. > 2.077 |
| (5) | 继承父对象地裂缝 1 |
| (6) | 继承父对象地裂缝及其邻接区域 1 |
| (7) | Mean Layer 2 >529.076 and Mean diff. to neighbors Layer 2(0) > 23.243 |

第一幅影像 Level 2 层主要采用手动分类完成,因此也没有对其建立分类规则。由表 5-11 和表 5-12 可以看出,为了有较好的分类结果,所用特征不一定是分离度最高的,且分类顺序非常重要。

5.2.2.7　地裂缝分布信息提取

根据建立的分类规则和分类体系,利用 eCognition 软件中的进程树对遥感影像进行逐层分类。

首先对第一幅影像进行分类。在 Level 1 层中,首先进行多尺度分割,然后对所有影像对象进行分类,得到的分类结果如图 5-25 所示。

由于第一幅影像中地裂缝 1 与冲沟 1-1 的可分离性较低,但通过目视解译,很容易判断出哪部分是冲沟,哪部分是地裂缝,所以这两者的区分采用手动分类的方法,将分错的类别归到正确的类别中去。Level 2 层仅对地裂缝邻接区域 1 类别进行分割。Level 2 中的地裂缝 1′通过继承父层中的地裂缝 1 得到,地裂缝及其邻接区域 1′通过继承父层中的地裂缝及其邻接区域 1 得到,再通过

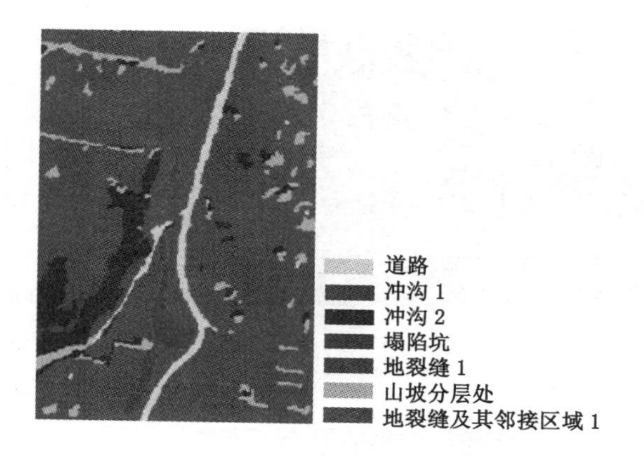


图 5-25　第一幅影像 Level 1 层的分类结果

目视解译，将未归类到地裂缝类别中的细小裂缝和裂缝边缘处手动归类到地裂缝 2 类别中。最后，将地裂缝 1′和地裂缝 2 合并为地裂缝，将剩余的地裂缝邻接区域 1′归类为地裂缝邻接区域。最终得到的分类结果如图 5-26 所示。

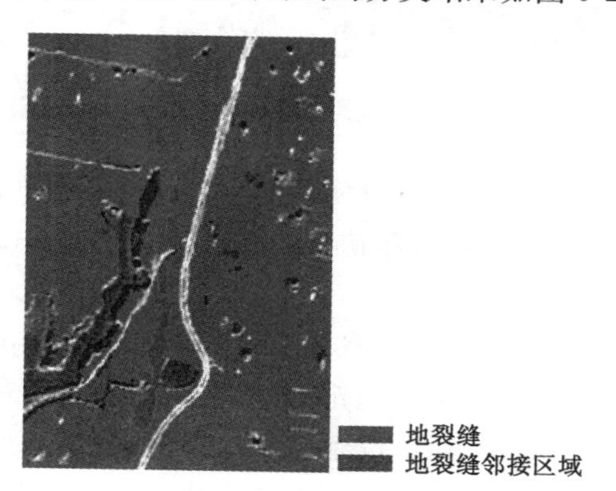


图 5-26　第一幅影像 Level 2 层的分类结果

按表 5-11、表 5-12 所示的分类规则对第二幅影像的 Level 1 层进行分类，其中“其他”类别采用手动分类，得到的分类结果如图 5-27 所示。

由于该影像层各地物的可分离性较高，分类结果较为理想。对 Level 1 层的地裂缝及其邻接区域 1 类别进行多尺度分割，并按分类规则进行分类，最后纠正少数明显错分的对象，得到的分类结果如图 5-28 所示。

图 5-28 中显示出的地裂缝信息提取结果不仅相比实地调查得到的地裂

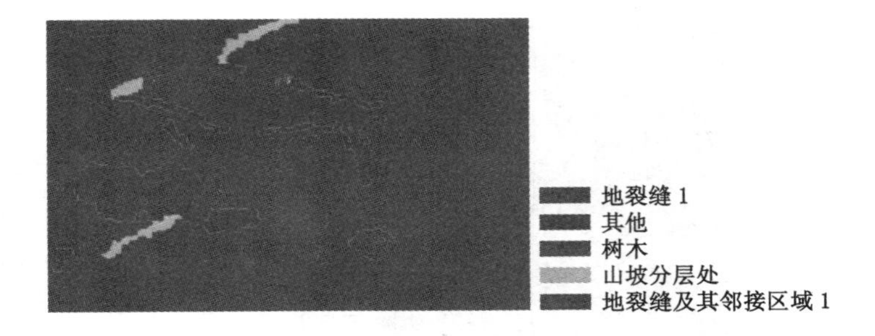


图 5-27　第二幅影像 Level 1 层的分类结果

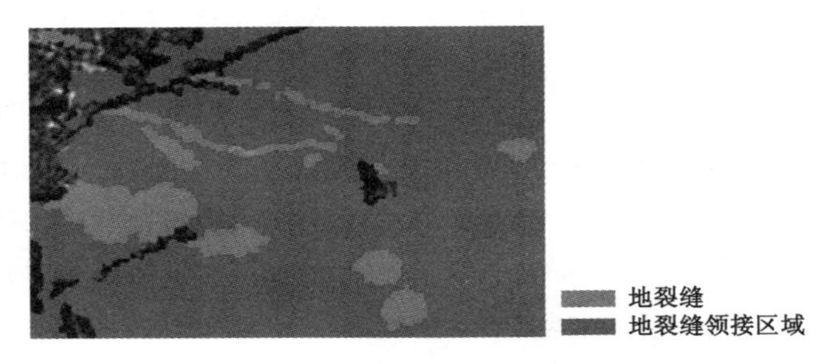


图 5-28　第二幅影像 Level 2 层的分类结果

缝信息较为准确，还提取出一部分实地调查过程中未发现的地裂缝信息，这说明本书采用的方法对地裂缝分布信息的提取效果较好。

5.2.2.8　精度评价

分别将两幅影像的地裂缝信息提取结果导出为 Shape 格式文件，并导入到 ArcGIS 中，与通过实地调查确定的地裂缝边界进行对比，利用 ArcToolbox 中的相交和交集取反功能，得到提取出的地裂缝与地裂缝实际边界的差距。其中，第一幅影像提取出的地裂缝超出地裂缝实际边界部分的面积 $S_1=+9.567\ m^2$，未达到地裂缝实际边界部分的面积 $S_2=-2.103\ m^2$，参考地裂缝的面积为 $S=285.820\ m^2$，计算得到地裂缝分布信息提取的精度为 95.9%；第二幅影像提取出的地裂缝超出地裂缝实际边界部分的面积 $S_1=+12.021\ m^2$，未达到地裂缝实际边界部分的面积 $S_2=-2.362\ m^2$，参考地裂缝的面积为 $S=426.057\ m^2$，计算得到地裂缝分布信息提取的精度为 96.6%。

两种类型的大型地裂缝信息提取结果精度均较高，这说明采用 Google Earth 上下载的高分辨率 RGB 影像和 ZY-3 影像融合，通过面向对象多尺度分割对影像进行分类可以较好地提取矿区地裂缝信息。

# 第 6 章　煤矿区滑坡体与尾矿坝识别

煤炭资源开发对矿区地表造成了变形、移动等影响。在水土流失地区，在雨季或者其他因素诱导下，开采扰动区的坡体极容易出现游移、滑落以及崩塌，致使道路淤堵、河床受损，严重影响了矿区所在地区的经济和社会的发展，甚至造成人员伤亡等恶劣影响。因此，利用遥感影像监测矿区滑坡地质灾害并进行有效的灾害管理为当务之急。

本章拟利用遥感影像为数据源，以影像上的滑坡地质灾害体提取为目标，在分析滑坡体影像解译标志的基础上，归纳、整理滑坡体的判别知识准则，以地理信息系统作为影像分析工具，建立基于知识推理的滑坡体提取专家系统，借助该专家系统来辅助用户完成矿区滑坡体的信息提取工作。

## 6.1　矿区滑坡体解译标志

遥感影像解译标志主要有传统的基于像元的遥感解译标志和面向对象的遥感影像解译标志。基于像元的遥感解译标志主要利用影像的色调或阴影、阴影、大小、形状、纹理、图案、位置、组合等基本要素，结合遥感影像的摄影时间、季节、图像种类、比例尺、地理区域和研究对象，整理出不同目标在该图像上所特有的表现形式，即建立识别目标所需要的影像特征——解译标志。面向对象的遥感解译标志体系是将遥感影像分割成多个感兴趣的对象区域，充分利用影像的光谱、纹理、形状和地学数据特征，一般是以高分辨率遥感影像作为研究对象进行信息提取。

滑坡的解译标志主要是在分析滑坡地貌的各种组成要素基础上而建立的。这些组成要素包括滑坡体的形态、滑坡后壁、滑坡舌，以及滑坡对河流的改道、对道路的错段，或在更高分辨率图像上偶尔可见的滑坡表面形成的裂缝、对植被的扭曲、滑坡舌对建筑的破坏等。

滑坡体遥感识别是基于滑坡体与其背景地质体之间在色调、形状、阴影、纹理、结构、位置以及图像的差异，在遥感图像上显示为特定的色调、纹理及几何形态组合，被称为滑坡识别的直接解译标志；而滑坡造成的地形地貌、植被、水系及景观生态等的异常变化，可以为滑坡的判定提供某种信息，则称之为间接解译标志。大多数滑坡发生后，可以形成一些在遥感图像上能够明显被识别的影像特征：形态上表现为圈椅状地形、双沟同源，坡体后部出现平台洼地，与周围的河流阶地、构造平台或与风化差异平台不一致的大平台地形，“大肚子”斜坡，不正常的河流弯道等；原地层的整体性被破坏，多具有较强的挤压、扰动或者松脱等现象，岩(土)体破碎，地表坑洼不平；滑坡体后部出现镜面、峭壁或陡峭地形等。具体到每个滑坡，其识别标志往往只有其中的几个。但是，远程滑坡经过长距离的运移已面目全非，基本上不再具有上述影像特征。因为空间分辨率所限，其他一些在滑坡现场常见的马刀树、醉汉林、擦痕和建筑物变形等滑坡的细微特征在中、低分辨率的遥感图像上表现不明显，但是在高分率影像上，该类地物还是时有所见(童立强，2013)。

解译标志建立的具体过程：① 研究目标的形状特征，确定滑坡在影像中的轮廓。② 研究目标的尺寸特征，确定滑坡的延伸和危害范围。③ 研究目标的色调特征。不同的沉积类型、不同的颗粒组成、不同的含水量都会影响影像色调的变化，因此色调的特征是很重要的解译标志。④ 影像结构特征。依据色调、纹理、形状、光洁度(粗糙度)来确认滑坡的存在，并通过类似的影像结构，识别滑坡的分布特征。

遥感影像对滑坡的解译能力取决于影像空间分辨率与待识别滑坡的大小的相对关系，一般认为某一影像在对比度条件好的情况下目视解译可识别的最小规模滑坡的面积是其空间分辨率的20～25倍。有研究者指出，影像上最小可识别的滑坡为覆盖10×2个像元大小的滑坡体，由于融合影像空间分辨率为2.5 m，因此可估计最小的可识别滑坡体长应超过25 m，最宽处至少要大于5 m才可被识别。

## 6.2 矿区滑坡体提取技术流程

基于遥感的滑坡体提取的技术流程可以概括如图6-1所示。

### 6.2.1 DEM的生成

遥感图像正射校正需要高精度的DEM进行投影差改正。DEM生成常用的有三种方法：利用地形图数字化求得，利用立体像对使用专门的软件求得，利用干涉雷达图像处理技术求得。

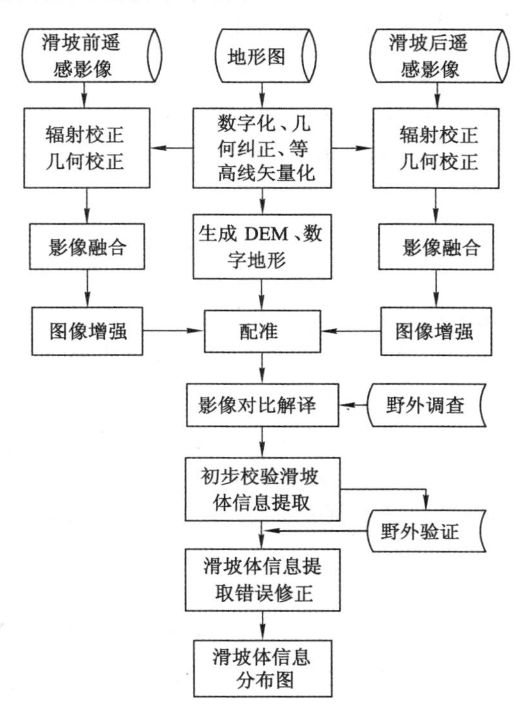


图6-1 滑坡体提取流程

### 6.2.2 影像后处理

影像后处理工作，包括对图像的锐化、直方图均衡化、去霾处理、去相关拉伸等，使其达到纹理丰富、色调均匀、反差适中的效果。

### 6.2.3 滑坡体解译标志

根据滑坡体自身特点以及影像源特点，可建立如下解译标志：

① 典型的影像特征：滑坡在遥感图像上多呈簸箕形、舌形、椭圆形、长椅形、牛角形、平行四边形、菱形、树叶形等。滑坡区塬缘处呈弧形陡坎状，阳坡泛白，阴坡又比非滑坡区略暗，滑坡区坡体较碎，坡体上冲沟发育，有双沟交汇现象，滑坡后缘呈明显凹陷状。非滑坡区较平整，似与塬面浑然一体。滑坡后

壁陡峭并呈围椅状，微地貌特征比较清楚；滑坡体与周围地质体在色调、纹理、植被发育及生长状况上有明显差异。

② 从大范围的地貌形态来看，滑坡多在峡谷中的缓坡，分水岭地段的阴坡，侵蚀基准面急剧变化的主、支沟交汇地段及其源头等处发育。

③ 植被特征：滑坡体上的植被较周围植被年轻。

④ 水文特征：不正常河流弯道、局部河道突然变窄、滑坡地表的湿地和泉水等，斜坡前部地下水呈线状出露。

### 6.2.4 野外验证

野外验证与补充解译阶段根据室内解译结果，对于分布面积广或有特殊意义的影像应进行验证校核，确保准确无误。对于根本解译不出来或感到没有把握的地方更应该去实地补充解译，从而把室内解译的空缺填补起来。再进行认真地分析与总结，对每一个解译滑坡体除了对比、确认以外，还需要综合考虑地形、地貌、植被覆盖和人类活动等因素进行检查和复核，以避免误判和漏判，全面审视原来拟定的解译标志与解译结果，进行修改、补充和完善。

### 6.2.5 精度评价

遥感解译滑坡的精度评价应从有效解译、错误或无效解译和遗漏解译三个方面予以客观评价。可以采用的评价方法定性地定点比较或对照分析，但对于定量的评价方法和手段，目前没有成熟的方法。这里提供一种基于面积统计的精度评价方法，利用 GIS 叠置分析的 Intersect 功能，可选取地面调查或以往研究程度较高的地区为对象，将遥感解译的滑坡以多边形的形式表达作为检验对象，将野外调查获得的滑坡以多边形的形式表达作为参考文件，二者的交集(Intersect)计算结果为有效解译的滑坡面积，则有效解译精度为该值除以总的解译滑坡面积，解译滑坡面积减去二者的交集为错误或无效解译，错误或无效解译精度为该值除以总的解译滑坡面积；对于参考文件则为遗漏解译或未解译的滑坡，该值除以参考文件总的滑坡面积则为遗漏解译精度，遗漏解译精度受影像的可解译性影响大。这种评价方法考虑到了滑坡空间位置、形态、边界、面积等解译要素的准确性，能够给出一个定量的可比较的数据，但只是总体解译精度的一个度量，而不考虑单个滑坡体的解译精度。此外，通过人工神经网络模型、支持向量机、变化检测、边缘检测、面向对象提取滑坡体信息等方法也在研究当中。

# 6.3　矿区滑坡体——平顶山矿区滑坡信息提取实验

## 6.3.1　研究区域

河南省宝丰县娘娘山北坡大口子滑坡，是宝丰县大营公社娘娘山煤矿对该区煤炭资源进行大规模开采塌陷所致。经调查，宝丰县大营公社娘娘山煤矿建于 1955 年，在该区开采时间约 21 年，生产人员最高为 965 人；主采煤层为二叠系二 1 煤，采用短壁式或巷道式开采方式，开采深度 40～110 m；21 年累计采煤约 300 万 t，于 1975 年闭井。

娘娘山矿区位于宝丰县大营镇与石龙区交界处，是华北板块与华北板块南缘构造带的结合部位，由华北台型地壳组合组成，基底为太古界太华群，盖层为板内盆地稳定沉积。在采空塌陷区滑坡下方影响范围内有宋坪村、赵庄村、宋坪小学、赵庄小学、几座煤矿及一 207 国道主干线，所以该处滑坡一旦发生将使 207 国道大口子段 200 余米交通及附近煤矿遭受不同程度的破坏，直接威胁到坡下人民的生命财产安全以及当地的经济发展。

宝丰县娘娘山矿区采空塌陷区滑坡是 2004 年平顶山市人民政府、宝丰县人民政府地质灾害防治预案中确定的地质灾害防治监控重点区域。2004 年 7 月，平顶山市人民政府下文要求宝丰县人民政府加强对该地质灾害点的监测与预防工作。同月，宝丰县人民政府下发了《关于切实做好汛期地质灾害防治预案的通知》，对宝丰县娘娘山北坡大口子采空塌陷区滑坡的监测与预防做出了具体安排，并在 207 国道大口子段两侧设警示碑两块，警示所有人员不要进入危险区，随后在 2005 年对该滑坡进行了具体的治理工作。

但就滑坡灾害的多发性特点而言，对矿区有潜在危险的滑坡全面进行工程治理几乎是不可能的，因此滑坡灾害风险性评价作为滑坡综合防治的另一条途径就显得很有价值，它可以确定滑坡灾害的风险程度，为防灾减灾以及防治决策提供可靠依据，可以有效避免滑坡灾害的发生。

## 6.3.2　技术路线

基于遥感影像进行滑坡识别与提取的技术路线如图 6-2 所示。关键环节主要包括：

(1) 影像预处理

包括对影像进行几何校正、自定义投影坐标系统及投影系统转换、图像融

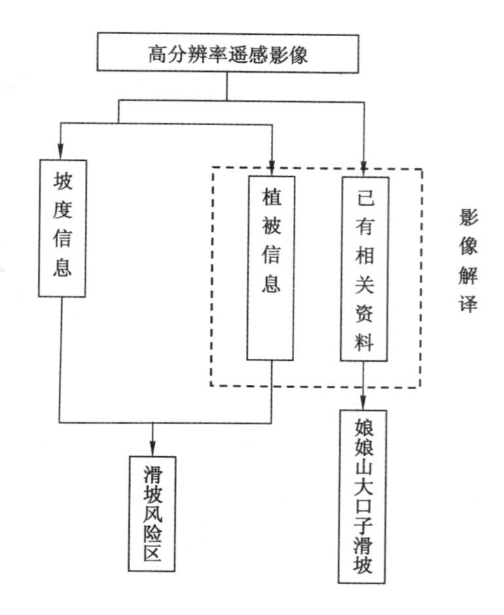


图 6-2　滑坡识别与提取的技术路线图

合、增强处理等。由于我国规定 1∶1 万、1∶2.5 万、1∶5 万、1∶10 万、1∶25 万、1∶50 万比例尺地形图，均采用高斯克吕格投影。1∶2.5 至 1∶50 万比例尺地形图采用经差 6 度分带，1∶1 万和 1∶2.5 万比例尺地形图采用经差 3 度分带。因此按照 1∶50000 的制图标准，定义了一个中央经线为 111°，带号为 19 的 6 度带西安 1980 高斯克吕格投影坐标系统，并进行投影坐标系统的转换。

(2) 坡度信息计算

坡体结构在一定程度上控制着滑坡的发生。山体走向与岩层走向一致，当具有倾斜度高陡岩层时坡体便会沿岩层层面滑动，产生顺层滑坡；山体走向与岩层走向相反，当坡体中软岩与硬岩组成的高陡岩坡下部受压变形，上部向下部弯曲时坡体逐渐生成向临空面倾倒则形成切层滑坡。利用研究区对应的 DEM 影像，通过 ArcGIS 的空间分析功能，计算出研究区内的坡度信息，并将坡度信息分为 4 级：第一级为 29°～33.4°，第二级为 25°～29°，第三级为 20°～25°，第四级为 0°～20°。认为坡度在 20°以上的地区为滑坡风险区的可能性较大。

(3) 植被信息获取

植被信息主要是指植被覆盖率。植被覆盖率是判别滑坡的一个间接因素，植被覆盖率的高低反映出植被对地表保护程度的高低，是指所处区域内森林及灌木林地面积占总面积的比值。植被遭到破坏后，原有的生态平衡被打破，水土流失加剧，继而加速坡体演变，沟谷下切，沟床与坡顶间高差加大，山坡坡度变陡，坡脚失稳，坡体松散固体物质在重力以及降雨作用下，利于滑坡的发生。可利用遥感影像解译提取植被区域、计算归一化植被指数（NDVI），并进而反演植被覆盖度来反映地表植被的覆盖情况。由于缺少影像参数信息，且影像拍摄时间处于冬末，植被信息并不明显，因此采用目视解译的方法确定植被覆盖率较少的地区。根据坡度信息及植被覆盖情况确定娘娘山矿区及附近滑坡风险区位置和风险等级。

（4）水体提取

我们对水体采用传统和面向对象的水体提取方法进行了研究。传统的水体提取方法主要是：首先在对原始影像分析的基础上，对图像进行 NDWI 变换，然后对 NDWI 影像进行光谱分析，寻找水体分布的光谱值的范围，然后建立决策树，对影像进行初步水体提取，但缺点是由于道路以及部分城镇、农田与水体的光谱相似性，造成错分的现象，为了减小专题提取的精度，采用 wetness（湿度）指数对初次提取后的影像进行二次提取，建立二级决策树，对水体进行二次提取；面向对象的水体提取方法为：将影像分割后，对选取的不同的水体样本，根据样本的特征，采用马氏距离法对整幅分割影像进行处理，设定一定的阈值，将水体提取出来。

（5）道路提取

本项目采用形态学技术实施道路提取，基本步骤为：① 原始灰度图像二值化（1 代表前景，2 代表背景）；② 邻域归众后，并且还原归众后发生变化的背景像素（对前景实现一定的腐蚀和割裂效果）；③ 连接前景（为只间隔 1 个像素的两个前景区域架桥）；④ 去孔（去除孔洞形状的前景区域）；⑤ 去岛（去除孤立的小于一定面积的 4 连通前景区域）；⑥ 闭运算；⑦ 骨架化；⑧ 细化（骨架宽度有可能不是 1 个像素，因此作适当的细化）；⑨ 去除短枝。实践中，进一步采用了优化措施。第一个方面是根据图像中道路几何特征（宽度）和光谱特征（灰度）的不同，分次进行提取，然后将各次提取的面状道路加以合并，总体实施骨架抽取。第二个方面是在二值图像进行邻域归众时采用多尺度结构元素，然后对不同尺度归众的结果取交集。

（6）建筑物提取

由于建筑物在高分辨率遥感影像上的特殊光谱特性，我们采用域值法对影像进行信息提取，定义适当的域值可将建筑物提取出来。但是最近的研究表明，面向对象方法是相对于高分辨率影像而言的：传统的中低分辨率影像混合像元问题比较明显，不足以提取出单个的对象，适于集群分析；而高分辨率影像上单个像元已不能完整表达个体对象，因此需将对象单元完整划分后再进行提取和识别，且高分辨率影像上丰富的形状和纹理信息也只有在对象单元完整的前提下才能更有效地表达。因此，面向对象的建筑物提取具有很好的研究价值和意义。在我们的面向对象分类系统中，可以根据需要提取出建筑物。

根据已有的娘娘山矿区采空塌陷区滑坡位置示意图，通过与 Google Earth 及资源三号遥感影像对照，采用目视解译的方法获得娘娘山矿区采空塌陷区滑坡位置、范围及危害性分级，结果见图 6-3 和图 6-4。

图 6-3 娘娘山大口子滑坡

图 6-4 娘娘山大口子滑坡危害性分级(无图例等)

## 6.4　矿区尾矿坝提取初步

因为尾矿坝在遥感影像上特征明显，所以可采用图像知识推理的方法提取尾矿坝。图像知识的一个重要应用就是进行推理，即应用一定的前提和推理规则，得出相应结论。这里采用最小距离聚类的方法作为推理规则，进行遥感图像地物类型的判别。具体可按如下步骤操作：① 提取出影像中反射率较高的部分。采用影像分割的方法从影像中分割出反射率高的区域。② 进行图像知识的获取。对于纹理特征和形状特征可采用从大量的实例中学习的方法来获得，具体方法是对已知的尾矿坝目标，分别取多幅小影像，对每幅影像进行纹理分析和形状分析，并统计尾矿坝的特征量的平均值和最大值，将其作为该类地物的聚类中心和聚类半径 $R$，并以此作为尾矿坝的先验知识存入知识库。③ 应用图像知识推理方法对步骤①中提取出的区域进行进一步提取。具体为：首先对某一未知地物进行纹理分析或形状分析，求取各个特征统计量，将其作为特征向量，然后计算未知地物的特征向量到尾矿库的特征空间中相应聚类中心的欧氏距离 $d$，若 $d<R$，则该未知地物即为尾矿坝；若 $d>R$，则未知地物不是尾矿坝。④ 人工检查。通过人工检查的方法进一步提高精确度。流程图如图 6-5 所示。

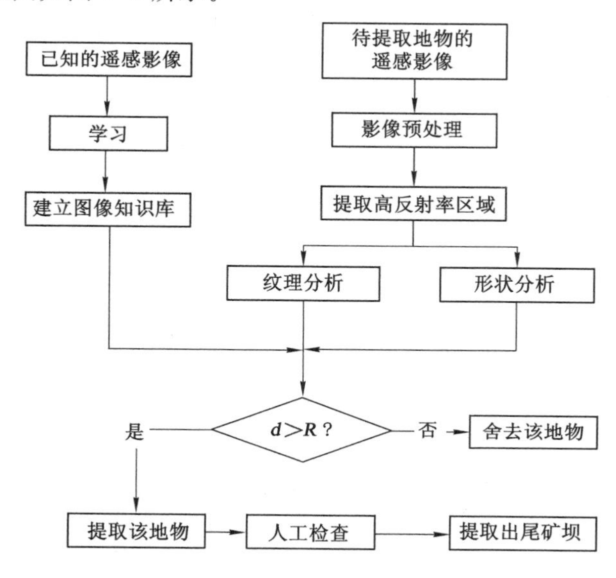


图 6-5　遥感影像提取尾矿坝

## 本章参考文献

[1] 童立强,郭兆成. 典型滑坡遥感影像特征研究[J]. 国土资源遥感,2013, 25(1):86-92.

# 第7章　开采沉陷预计、分析与预测模型及其插件式实现

作为矿区生态环境变化的直接驱动力，煤炭资源开采对矿区土地生态环境的影响一直都是煤炭资源开采研究的关注点之一，煤炭资源开采沉陷对矿区土地环境所造成的影响范围、影响程度的预测和评价一直都是矿区生态环境规划的首要任务（王行风，2014）。

## 7.1　适用于山地、倾斜煤层的煤矿区开采沉陷预测模型

概率积分法是我国应用较为成熟和广泛的开采沉陷预计方法，工程应用中的开采沉陷预计软件大都是基于该方法设计和实现的。该方面的研究成果也较为丰富，具体成果可以参考邹友峰、邓咯中等（2003）、杜计平等（2003）等。

概率积分法主要适用于煤层倾角较小、地势平坦条件下的地表移动变形预计。对于倾斜煤层或者山区，该算法由于对地形因素、煤层产状等因素对地表移动变形的影响考虑不足，影响了预计结果的精度以及预计结果的应用效果。例如根据概率积分法所预计的结果而留设的保护煤柱在山区和倾斜煤层条件下往往起不到应有的作用。

为了满足不同煤层、平地和山区的开采沉陷预计要求，本章在对概率积分法进行分析和讨论的基础上，针对不同煤层倾角和地形变化的开采沉陷预计模型进行分析和研讨，在此基础上开发了适用于不同煤层、平地和山区的开采沉陷预计模型，为不同地质条件下的煤矿区资源开采沉陷预计奠定了基础。

### 7.1.1　适用于倾斜煤层的地表移动变形预计模型

为了使传统的概率积分法适应于倾斜煤层的开采沉陷预计，可以基于煤层厚度和煤层倾角将原有的倾斜采空区进行剖分，把下山方向的采空区转移

一部分到上山方向,得到等影响采空区。算法上对传统的概率积分微元进行扩展,使其适应于任意倾角的开采沉陷预计,得到适用于不同煤层倾角的平地条件下的开采沉陷预计公式。

$$W'_{e}(x,y)=k_{f}\frac{1}{r_{f}^{2}}e^{-\pi\frac{[y-H_{0}\cot\theta_{f}]^{2}+x^{2}}{r_{f}^{2}}}+(1-k_{f})\frac{1}{r_{r}^{2}}e^{-\pi\frac{[y+H_{0}\cot\theta_{r}]^{2}+x^{2}}{r_{r}^{2}}} \tag{7-1}$$

### 7.1.2 适用于山区的地表移动变形预计模型

山区地表移动变形为相同地质采矿条件下平地的地表移动变形与山区采动滑移变形的矢量叠加,见式(7-2):

$$\begin{aligned}
W'(x,y)&=W(x,y)+\Delta W(x,y)\\
I'(x,y)&=I(x,y)+\Delta I(x,y)\\
K'(x,y)&=K(x,y)+\Delta K(x,y)\\
U'(x,y)&=U(x,y)+\Delta U(x,y)\\
\varepsilon'(x,y)&=\varepsilon(x,y)+\Delta\varepsilon(x,y)
\end{aligned} \tag{7-2}$$

式(7-2)中等号左边为山区地表移动变形的下沉、倾斜、曲率、水平移动和水平变形,右端为相应的平地和山区采动滑移矢量。实际计算过程中山区地表移动变形的预计公式如下:

$$\begin{aligned}
W'(x,y)=&W(x,y)+D_{x,y}\{P(x)\cos^{2}\psi+P(y)\sin^{2}\psi+\\
&P(x)P(y)\sin^{2}\psi\cos^{2}\psi\tan^{2}\alpha_{x,y}\}W(x,y)\tan^{2}\alpha_{x,y}\\
U'(x,y)_{\varphi}=&U(x,y)_{\varphi}+|D_{x,y}|[P(x)\cos\varphi\cos\psi+P(y)\sin\varphi\sin\psi]\tan\alpha_{x,y}
\end{aligned} \tag{7-3}$$

式(7-3)中 $W(x,y)$ 和 $U(x,y)_{\varphi}$ 分别为相同地质、开采条件下通过平地概率积分预计公式计算出的地表任意点 $(x,y)$ 的平地下沉和该点沿预计方向 $\varphi$ 的水平移动;$D_{x,y}$ 为预计点的地表特性系数;$\alpha_{x,y}$ 为预计的沿倾斜方向的倾角;$\varphi$ 表示预计方向,$\psi$ 表示预计点的倾斜方向,均由 $x$ 轴沿逆时针方向计算;$P(x)$ 和 $P(y)$ 表示走向和倾向主断面的滑移影响函数,其计算公式如下:

$$\begin{aligned}
P(x)&=P[x]+P[l-x]-1\\
P[x]&=1+A\cdot e^{-\frac{1}{2}(\frac{x}{r}+P)^{2}}+W_{m}\cdot e^{-t(\frac{x}{r}+P)^{2}}
\end{aligned} \tag{7-4}$$

式(7-4)中 $l$ 表示工作面走向计算长度,$r$ 为主要影响半径,$A$、$P$、$t$ 为滑移影响参数。$P(y)$ 的计算方法可用工作面倾向计算长度代替上式中 $l$ 计算得到。山区任意点沿预计方向的倾斜、曲率和水平变形可由其下沉和水平移动值计算得到,计算公式如下:

$$
\begin{aligned}
i'(x,y)_{\varphi ij} &= \frac{W'(x,y)_i - W'(x,y)_j}{d_{ij}} \\
K'(x,y)_{\varphi j} &= \frac{i'(x,y)_{\varphi jk} - i'(x,y)_{\varphi ij}}{0.5 \times (d_{ij} + d_{jk})} \\
\varepsilon'(x,y)_{\varphi ij} &= \frac{U'(x,y)_{\varphi j} - i'(x,y)_{\varphi i}}{d_{ij}}
\end{aligned}
\tag{7-5}
$$

式(7-5)中 $i$、$j$、$k$ 代表在预计方向上依次相邻的三个预计点号；$D_{ij}$ 表示 $i$ 点至 $j$ 点的平距；$i'(x,y)_{\varphi ij}$ 表示 $i$ 点至 $j$ 点的山区倾斜；$K'(x,y)_{\varphi j}$ 表示 $j$ 点的山区曲率；$\varepsilon'(x,y)_{\varphi ij}$ 表示 $i$ 点至 $j$ 点的山区水平变形。

利用式(7-2)～式(7-5)进行地表移动变形预计的程序流程如图 7-1 所示。

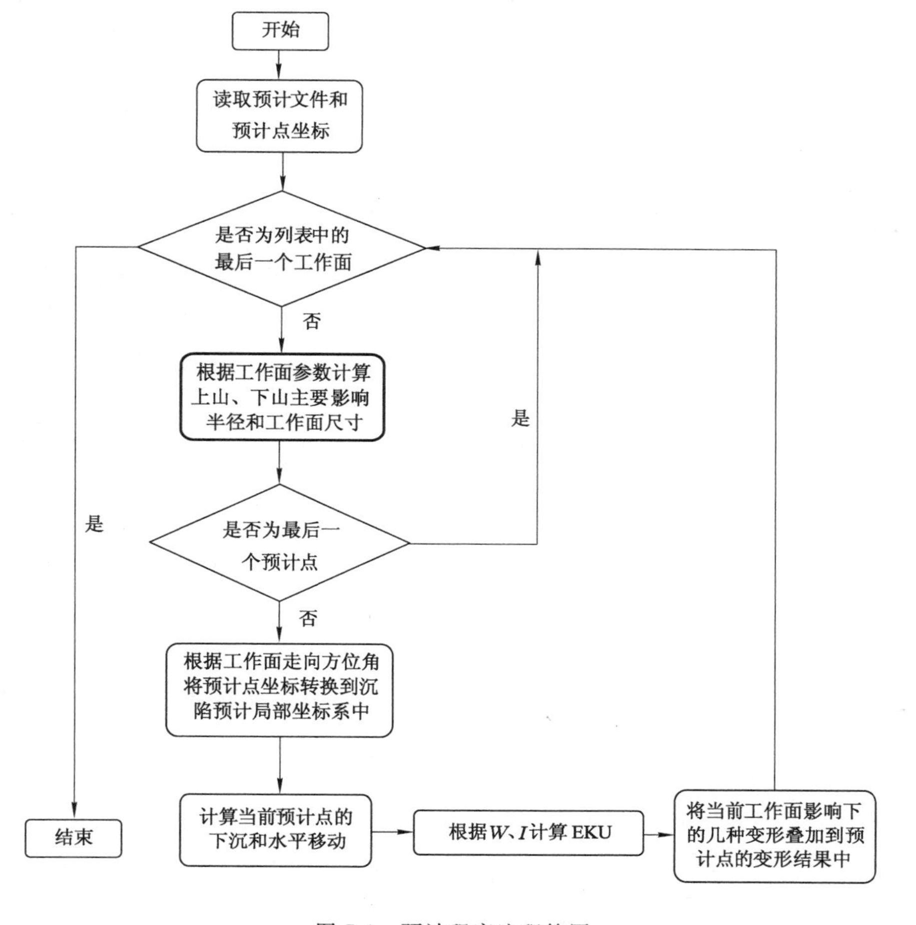


图 7-1　预计程序流程简图

# 7.2 开采沉陷预计、分析与可视化系统

从为煤矿区的地质环境评价、规划奠定数据基础的角度出发，本章基于地理信息系统，开发了性能及适应性较强的地面开采沉陷预计、分析与可视化软件系统，其中集成了概率积分法以及适用于倾斜煤层以及山区的开采沉陷预计模型。

软件的开发以国际上流行的地理信息系统软件 ArcGIS 的组件 ArcEngine 作为基础平台，以可视化通用编程语言 Visual Studio 为开发工具，应用面向对象开发方式建立了集数据采集、处理、分析和预计于一体的开采沉陷预计、分析与可视化系统，方便对开采沉陷过程与规律的认识研究。

## 7.2.1 系统功能

开采沉陷预计、分析与可视化系统的架构如图 7-2 所示。

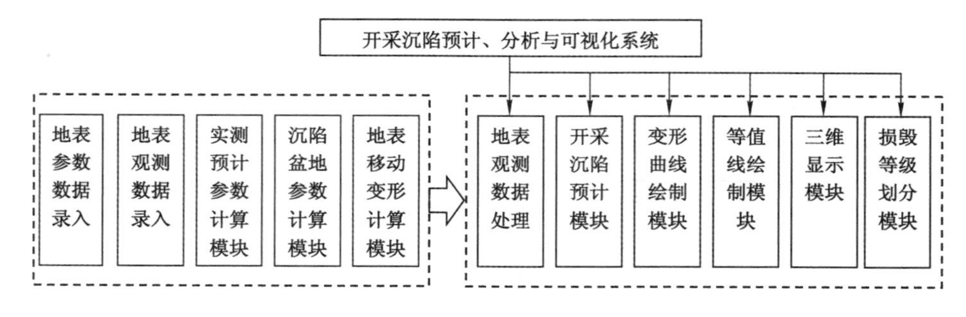


图 7-2　系统架构图

该系统的主要功能包括：

(1) 数据采集、管理和浏览功能。实现地质地形图、采掘工程图、井上下对照图等基础图件资料的数字化输入；实现离散点、IMG 和 USGS 等格式地形数据的三维显示和基于地形数据的插值、采样功能；实现离散点数据、规则格网和三角网的平移、缩放、旋转；实现多种数据源和处理结果数据的共享，实现图形数据和属性数据的交互查询及联合分析。

(2) 开采沉陷预计文件的编辑功能。根据用户输入的预计参数和预计点坐标创建预计文件，实现对已有预计文件中的工作面信息、预计参数以及预计坐标点的查询、修改；在采掘工程平面图上提取预测工作面的角点坐标，并将

提取的坐标和研究区的地质采矿数据(煤层倾角、开采深度、地表下沉系数、水平移动系数等)输入、整理,并保存为合适的预计参数文件。

(3) 沉陷预计。实现单个或多个工作面在不同倾角条件下、平地和山区地形条件下的下沉、倾斜、曲率、水平移动、水平变形值的预计;预计地表的下沉值、倾斜值、曲率值、水平移动值和水平应变值的最大值以及地表任意点的单值。

(4) 开采沉陷土地塌陷损害的合理评价、损害等级划分。

(5) 数据可视化与图形输出。实现基于离散点数据构建规则格网和不规则三角网,以及对格网和 TIN 添加纹理和雾化处理;实现对地表沉陷过程的动态、三维模拟;绘制地表的下沉值、倾斜值、曲率值、水平移动值和水平应变值的等值线图,以及下沉值的三维图像;实现移动变形盆地、地表 DEM 和工作面的三维显示、图形绘制以及基于移动变形盆地的剖面线绘制,并将结果以 *.DXF 或 *.shp 文件输出。

在本系统中,GIS 实现的功能在相关文献中论述颇多,本书不再赘述。这里仅对基于 GIS 插件技术所实现的开采沉陷预计模型的实现做个说明。

### 7.2.2　开采沉陷模型算法实现

距前文所述,开采沉陷预计可以分为平原地区和山区两种。平原地区开采沉陷预计算法采用概率积分法和广适应沉陷预计模型(蔡来良,2011);山区开采沉陷预计算法采用适用于山区的开采沉陷预计模型。

(1) 概率积分法

概率积分法是我国在开采沉陷预计中广泛使用且较为成熟的方法,其能够适用于任意形状的工作面以及地表任意点的移动变形值的预测。我国煤炭行业规范《建筑物、水体、铁路及主要井巷煤柱留设与压煤开采规程》中有概率积分法关于地表移动变形的预测方法的详细论述。

(2) 广适应预计模型

该模型由蔡来良博士(2011)通过对传统概率积分方法进行扩展,引入滑移系数,让其适应于任意倾角的开采沉陷预计,从而得到适用于不同倾角的开采沉陷一体化预测模型。

(3) 山区开采沉陷预计

借鉴我国“三下”采煤规程中的山区地表移动变形预计方法,即将山区地表移动变形调整为相同地质采矿条件下平地的地表移动变形与山区采动滑移变形的矢量叠加(王磊等,2014)。沉陷预计的基本思路:若开采的工作面不是矩形的，而是任意形状的，可采用三角剖分法，对于一些凹多边形不规则开采工作面，可以将其划分为几个凸多边形来计算，然后将其结果再进行叠加，得到整个工作面引起的地表移动变形破坏。算法主要是先将工作面进行三角剖分，然后在每个三角形积分区域内，沿走向或倾向把工作面划分为多个狭长条带，然后把这些条带近似地看成矩形，用概率积分公式求取每个小矩形开采对地表任意点沿指定方向的移动和变形值，再把所有小矩形开采引起某点的同名移动或变形值加起来，就得到整个开采引起某点沿某方向的移动和变形。

开采区域的多边形可以是凸多边形或凹多边形，假设开采区域 $D$ 为凸多边形[图 7-3(a)]，从 $A$—$G$ 各顶点向 $X$ 轴做垂线，按照 $A$—$B$—$C$—$E$—$F$—$G$—$A$ 的角点顺序逆时针方向将开采区域划分为 $AA'B'B$、$BB'C'C$、$CC'E'E$、$EE'F'F$、$FF'G'G$、$GG'A'A$ 共 6 个梯形单元，对每个梯形单元可以唯一确定其积分的上下限。由于设定工作面角点按照逆时针顺序排列，根据正负判断法则，如果 $x_1<x_2$，则 $S_{11'2'2}$前符号为负；如果 $x_1>x_2$，则 $S_{11'2'2}$前符号为正，开采区域 $D$ 的移动变形值可用式(7-6)表示：

$$S_D = S_{GG'A'A} + S_{GG'F'F} - S_{AA'B'B} - S_{BB'C'C} - S_{CC'E'E} - S_{FF'E'E} \tag{7-6}$$

当工作面为凹多边形时，仍可按凸多边形的处理方法进行处理。

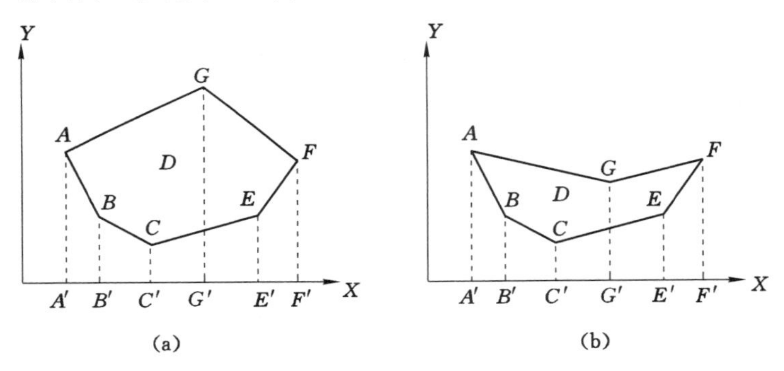


图 7-3　凹凸多边形区域

考虑拐点偏距后，工作面的开采边界将会发生变化(图 7-4)，求取任意形状工作面实际开采边界的主要步骤是：① 根据工作面角点坐标计算工作面的重心；② 以重心为交点分别做 $X$、$Y$ 轴的平行线，将工作面划分为 4 个子区域(Ⅰ～Ⅳ)；③ 先判断角点属于哪一个子区域，再根据其所属区域的不同选择相应的计算方法，若在采空区一侧取正值，在煤柱一侧取负值。

由于煤层存在一定的倾角，计算边界与考虑拐点偏移距离后的实际开采边界不完全一致，两者在煤层倾斜方向存在一个偏移量：

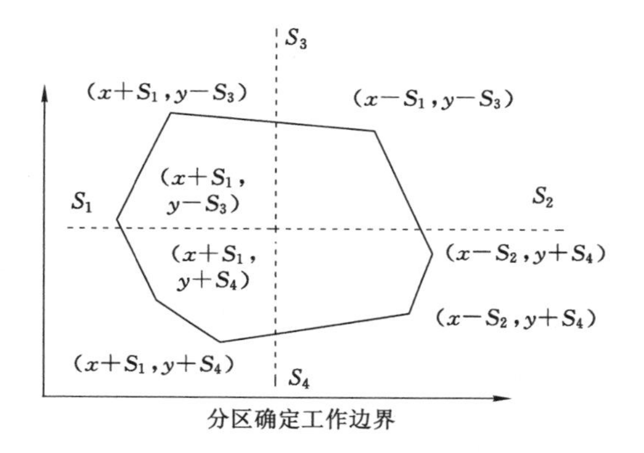


图 7-4　工作面边界的分区确定

$$d=(h+S_4\sin\alpha)\cot\theta-S_4\cos\alpha \tag{7-7}$$

式(7-7)中，$h$ 为下边界采深；$S_4$ 为下山边界拐点偏移距；$\alpha$ 为煤层倾角；$\theta$ 为开采影响传播角。当偏移量 $d$ 为正值时，从实际下山边界向下山方向量取平距，当偏移量 $d$ 为负值时，从实际下山边界向上山方向量取平距。

## 7.3　系统实现与应用

为了更直观、动态地显示地面沉陷的变化情况，利用更先进的数据采集和处理手段、更有效的可视化方式表达、智能型的分析决策来进一步指导矿区的发展和建设显得日益迫切。本书以 Visual C＃ 为开发平台，基于 ESRI 的 ArcGIS 软件，集成开发了煤矿区矿山三维开采沉陷预测系统并基于插件技术实现了开采沉陷插件，以满足适用不同地形和倾角的开采沉陷预计工作。

ESRI 公司产品 ArcGIS Desktop 的 ArcMap 程序有两种扩展方式：① 在 ArcMap 中编写 VBA(Visual Basic for Application)代码实现，VBA 是一种标准工业级的内置集成编码环境，用户可以在这个内置环境中直接使用内置对象编写扩展代码，这些 VBA 代码将保存在一个 mxd 文件中，供 ArcMap 调用和分发；② 实现 Arc Objects 发布的 ICommand、IMenudef 等插件接口，使用高级程序设计语言编写满足一定要求的插件来扩充功能。在这两种情况中，ESRI 的 ArcMap 软件就好像一个应用功能的容器，而 GIS 程序员可以根据自己的实际需要不断填充和增强这个容器的功能，这个容器为功能的扩展提供了无限的空间(蒋波涛，2008)，本系统所采用的插件技术件正是基于. NET 平台和 C＃ 的一种插件式应用，下面针对该插件的实现的关键技术作一阐述。

### 7.3.1 开采沉陷插件类设计

#### 7.3.1.1 预计格网

（1）类说明

用二维数组的形式存储规则格网待预计点，包括格网的行、列数值范围以及边界信息；计算各个待预计点的位置，通过遍历完成所有格网点预测参数的计算，输出格网点的预测信息等功能。主要通过三角形类、三角形平面类以及基于 DEM 形式的三角格网类完成。

（2）类图。

预计格网类如图 7-5 所示。

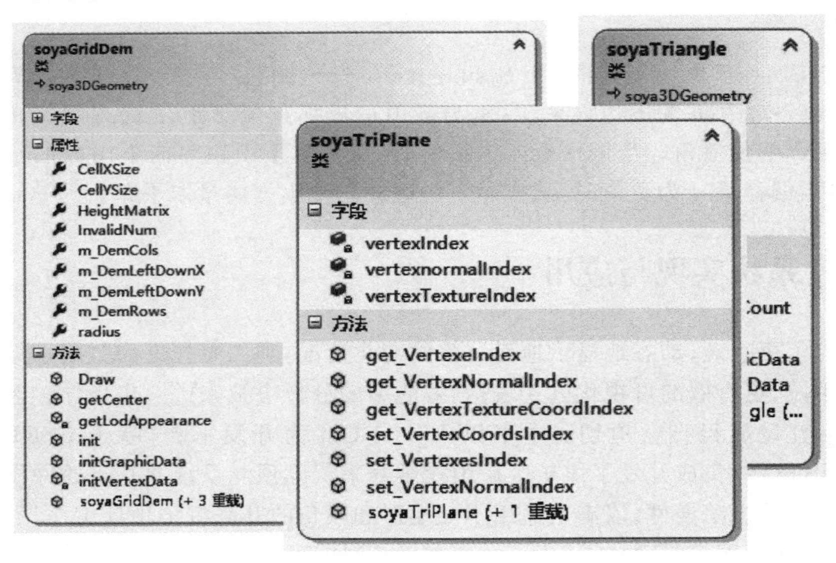


图 7-5　预计格网类

#### 7.3.1.2 预计点

（1）类说明

主要包括点类，属性包括每一个待预计点的 ID 编号，坐标 $X$，$Y$，$Z$，预计方向以及待预测格网点的参数信息（平地、山区条件下的移动变形值）；函数包括点属性的赋值、读取函和计算等。主要用于在沉陷预计过程中存储和传递预计点的相关信息。

（2）类图

预计格点类如图 7-6 所示。

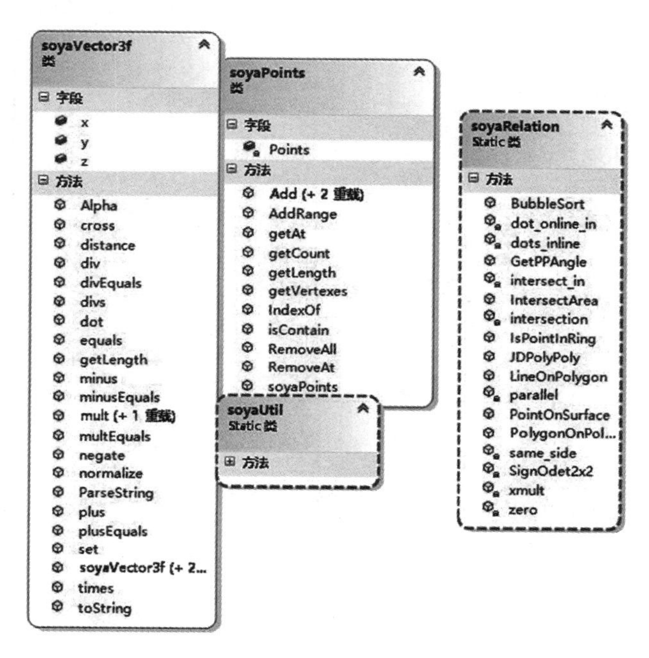


图 7-6　预计格点类

#### 7.3.1.3　格网插值

（1）类说明

用于对离散点进行插值计算，预处理过程中可以根据确定的间距进行插值，选择合适的插值模型（三角平面插值、距离权重倒数、趋势面插值等），计算每一个格网点的高程值。

（2）类图

格网插值类如图 7-7 所示。

#### 7.3.1.4　预计参数

（1）类说明

包括每一个工作面的地质采矿条件预计参数和工作面信息，能够根据工作面角点、煤层倾角、主要影响角正切以及主要影响传播角计算工作面的计算尺寸。

地质采矿条件参数：包含概率积分预计方法的参数：下沉系数、水平移动

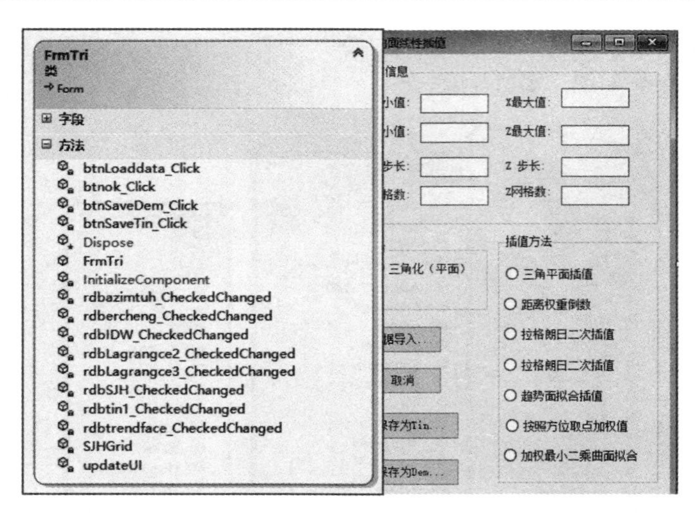


图 7-7　格网插值类

系数、主要影响角正切、主要影响传播角以及上、下、左、右的拐点偏移距。用于在沉陷预计过程中组织传递预计参数。

（2）类图

预计参数类如图 7-8 所示。

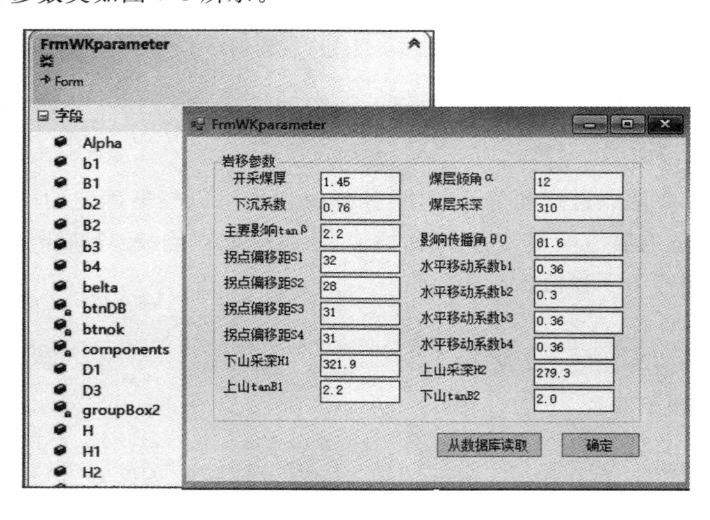


图 7-8　预计参数类

#### 7.3.1.5　工作面参数

(1) 类说明

其属性包括煤层厚度、煤层走向方位角、工作面角点、工作面走向、倾向尺寸。能够根据煤层走向方位角和工作面角点自动判断出工作面四个角点的上下左右分布情况，进而计算煤层的倾角、工作面的走向、倾向尺寸。

(2) 类图

工作面参数类如图 7-9 所示。

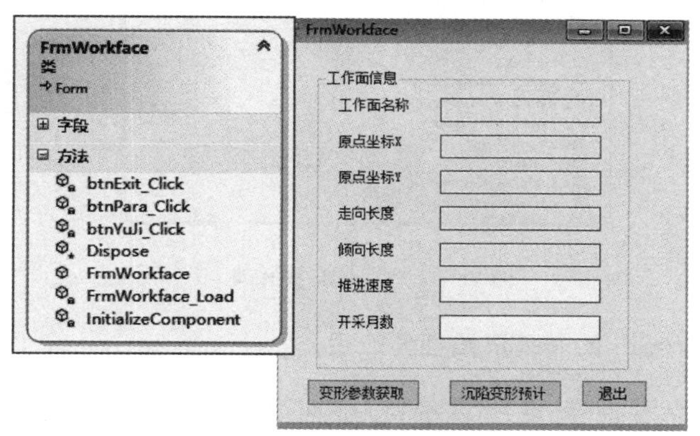


图 7-9　工作面参数类

#### 7.3.1.6　沉陷预计类

(1) 类说明

平地沉陷预计类(PlanArea_Subsidence Predicter)和山区沉陷预计类(Mountain Subsidence Predicter)派生自沉陷预计类(Subsidence Predicter)，拥有预计参数集合指针和预计格网，分别完成在平地和山区地形条件下的地表移动变形预计。

#### 7.3.1.7　OpenGL 操作类

(1) 类说明

对离散点、规则格网和三角网形式的数据在 OpenGL 场景中的三维显示函数和操作进行封装，鼠标的左键响应旋转事件、中键滚轮响应缩放事件、中键单击并拖动响应视图的平移事件。在操作过程中通过记录并更新视图模型矩阵，达到实时更新场景的目的。

(2) 类图

OpenGL 操作类如图 7-10 所示。

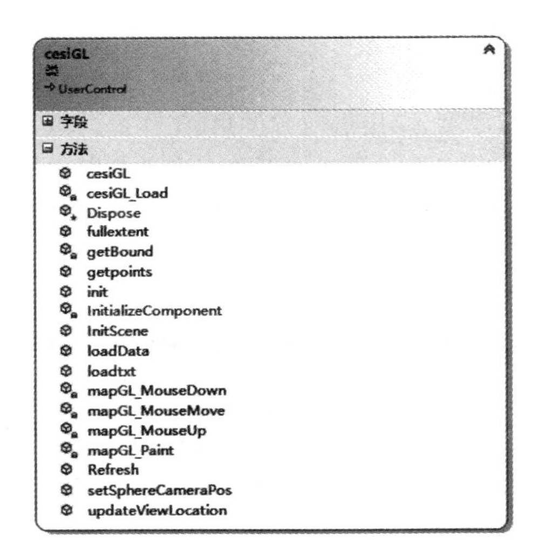


图 7-10 OpenGL 操作类

### 7.3.2 基于 ArcGIS 的开采沉陷插件应用

插件安装完成后，可以在 ArcMap 界面中，选择“Customize>Customize Mode> Toolbar”选项卡，在“Toolbars”列表下选择所开发的“Subsidence ToolBar”工具栏，并勾选“Subsidence Toolbar”前的复选框，如图 7-11 所示。

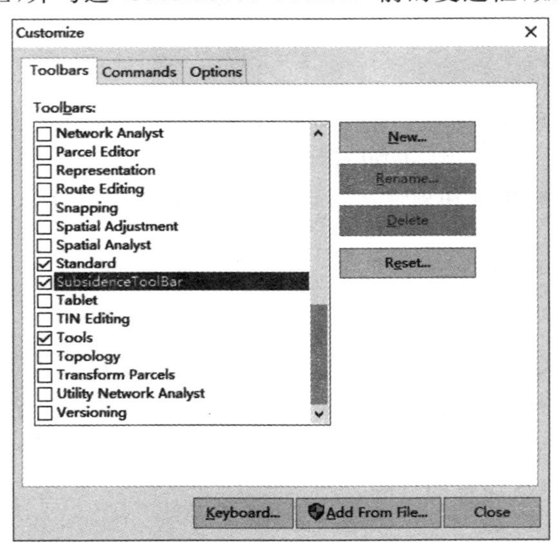


图 7-11 Subsidence ToolBar 工具条

关闭定制窗口之后，在系统界面上出现“Subsidence”工具条，如图 7-12 所示，包含“工程”“预测”“可视化”等按钮。

图 7-12　Subsidence 工具菜单

选择“工程、工作空间”按钮，系统将弹出“新建工作空间”对话框（见图 7-13），该对话框用来实现开采沉陷预测工程的创建，包括工作空间的名称、选择预测状态（动态预测、静态预测）以及预测截止的时间等信息。

图 7-13　新建工作空间

选择“工作面信息”按钮，系统弹出“工作面信息”对话框（见图 7-14），在该对话框中可以实现工作面基本信息的获取、编辑以及修改等内容，在界面同时可以点击“拾取角点坐标”功能以实现对采掘工程平面中各个工作面坐标获取。

在此基础上可以对工作面属性数据进行管理，如图 7-15 所示。

在根据需要进行数据预测后，可对预测的结果进行可视化显示。图 7-16 至图 7-19 为基于系统所实现的矿区地质要素评价的结果示意图。图 7-16 是矩形工作面评价的等值线以及评价结果示意图。

图 7-17 是某矿区的地质要素分布以及建筑物损坏等级划分的示意图，图 7-18 为矿区管道损坏等级划分示意图，图 7-19 为矿区公路损坏等级示意图。

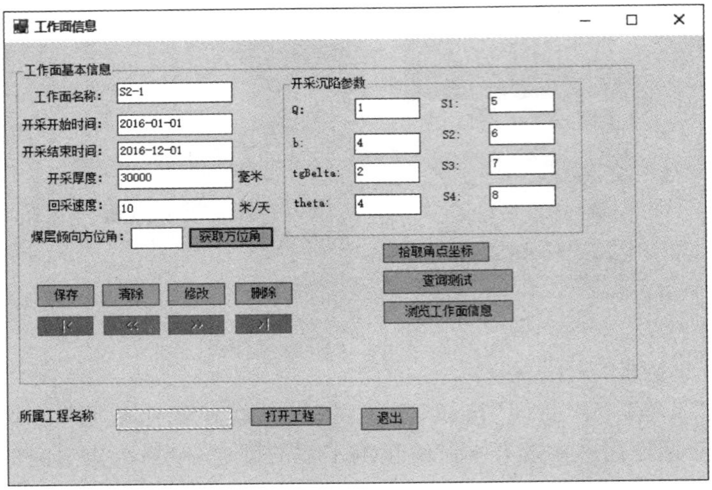

图 7-14　工作面信息

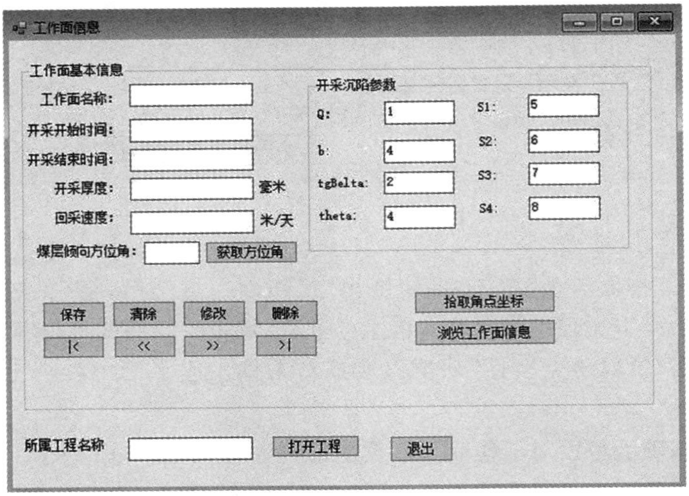

图 7-15　工作面数据管理

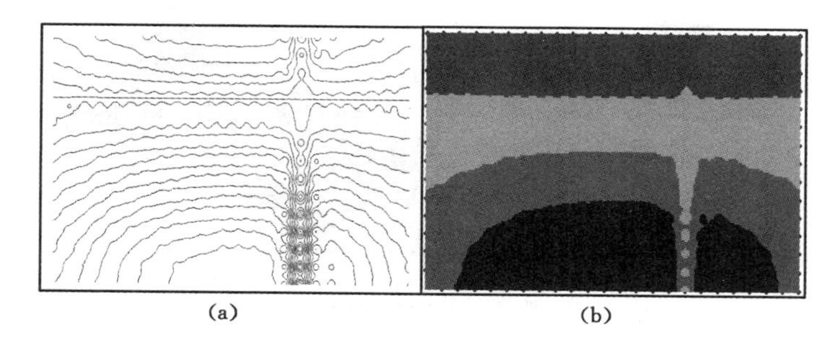

(a)　(b)

图 7-16　矩形工作面评价

(a) 矩形工作面等值线图；(b) 矩形工作面评价等级示意图

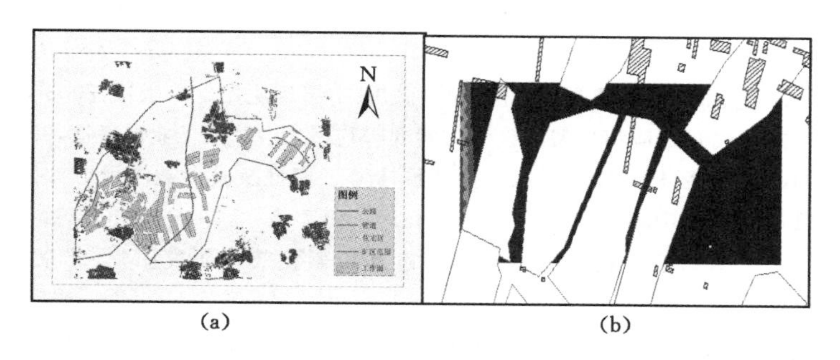


(a)　(b)

图 7-17　矩形工作面等值线和损坏评价等级示意图

(a) 矿区工作面、公路、管道、建筑物分布示意图；

(b) 建筑物损坏等级划分示意图

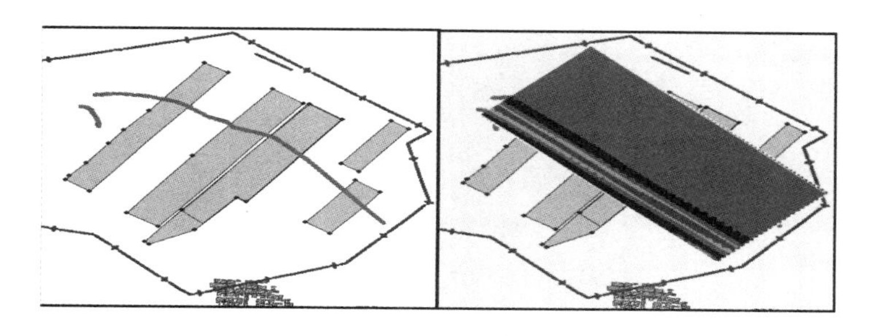

图 7-18　矿区管道损坏等级划分示意图

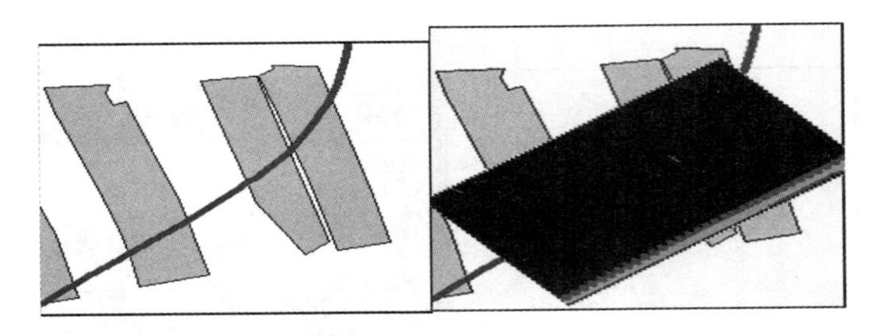

图 7-19　矿区公路损坏等级划分示意图

## 本章参考文献

[1] 蔡来良.适宜倾角变化的开采沉陷一体化预测模型研究[D].徐州:中国矿业大学,2011.

[2] 杜计平,汪理会.煤矿特殊开采方法[M].徐州:中国矿业大学出版社,2003.

[3] 蒋波涛.插件式 GIS 应用框架的设计与实现[M].北京:电子工业出版社,2008.

[4] 王磊,郭广礼,王明柱,等.山区地表移动预计修正模型及其参数求取方法[J].煤炭学报,2014,39(6):1070-1076.

[5] 王行风.基于空间信息技术的煤矿区生态环境累积效应研究[M].北京:测绘出版社,2014.

[6] 邹友峰,邓喀中,马伟民,等.矿山开采沉陷工程[M].徐州:中国矿业大学出版社,2003.

# 第 8 章　地面沉降灾害风险评价指标及分析平台

地面沉降所导致的环境问题内容复杂，因素繁多，评价的出发点和要求不同，评价的尺度、评价内容以及评价因素也迥然而异。本章重点从煤炭资源开发所导致的煤矿区地质环境问题出发，探讨煤矿区地面沉降灾害风险评价指标体系以及分析平台的构建。

## 8.1　地面沉降灾害风险评价指标体系

由于地区不同，影响矿山地质环境评价结果的因子不同。只有分别选择出正确且合理的适合区域的评价因子，并选择正确的评价模型和评价方法，才能使评价结果科学、客观。以下为评价因子选择应遵循的原则：

(1) 保证所选评价因子的科学性、客观性和实用性，这是选取评价因子最基本的要求和原则。

(2) 选择合理的评价指标。不同的因子反映了地质环境质量的不同方面，选择的评价因子要在定量或定性评价中不能被替代，并且确保该因子对系统评价影响最大、最直接。

(3) 评价因子要有针对性。针对矿山开发多目标调查以及监测的特点，根据矿山地质环境评价的目的选取评价指标。

(4) 评价指标要有数据可得性。确保所选取的评价指标能够通过矿山开发多目标调查与监测工作取得，或能够较方便地收集到。

(5) 指标可量化性。所选取的指标尽可能地能用数据进行量化，以便进行分级。

### 8.1.1　指标体系建立依据

地质环境质量评价是一项复杂的系统工作，其影响因素较多，难以用统一的标准进行度量，至今仍未形成一套标准的评价方法。为了构建适合于矿区地质环境评价的指标体系，本章主要参考了《建筑物、水体、铁路及主要井巷煤柱留设与压煤开采规程》（国家安全监管总局等，2017）、《公路设计手册》（黄兴安，2005）、《土地复垦方案编制规程——井工煤矿》（TD/T 1031.3—2011）、《铁路工务规则》（中华人民共和国铁道部，2000）、《地震现场工作 第三部分：调查规范》（GB/T 18208.3—2011）、《全国矿山地质环境调查技术要求实施细则》（DZ/T 0223—2011）、《矿山地质环境保护与治理恢复方案编制规范》（DZ/T 0223—2011）、《区域环境地质调查总则》（DD 2004—02）、环境污染子系统评价指标等级阈值根据国家《地表水环境质量标准》（GB 3838—2002）以及《土壤环境质量标准》（GB 15618—1995）等标准、规章与规程。

### 8.1.2 建筑物损坏指标

煤炭开采引起地表沉陷，使地表出现下沉、倾斜、曲率、水平移动和水平变形等移动和变形，破坏了建筑物与地基之间的初始平衡状态，从而不同程度地破坏了建筑物与构筑物的破坏。在我国矿区，建筑物大多为砖混、砖木结构的房屋，还有大量的农村的房屋，少量的木（竹）排架结构房屋和土筑平房等。《建筑物、水体、铁路及主要井巷煤柱留设与压煤开采规范》（2017）规定的砖混（石）结构的建筑物损坏（保护）等级标准见表 8-1 和表 8-2。在“三下”采煤规程中，判断砖混结构建筑物损坏等级的地表变形参数分别为水平变形 $\varepsilon$、曲率 $k$ 和倾斜 $i$ 等。

**表 8-1　砖混结构建筑物损坏等级**

| 损坏等级 | 建筑物损坏程度 | 地表变形值 | | | 损坏分类 | 结构处理 |
|---|---|---|---|---|---|---|
| | | 水平变形 $\varepsilon$ /(mm/m) | 曲率 $k$ /($10^{-3}$/m) | 倾斜 $i$ /(mm/m) | | |
| I | 自然间砖墙上出现宽度 1～2 mm 的裂缝 | ≤2.0 | ≤0.2 | ≤3.0 | 极轻微损坏 | 不修 |
| | 自然间砖墙上出现宽度 4 mm 的裂缝；多条裂缝总宽度小于 10 mm | ≤2.0 | ≤0.2 | ≤3.0 | 轻微损坏 | 简单维修 |

**续表 8-1**

| 损坏等级 | 建筑物损坏程度 | 地表变形值 | | | 损坏分类 | 结构处理 |
|---|---|---|---|---|---|---|
| | | 水平变形 ε /(mm/m) | 曲率 $k$ /($10^{-3}$/m) | 倾斜 $i$ /(mm/m) | | |
| Ⅱ | 自然间砖墙上出现宽度小于 15 mm 的裂缝；多条裂缝总宽度小于 30 mm；钢筋混凝土梁、柱上裂缝长度小于 1/3 截面高度；梁端抽出小于 20 mm；砖柱上出现水平裂缝，缝长大于 1/2 截面边长；门窗略有歪斜 | ≤4.0 | ≤0.4 | ≤6.0 | 轻度损坏 | 小修 |
| Ⅲ | 自然间砖墙上出现宽度小于 30 mm 的裂缝；多条裂缝总宽度小于 50 mm；钢筋混凝土梁、柱上裂缝长度小于 1/2 截面高度；梁端抽出小于 50 mm；砖柱上出现 5 mm 的水平错动；门窗严重变形 | ≤6.0 | ≤0.6 | ≤10.0 | 中度损坏 | 中修 |
| Ⅳ | 自然间砖墙上出现宽度大于 30 mm 的裂缝；多条裂缝总宽度大于 50 mm；梁端抽出小于 60 mm；砖柱上出现小于 25 mm 的水平错动<br>自然间砖墙上出现严重交叉裂缝、上下贯通裂缝以及墙体严重外鼓、歪斜；钢筋混凝土梁、柱裂缝沿截面贯通；梁端抽出大于 60 mm；砖柱上出现大于 25 mm 的水平错动；有倒塌的危险 | >6.0 | >0.6 | >10.0 | 极度严重损坏 | 拆建 |

备注：损坏等级由高等级向低等级推定，当有一项满足某高等级的范围时，即将该等级划为相应的高等级。

表 8-2　　建筑物(土筑平房)损坏(保护)等级与地表变形的关系

| 损坏等级 | 建筑物损坏程度 | 地表变形值 | | | 损坏分类 | 结构处理 |
|---|---|---|---|---|---|---|
| | | 水平变形 $\varepsilon$ /(mm/m) | 曲率 $k$ /($10^{-3}$/m) | 倾斜 $i$ /(mm/m) | | |
| Ⅰ | 基础及勒脚出现 1 mm 左右的细微裂缝 | <1 | <0.05 | <1 | 不修 | |
| Ⅱ | 勒脚处裂缝增大,并扩展到窗台下,梁下支承处两侧墙壁开始出现裂缝 | 1～1.5 | 0.05～0.1 | 1～1.5 | 小修 | |
| Ⅲ | 窗台下裂缝扩展到门窗洞上角,梁下墙壁裂缝继续扩展 | 1.5～3 | 0.1～0.3 | 2～7 | 中修 | |
| Ⅳ | 裂缝扩展到檐口下,裂缝宽 20 mm 以上,房屋呈菱形,墙角裂开 | >6.0 | >0.6 | >10.0 | 大修或拆除 | |

备注:损坏等级由高等级向低等级推定,当有一项满足某高等级的范围时,即将该等级划为相应的高等级。

该表引自:我国村庄下采煤的可能性(焦传武,1982)。

### 8.1.3　公路、铁路损坏指标

(1) 采空区地表产生的连续性或非连续性变形,对高速公路的危害主要有:采空区的失稳冒落,地表剧烈变形产生裂缝、陷坑和台阶等;路基沉降造成路基路面局部开裂,使承载力下降,道路等级降低,或造成路面低洼积水,路面浸渍破坏;地表倾斜使路面坡度发生变化,导致高速行驶车辆重心发生偏移,在弯道处侧翻事故频发;地表水平变形和曲率变化使路面受拉伸裂或压缩隆起,路面发生波浪起伏以及路面与路基间局部离层。根据公路设计手册规定,公路破坏等级分类如表 8-3 所示。

(2) 结合公路工程技术标准(JTCB 01—2003)、公路路线设计规范(JTG D 20—2006)、高速公路养护质量检评办法(京交工发[2002]572 号)、公路工程质量检查评定标准(JTGF 80/1—2004)、公路沥青路面设计规范(JTG D 50—2006)等规范中规定对采动区高等级公路破坏分级指标,将采动区高等级公路破坏分为Ⅰ、Ⅱ、Ⅲ、Ⅳ级,对应轻微影响、轻度破坏、中度破坏和严重破坏四类，详细采动变形破坏分级指标如表8-4所示。

表8-3　　公路破坏等级分类表

| 破坏等级 | 破坏特征 | 地表变形值 | | 处理方式 |
|---|---|---|---|---|
| | | 倾斜 $i$ /(mm/m) | 水平变形 $\varepsilon$ /(mm/m) | |
| Ⅰ | 无明显裂缝 | ≤10 | ≤4 | 不修 |
| Ⅱ | 出现裂缝，伴有少量交错支缝，局部凹陷小于25 mm，乘客轻微不舒适 | ≤50 | ≤6 | 平整 |
| Ⅲ | 出现裂缝，路面鼓起或凹陷大于25 mm，雨后积水，对行车有较大影响 | ≤80 | ≤10 | 修补 |
| Ⅳ | 出现裂缝、错台，路面严重破坏，下沉积水，交通中断 | >80 | >10 | 重修、降速使用等级或改道 |

备注：破坏等级由高等级向低等级推定，当有一项满足某高等级的范围时，该等级即划为相应的高等级。

表8-4　　高等级公路采动变形破坏分级指标

| 等级 | 路面移动与变形 | | | |
|---|---|---|---|---|
| | 下沉/mm | 倾斜变形/(mm/m) | 压缩变形/(mm/m) | 拉伸变形/(mm/m) |
| Ⅰ | ≤200 | ≤2 | ≤0.5 | ≤0.5 |
| Ⅱ | ≤500 | ≤3 | ≤1.5 | ≤1.5 |
| Ⅲ | ≤1 500 | ≤6 | ≤3 | ≤3 |
| Ⅳ | >1 500 | >6 | >3 | >3 |

备注：破坏等级由高等级向低等级推定，当有一项满足某高等级的范围时，该等级即划为相应的高等级.

(3) 铁路的破坏程度取决于地表变形值的大小，在不能即时维修情况下能够保证铁路运输安全所允许的地表最大倾斜变形、曲率变形和水平变形值称为铁路的临界变形值，下沉允许值为10 mm，水平变形允许值为1 mm/m，倾斜变形允许值为2 mm/m，曲率允许值为 $0.2\times10^{-3}$/m，具体等级划分如表8-5所示。

**表 8-5　　铁路破坏等级分类表**

| 等级 | 响应特征 | 坡度/(mm/m) | | 曲率/($10^{-3}$/m) | | 大规缝相对比/% | 处理方式 |
|---|---|---|---|---|---|---|---|
| | | 纵向 | 横向 | 凸竖 | 凹竖 | | |
| Ⅰ | 线路个别部位坡度改变，钢轨出现超高变化，但均没突破限差规定 | ＜1 | ＜5 | ＜15 | ＞－10 | ＜1 | 维护 |
| Ⅱ | 线路局部地段坡度改变，钢轨出现超高变化，线路上有大轨缝出现 | 1～1.8 | 5～10 | 15～30 | －10～－15 | 1～3 | 起道串轨 |
| Ⅲ | 线路坡度变化大，有超高异常，大轨缝有规律出现，但均为连续、渐变。 | 1.8～2.8 | 10～15 | 30～50 | －15～－25 | 3～5 | 起道、拨轨、串轨 |
| Ⅳ | 线路坡度及超高变化频繁，大轨缝超过5%，局部地段出现三个以上的瞎缝，有的地方突然坍塌，钢轨悬空 | ＞2.8 | ＞15 | ＞50 | ＜－2.5 | ＞5 | 火车停运，沿线封闭修理 |

备注：破坏等级由高等级向低等级推定，当有一项满足某高等级的范围时，该等级即划为相应的高等级。

### 8.1.4　桥梁损坏指标

梁式桥梁破坏划分为基本完好、轻微破坏、中等破坏、严重破坏以及毁坏5个等级，如表8-6所示。

**表 8-6　　梁式桥梁破坏等级划分**

| 等级划分 | 桥头路堤沉降量/cm | 桥台和桥墩沉降量/cm | 桥台水平位移/cm | 桥墩水平位移/cm | 桥台沉降量/cm |
|---|---|---|---|---|---|
| 基本完好 | — | — | — | — | — |
| 轻微破坏(Ⅰ) | 5～50 | — | 1～5 | | ＜10 |
| 中等破坏(Ⅱ) | 50～100 | 5～10 | 10～20 | ＜10 | — |
| 严重破坏(Ⅲ) | ＞100 | ＞20 | 20～50 | | — |
| 毁坏(Ⅳ) | ＞100 | ＞20 | — | ＞20 | — |

备注：破坏等级由高等级向低等级推定，当有一项满足某高等级的范围时，该等级即划为相应的高等级。

### 8.1.5 土地沉陷损坏指标

参考《土地复垦方案编制规程——井工煤矿》，采煤沉陷土地损毁程度分级标准如表8-7、表8-8、表8-9和表8-10所示。

表8-7 水田损毁程度分级标准

| 损毁等级 | 水平变形/(mm/m) | 附加倾斜/(mm/m) | 下沉/m | 沉陷后水位埋深/m | 生产力降低/% |
|---|---|---|---|---|---|
| 轻度 | ≤3.0 | ≤4.0 | ≤1.0 | ≥1.0 | ≤20.0 |
| 中度 | 3.0～6.0 | 4.0～10.0 | 1.0～2.0 | 0～1.0 | 20.0～60.0 |
| 重度 | >6.0 | >10.0 | >2.0 | <0 | >60.0 |

备注：损坏等级由高等级向低等级推定，当有一项满足某高等级的范围时，该等级即划为相应的高等级。

表8-8 水浇地损毁程度分级标准

| 损毁等级 | 水平变形/(mm/m) | 附加倾斜/(mm/m) | 下沉/m | 沉陷后水位埋深/m | 生产力降低/% |
|---|---|---|---|---|---|
| 轻度 | ≤4.0 | ≤6.0 | ≤1.5 | ≥1.5 | ≤20.0 |
| 中度 | 4.0～8.0 | 6.0～12.0 | 1.5～4.0 | 0.5～1.5 | 20.0～60.0 |
| 重度 | >8.0 | >12.0 | >4.0 | <0.5 | >60.0 |

备注：损坏等级由高等级向低等级推定，当有一项满足某高等级的范围时，该等级即划为相应的高等级。

表8-9 旱地损毁程度分级标准

| 损毁等级 | 水平变形/(mm/m) | 附加倾斜/(mm/m) | 下沉/m | 沉陷后水位埋深/m | 生产力降低/% |
|---|---|---|---|---|---|
| 轻度 | ≤8.0 | ≤20.0 | ≤2.0 | ≥1.5 | ≤20.0 |
| 中度 | 8.0～16.0 | 20.0～50.0 | 2.0～6.0 | 0.5～1.5 | 20.0～60.0 |
| 重度 | >16.0 | >50.0 | >6.0 | <0.5 | >60.0 |

备注：损坏等级由高等级向低等级推定，当有一项满足某高等级的范围时，该等级即划为相应的高等级。

表 8-10　　林地、草地损毁程度分级标准

| 损毁等级 | 水平变形/(mm/m) | 附加倾斜/(mm/m) | 下沉/m | 沉陷后水位埋深/m | 生产力降低/% |
|---|---|---|---|---|---|
| 轻度 | ≤10.0 | ≤20.0 | ≤3.0 | ≥1.0 | ≤20.0 |
| 中度 | 10.0～20.0 | 20.0～50.0 | 3.0～8.0 | 0.3～1.0 | 20.0～60.0 |
| 重度 | >20.0 | >50.0 | >8.0 | <0.3 | >60.0 |

备注：损坏等级由高等级向低等级推定，当有一项满足某高等级的范围时，该等级即划为相应的高等级。

### 8.1.6　管线损坏指标

管线损坏指标可参考《地震现场工作：第三部分　调查规范》对其损坏等级的划分，对管线损坏等级划分如表 8-11 所示。

表 8-11　　管线损毁程度定性分级标准

| 破坏等级划分 | 特　征 |
|---|---|
| 基本完好 | 管线无变形或只有轻度变形，无渗漏发生 |
| 中等破坏 | 管道发生较大变形或屈曲，有轻度破裂或接口拉脱，出现渗漏 |
| 严重破坏 | 管道破裂或接口拉脱，大量渗漏 |

结合以上的定性结果以及《建筑物、水体、铁路及主要井巷煤柱留设与压煤开采规范》中对各类管线设施对地面沉降的曲率和倾斜的允许值和限值的定量规定，可将管道损毁程度划分为三个等级，如表 8-12 所示。

表 8-12　　管道损毁程度等级划分

| 管网种类 | 管网特征 | 破坏等级划分 | ε/(mm/m) | $i$/(mm/m) |
|---|---|---|---|---|
| 煤气管（有接头的，接头与管体等强度） | 地面干管；地下干管和分送管 | 基本完好（Ⅰ） | <8.0 | |
| | | 中等破坏（Ⅱ） | 8.0～15 | |
| | | 严重破坏（Ⅲ） | >15 | |

**续表 8-12**

| 管网种类 | 管网特征 | | 破坏等级划分 | ε/(mm/m) | $i$/(mm/m) |
|---|---|---|---|---|---|
| 输油管(有接头的,接头与管体等强度地下干管) | 地面干管 | | 基本完好(Ⅰ) | ＜8.0 | |
| | | | 中等破坏(Ⅱ) | 8.0～15 | |
| | | | 严重破坏(Ⅲ) | ＞15 | |
| | 地下干管 | 铺设在砂土上 | 基本完好(Ⅰ) | ＜3.0 | |
| | | | 中等破坏(Ⅱ) | 3.0～6.0 | |
| | | | 严重破坏(Ⅲ) | ＞6.0 | |
| | | 铺设在砂质黏土和黏土上 | 基本完好(Ⅰ) | ＜2.0 | |
| | | | 中等破坏(Ⅱ) | 2.0～4.0 | |
| | | | 严重破坏(Ⅲ) | ＞4.0 | |
| 供热管道 | 地面干管 | | 基本完好(Ⅰ) | ＜10 | |
| | | | 中等破坏(Ⅱ) | 10～15 | |
| | | | 严重破坏(Ⅲ) | ＞15 | |
| | 设于地沟内 | | 基本完好(Ⅰ) | ＜6.0 | ＜6.0 |
| | | | 中等破坏(Ⅱ) | 6.0～10 | 6.0～12 |
| | | | 严重破坏(Ⅲ) | ＞10 | ＞12 |
| | 无地沟的干管和分送管 | 铺设在砂土上 | 基本完好(Ⅰ) | ＜4.0 | ＜5.0 |
| | | | 中等破坏(Ⅱ) | 4.0～7.0 | 5.0～8.0 |
| | | | 严重破坏(Ⅲ) | ＞7.0 | ＞8.0 |
| | | 铺设在砂质黏土和黏土上 | 基本完好(Ⅰ) | ＜3.0 | ＜4.0 |
| | | | 中等破坏(Ⅱ) | 3.0～5.0 | 4.0～7.0 |
| | | | 严重破坏(Ⅲ) | ＞5.0 | ＞7.0 |
| 自来水管 | 地面干管 | | 基本完好(Ⅰ) | ＜10.0 | |
| | | | 中等破坏(Ⅱ) | 10.0～15.0 | |
| | | | 严重破坏(Ⅲ) | ＞15.0 | |
| | 地下钢制管道和分水管 | 铺设在砂土上 | 基本完好(Ⅰ) | ＜5.0 | |
| | | | 中等破坏(Ⅱ) | 5.0～8.0 | |
| | | | 严重破坏(Ⅲ) | ＞8.0 | |
| | | 铺设在砂质黏土和黏土上 | 基本完好(Ⅰ) | ＜4.0 | |
| | | | 中等破坏(Ⅱ) | 4.0～6.0 | |
| | | | 严重破坏(Ⅲ) | ＞6.0 | |

备注:破坏等级由高等级向低等级推定,当有一项满足某高等级的范围时,该等级即划为相应的高等级。

### 8.1.7 地质环境评价指标

地质环境评价因子按其对地质环境质量正负效应的不同可分为正效应因子和负效应因子。所谓正效应因子是指地质环境质量随因子指标值的增大而变好；负效应因子是指地质环境质量随因子指标值的增大而变差。各评价因子的指标量化分级一般采用4值逻辑分类法，通过对地质环境质量影响因子数据的统计分析，确定因子最优和最差极限值，划定指标的级差范围。在两个极限值之间，按一定的级差，以阈值递减或递增规律取值来实现量化分级。依照相关规程和标准将评定矿山地质环境的评价因子及矿山地质环境质量划分为"好""较好""较差"和"差"4个等级，具体如表8-13所示。

**表8-13　地质环境各评价因子等级划分**

| 指标名称 | | 评价等级 | | | |
|---|---|---|---|---|---|
| | | 好(级) | 较好(级) | 较差(级) | 差(级) |
| 地质背景 | 地形地貌 | 平缓的沙滩地区 | 较平缓的黄土丘陵及土石丘陵区 | 切割较强烈的黄土丘陵及土石丘陵区 | 切割强烈的黄土沟壑区 |
| | 断层密度/(km/km²) | <0.5 | 0.5～1 | 1～1.5 | >1.5 |
| | 坡度/(°) | <15 | 15～25 | 25～45 | 45～90 |
| 矿产开发 | 采空区面积比/% | <1 | 1～5 | 5～10 | >10 |
| | 采矿坑口数量/个 | <3 | 3～5 | 5～8 | >8 |
| | 弃渣占地面积/hm² | <1 | 1～5 | 5～10 | >10 |
| 地质灾害 | 塌陷影响范围/km² | <0.2 | 0.2～0.5 | 0.5～0.8 | >0.8 |
| | 地裂缝面积/km² | <0.05 | 0.05～0.15 | 0.15～3 | >0.3 |
| | 最大累计沉降量/m | <0.1 | 0.1～1 | 1～2 | >2 |
| | 地面沉降面积/km² | <0.2 | 0.2～0.5 | 0.5～0.8 | >0.8 |
| 水文植被 | 雨季降雨量/mm | <100 | 100～300 | 300～500 | >500 |
| | 植被覆盖率/% | >60 | 40～60 | 20～40 | <20 |

# 8.2　系统设计

## 8.2.1　建设思路

为了为资源开发地面沉降预测及危害性评价等提供理论和技术方法，本章以地理信息系统作为开发平台，集成沉降监测、地层、地质、采矿等基础数据及沉降预测模型、风险性评价指标，构建资源沉降分析系统，为政府部门管理、决策等提供技术支撑。

## 8.2.2　系统框架设计

系统采用分层结构框架思想。分层结构可以降低层与层之间的依赖程度，需求变更时很容易用新的实现来替换原有层次的实现，有利于标准化和各层逻辑的复用。逻辑上分为“四层架构、两大保障”，如图 8-1 所示。

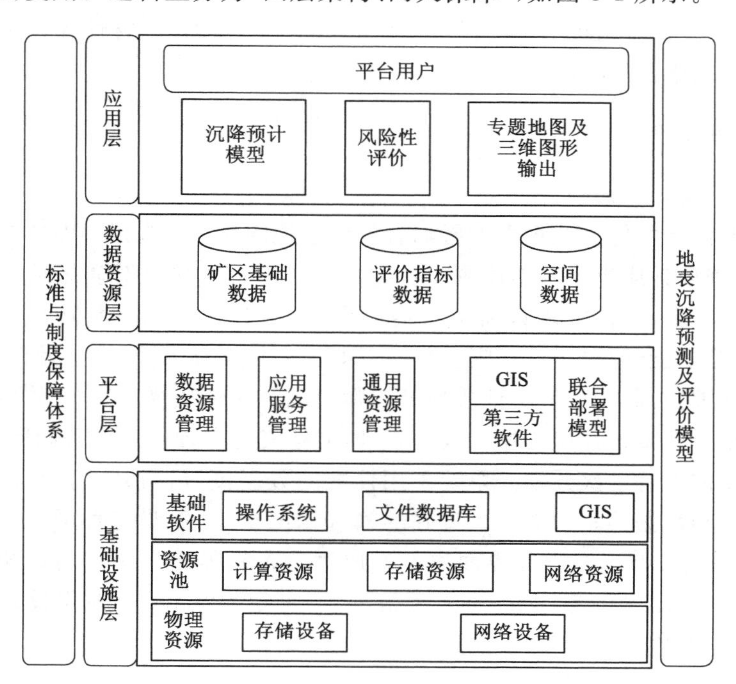


图 8-1　系统框架设计

四层架构包括基础设施层、管理层、数据层和服务层，主要内容如下：

（1）基础设施层。基础设施层是将计算资源、存储资源等物理资源进行整合，形成适宜的高性能计算环境、可移植存储环境，满足矿区复杂、多样的基础地质数据的存储与管理，完成高运算量的地表沉降预测运算，以及展示相应专题地图和三维图。

（2）平台层。平台层是地面沉降灾害风险评价指标体系及分析平台的枢纽。功能主要包括数据资源管理、应用服务管理、通用资源管理、GIS 相关控件等。

（3）数据资源层。矿区基础数据主要由沉陷预计范围和相关参数，建构筑物、道路、管线分布情况，矿区地质环境等组成。评价指标数据是依据相关规程规范及示范区实际情况而确定的一系列指标数据。空间数据主要包括矿区地形图、影像数据、InSAR 数据等。数据资源层为地面沉降灾害风险评价、分析及展示提供了数据支撑。

（4）应用层。应用层是面向各类用户需求，通过结合基础数据、沉降预测模型、风险性评价指标等，实现资源开发地面沉降预测、危害性评价和相应专题地图及三维图的输出。

### 8.2.3 框架设计

#### 8.2.3.1 设计原则

框架设计的优劣在根本上影响着软件系统的质量。在满足基本功能的前提下，系统设计应满足基本原则：① 实用性原则。为满足对矿区地质环境评价的基本需求，分析实现该需求所需的数据读取、转换、存储、管理、查询、分析、显示等功能，通过设计清晰、简洁、友好的人机交互界面，设计操作简单、便于管理和维护，同时可解决地质环境实际问题的评价系统。② 开放性和可扩展性原则。框架设计应遵循开放性原则，能够支持多种硬件设备和网络系统，以及软硬件支持二次开发。系统采用标准的数据接口，与其他信息系统进行数据交换和数据共享的能力。良好的输入输出接口，可为各种增值业务提供接口。③ 用户自定义性和界面友好性原则。人机界面是用户与系统交互的主要环境，系统提供与 Windows 风格一致、可定制、完全个性化设计的友好的、易操作的界面。

#### 8.2.3.2 系统开发环境

地面沉降灾害风险评价指标及分析平台是基于 Visual studio 开发平台，利用 ArcGIS 二次开发组件库来实现地理数据分析、整合和处理功能。在开发语言上选择 Visual C# 进行平台的编写和实现以及功能模块的封装等。系统界面则是采用符合大众用户操作习惯的 Windows 经典友好操作界面设计。系统开发环境详细配置见表 8-14。

**表 8-14　　系统开发环境**

| 操作系统 | Windows 7 旗舰版 | 操作系统 | Windows 7 旗舰版 |
| --- | --- | --- | --- |
| 开发平台 | Visual studio 2010 组件库 | ArcGIS Engine 10.1 | |
| 系统编程语言 | Visual C# 2010 界面设计工具 | DXperience Universal-13.2.6 | |

8.2.3.3　平台技术架构

平台的核心功能模块主要包含资源开发地面沉降预测和危害性评价。该平台通过对不同保护对象进行地面沉降灾害风险性评价，并生成专题图和三维图，用于直观展示预计和评价结果，为政府部门管理、决策等提供技术支撑。

地表沉降预测模块中采用的数学模型来源于《建筑物、水体、铁路以及主要井巷煤柱留设与压煤开采规范》《矿山开采沉陷学》等文献，并结合相关的研究成果对其优化。在计算原则中，明确了地表移动与变形计算可采用叠加计算原理。计算块段可按实际开采工作面划分，也可将邻近的工作面进行合并，对于倾角、采厚变化较大的工作面应分割划分，对已有实测资料的矿区，应首先参考本区的预测参数，无实测资料的矿区，可参考类似地质采矿条件矿区的预测参数，依据预计区的地质采矿条件确定。对于符号取值遵循参考了《建筑物、水体、铁路以及主要井巷煤柱留设与压煤开采规程》的相关规定。对于数据取位给出了明确的标准，包括地质采矿条件数据取位、预测参数数据取位和计算结果数据取位，具体见表 8-15、表 8-16、表 8-17 和表 8-18。

**表 8-15　　地质采矿条件数据取位要求**

| 名称 | 采深/m | 采厚/m | 煤层倾角/(°) | 工作面角点坐标/m | 预计点坐标/m | 方位角/(°) |
| --- | --- | --- | --- | --- | --- | --- |
| 取位 | 1 | 0.01 | 0.1 | 1 | 1 | 0.1 |

**表 8-16　　预测参数数据取位要求**

| 名称 | 下沉系数 $q$ | 水平移动系数 $b$ | 采动程度系数 $n_1, n_3$ | 主要影响角正切 $\tan\beta$ | 长度参数 /m | 角度参数 /(°) |
| --- | --- | --- | --- | --- | --- | --- |
| 取位 | 0.01 | 0.01 | 0.01 | 0.01 | 0.1 | 0.1 |

**表 8-17　　预测参数数据取位要求**

| 名称 | 下沉/mm | 水平移动/mm | 倾斜变形/(mm/m) | 曲率变形/($10^{-3}$/m) | 水平变形/(mm/m) | 下沉速度/(mm/d) |
|---|---|---|---|---|---|---|
| 取位 | 0.01 | 0.01 | 0.01 | 0.01 | 0.1 | 0.1 |

**表 8-18　　点间距与开采深度关系表**

| 开采深度 | <50 | 50～100 | 100～200 | 200～300 | >300 |
|---|---|---|---|---|---|
| 点间隔 | 5 | 10 | 15 | 20 | 25 |

平台技术架构如图 8-2 所示。

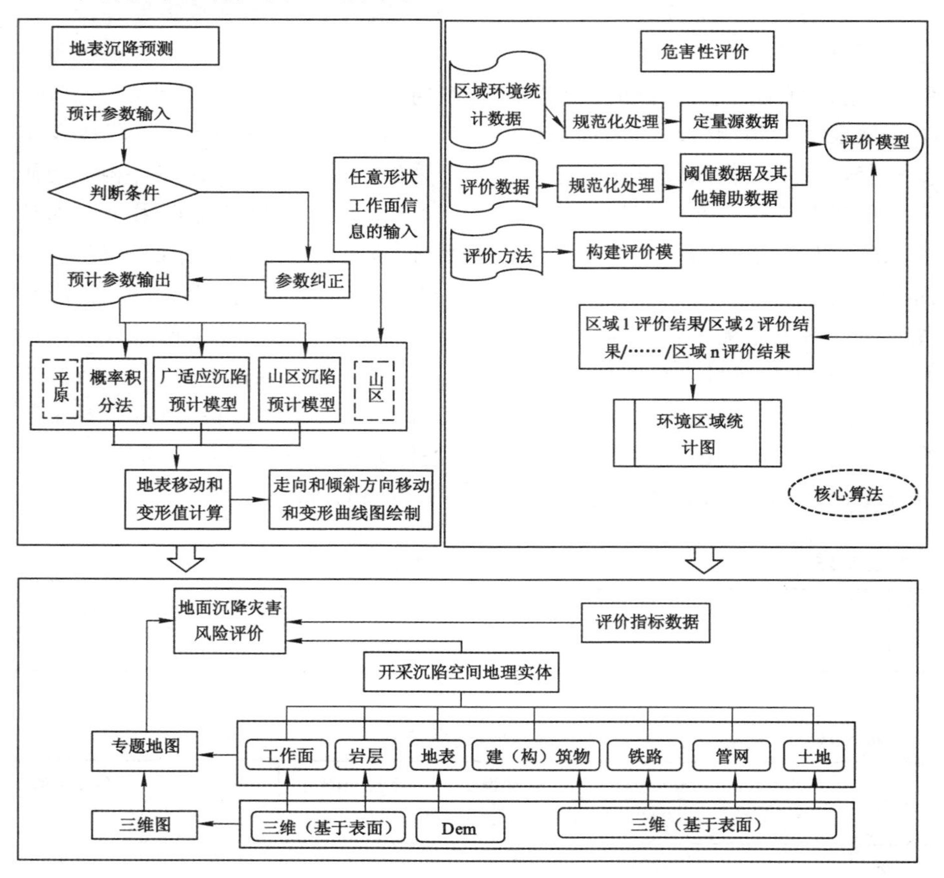


图 8-2　技术架构

#### 8.2.3.4　平台数据架构

平台数据架构如图8-3所示，沉陷预计模型所采用的数据来源主要有煤层底板等高线图、储量图、采掘工程平面图、地质剖面图、钻孔柱状图、地质地形图等矿区各种采矿地质图、实测的钻孔数据以及各种测量数据和物探数据等。

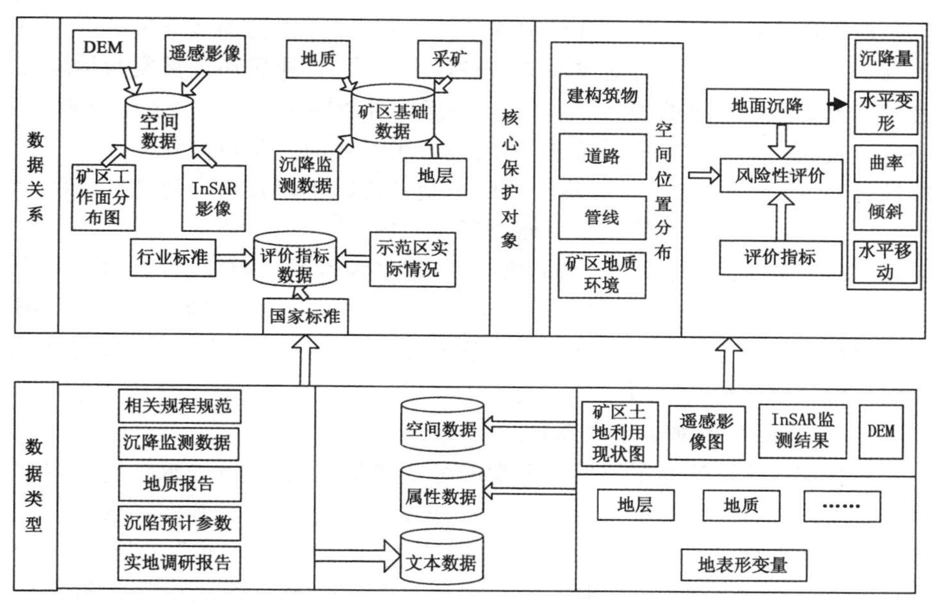


图8-3　数据架构设计

### 8.2.4　地质环境评价模型

地质环境评价模型的建立依赖于对地质环境影响因素的深入了解，是地质模型的量化版本，但是由于现有评价方法本身的功能限制，以及与地质实践结合时的复杂性影响，建立模型并非是一件易事，应遵循以下原则：

(1) 所选取的评价方法必须能够代表区域地质环境的本质。

(2) 评价模型本身对数据有一定的要求。地学数据多种多样，如何以一套简明而全面的指标来表达地质过程，是建立有效的评价模型的关键。

(3) 正确认识数学方法在反映对象时的功能优劣及模型的解释能力。要弄清数学方法的缺陷，必要时要用多种同类功能的数学模型作比较计算。

(4) 经数学处理过的信息，尤其属于结论的信息，须与原始多维资料反复对比检验，确保其正确性。

总之，必须注重评价模型与实际对象之间所有细节的研究，以确保评价方法使用的有效性。评价指标体系是由若干个单项评价指标组成的有机整体，它既要反映评价的目标和要求，又要全面、合理、科学和实用，具有较强的可推广性。

地质环境评价是一项非常复杂的系统工程，许多因素都对评价结果产生影响。不同的开采方式对地质环境的破坏水平不同，地质环境恢复与治理也是矿区地质环境评价的关键因素等，同一指标可能同时属于几个质量级别，只是对各级别的隶属程度不同而已，因此很难用经典的数学模型划分统一的标准进行度量，必须合理选取评价区域的典型评价因子以及适合研究区域的评价方法。评价系统针对矿区主要地质环境问题，选取地质背景、矿产开发、地质灾害以及研究区生态要素（水文植被等）作为评价系统指标层，同时每个指标层又包含众多评价因子，例如：开采方式、地形地貌、地面塌陷面积等，系统运用模糊综合评价法、层次分析法、灰色系统模型等方法模型，下面对主要模型的评价过程进行简单的介绍。

#### 8.2.4.1　模糊数学综合评价模型

模糊综合评价法是基于模糊数学的综合评价方法，该方法根据模糊数学隶属度理论把定性评价转化为定量评价，即用模糊数学对受到多种因素制约的事物或对象做出一个总体的评价。它具有结果清晰、系统性强的特点，能较好地解决模糊、难以量化的问题，适合各种非确定性问题的解决，其关键是计算模糊矩阵。

（1）评价指标选取并建立层次结构模型

针对矿区存在的地质环境的特殊性和复杂性，选取地质背景、矿产开发、地质灾害和水文植被作为一级评价因子构成要素层，各一级评价因子又包含若干子评价因子。层次结构的质量对于评价结果的精度具有重要的作用，图8-4即为评价系统的层次结构模型。

（2）权重计算

层次分析法在多准则评估方面已被证明是有效的决策分析方法，故系统中集成了AHP法确定评价因子的权重。首先确定研究区域主要地质环境影响因子，由专家组对评价因子进行逐个比较，确定相互之间的重要性，建立判断矩阵，判断矩阵中的标度值根据表8-19所示的1～9比较标度法得到。求出矩阵的特征向量，进行归一化处理得到特征向量即同一指标层下各评价因子的权系数集。为保证判断矩阵的可靠性，需要进行一致性检验。

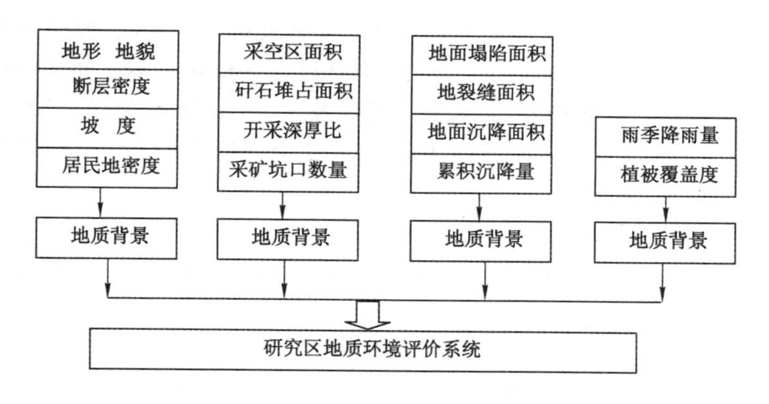


图 8-4　评价层次结构模型

**表 8-19**　　比较标度表

| 甲乙指标相比 | 极重要 | 很重要 | 重要 | 略重要 | 相等 | 略不重要 | 不重要 | 很不重要 | 极不重要 |
|---|---|---|---|---|---|---|---|---|---|
| 甲指标评价值 | 9 | 7 | 5 | 3 | 1 | 1/3 | 1/5 | 1/7 | 1/9 |

一致性检验运用公式 $CI=(\lambda_{max}-n)/(n-1)$，式中 $n$ 为判断矩阵的阶数。平均随机一致性指标($RI$)是对矩阵特征的计算进行大量重复随机判断后取其算术平均数得到的。当 $n>2$、$CR=(CI/RI)<0.1$ 时，认为判断矩阵的一致性是可以接受的，否则需要对判断矩阵进行重新调整。一致性指标数值 $RI$ 见表 8-20。

**表 8-20**　　平均随机一致性指标表

| 矩阵阶数 | 1 | 2 | 3 | 4 | 5 | 6 | 7 | 8 | 9 | 10 | 11 |
|---|---|---|---|---|---|---|---|---|---|---|---|
| $RI$ | 0 | 0 | 0.58 | 0.9 | 1.12 | 1.24 | 1.32 | 1.41 | 1.45 | 1.49 | 1.51 |

(3) 隶属度的确定

$$\mathbf{A}(c_{ij})=\begin{bmatrix} c_{11} & c_{12} & \cdots & c_{1j} \\ c_{21} & c_{22} & \cdots & c_{2j} \\ \vdots & \vdots & & \vdots \\ c_{i1} & c_{i2} & \cdots & c_{mn} \end{bmatrix} \tag{8-1}$$

其中 $c_{ij}$ 表示第 $i$ 个评价指标关于第 $j$ 个等级的隶属度。因此，模糊关系矩阵 $\mathbf{A}$ 中的第 $\boldsymbol{i}$ 行 $\mathbf{A}(c_i)=(c_{i1} \quad c_{i2} \quad \cdots \quad c_{in})$，$i=1,2,\cdots,m$，代表了第 $i$ 个评价因子对各级环境质量标准的隶属性；而模糊关系矩阵的第 $j$ 列 $\mathbf{A}(c_j)=(c_{1j} \quad c_{2j} \quad \cdots \quad c_{mj})$，$j=1,2,\cdots,n$，则代表了各个评价因子对 $j$ 级环境质量标准的隶属性。

(4) 评价结果计算

矩阵合成是基于评价因子权重集与模糊关系矩阵的乘积，根据最大隶属原则，确定评价对象最终隶属的评价等级。

#### 8.2.4.2 灰色系统模型法

在现实生活中，由于信息的不确定性和统计误差，用单个实数表示对象的属性值难以描述事物本身所包含的内涵。邓聚龙教授提出的灰色系统理论能较好地解决以上问题。地质环境评价是涉及多种因素的综合评价，灰色系统模型可以在信息不完全明确的情况下对系统进行聚类分析。灰色白化函数聚类的一般步骤：

(1) 聚类白化数的无量纲处理

为了消除量纲的影响，便于对聚类样本数据的计算和综合分析，需对聚类样本的原始白化数进行标准化无量纲处理。

设有 $n$ 个评价对象 $x_1,x_2,\cdots,x_n$，每个评价对象中含有 $p$ 个评价因子，则评价区域为一个 $p$ 维空间的向量：

$$\boldsymbol{x}_i = (x_{i1},x_{i2},\cdots,x_{ip}) \tag{8-2}$$

因此可以构成原始数据矩阵对该矩阵进行无量纲处理。

$$\boldsymbol{f}(x_{i,j}) = \begin{bmatrix} x_{11} & x_{12} & \cdots & x_{1p} \\ x_{21} & x_{22} & \cdots & x_{2p} \\ \vdots & \vdots & \cdots & \vdots \\ x_{n1} & x_{n2} & \cdots & x_{np} \end{bmatrix} \tag{8-3}$$

(2) 标准化灰类并确定聚类权重

聚类权是用来衡量各个聚类指标在综合决策中所占的地位和作用。灰色聚类模型中综合考虑了指标权。

(3) 建立白化函数

白化函数反映了聚类指标对各灰类的亲疏关系，是计算聚类系数的依据，是聚类分析的重要基础。每个评价因子都有一个划分等级的范围，同时也是灰类的区间范围。设统计灰类数为 $1,2,\cdots,m$，以 $x$ 为自变量绘制白化权函数 $f_k(x)$，$k=1,2,\cdots,m$。白化权函数 $f_k(x)$ 的一般形式为：

$$f_k(x_{ij})=\begin{cases}\dfrac{x_{ij}-x_1}{x_2-x_1},x_{ij}\in[x_1,x_2]\\1,x_{ij}\in[x_2,x_3]\\\dfrac{x_4-x_{ij}}{x_4-x_3},x_{ij}\in[x_3,x_4]\\0,x_{ij}<x_1、x_{ij}>x_2\end{cases}\tag{8-4}$$

其中 $x_{ij}$ 为原始白化数，$x_k$ 为评价因子的灰类划分阈值。

（4）聚类系数的确定

聚类系数反映了聚类样本对各个灰类的亲疏关系，是通过生成的白化函数加上聚类权重而得到的，把各个聚类对象同属的灰类按最大原则归类进行归纳，即为灰色聚类的结果。图 8-5 即为灰色矩阵模型的处理流程。

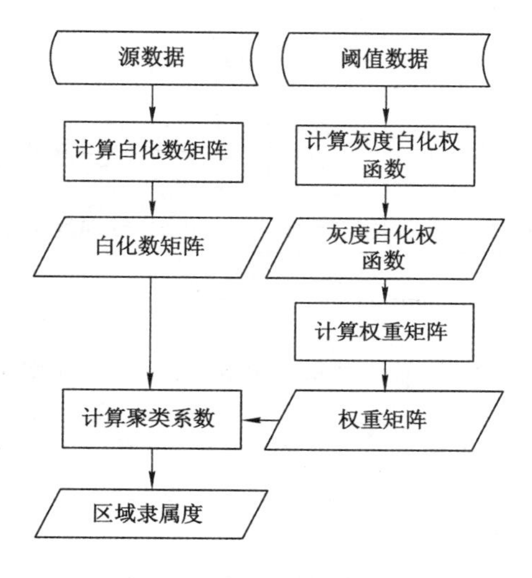


图 8-5　灰色矩阵模型处理流程

### 8.2.5　平台运行模式

运用传统的人工评价手段进行地质环境评价，一般是依靠人为地选择自然区段作为评价单元，人为因素参与较多，评价分析周期长，评价过程繁琐，且不易及时动态分析评价。考虑到矿区地质环境复杂多变，且受人为因素的影响较严重，评价过程中的数据处理量很大，外加地质环境评价是一个复杂的地学多源信息综合分析的过程，地学信息处理和综合分析的模型十分复杂，因此运用传统手段显然难以满足矿区地质环境评价的需求。

ArcGIS 软件具有的较强数据处理和编辑能力，能够便于处理评价过程中产生的海量数据，其超强的制图和分析能力能够满足各种专题图的输出，对各时期的评价变化进行动态监测和分析比较，研究其变化规律。同时根据 ArcGIS 软件已有的模型，使得计算更为简单快捷，而且可以根据需要对原有的模型进行改进，二次开发专门的评价系统，实现传统手段无法实现的功能，为科学决策提供可靠依据。传统评价模式以及基于 ArcGIS 的评价模式对比见表 8-21。

**表 8-21　　两种评价模式的对比**

| 项目 | 传统评价模式 | 基于 ArcGIS 软件的评价模式 |
| --- | --- | --- |
| 评价主体 | 以人为主 | 人机结合 |
| 评价单元划分 | 多为自然区段 | 栅格型单元为主，可人为控制单元尺寸 |
| 评价单元的选取 | 人为给定 | 人与计算机交互实现 |
| 评价周期 | 长 | 实现实时评价 |
| 可操作性 | 较差 | 较强 |
| 评价数据 | 多为图纸或表格或文字 | 存储在计算机数据库中 |
| 评价结果 | 人工绘制成图或文字说明 | 计算机成图、显示 |
| 灵活性 | 数据不易编辑修改，可重用性差 | 随时调用、查询、编辑、可重用性强，便于二次开发 |
| 评价代价 | 很大 | 相对较小 |

利用 ArcGIS 技术进行地质环境评价的主要流程如图 8-6 所示。

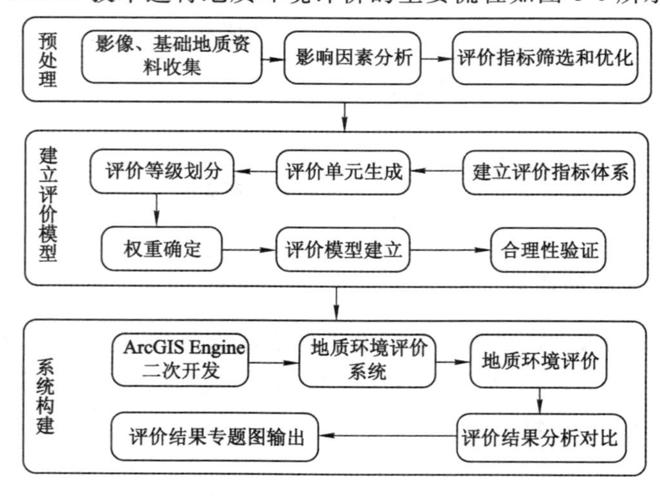


图 8-6　评价系统流程图

平台是以地面沉降预测为基础,结合地质资料、实际调研材料和相关空间数据资料,对矿区范围内建构筑物、道路、管线和矿区地质环境进行风险性评价。平台运行模式如图 8-7 所示。

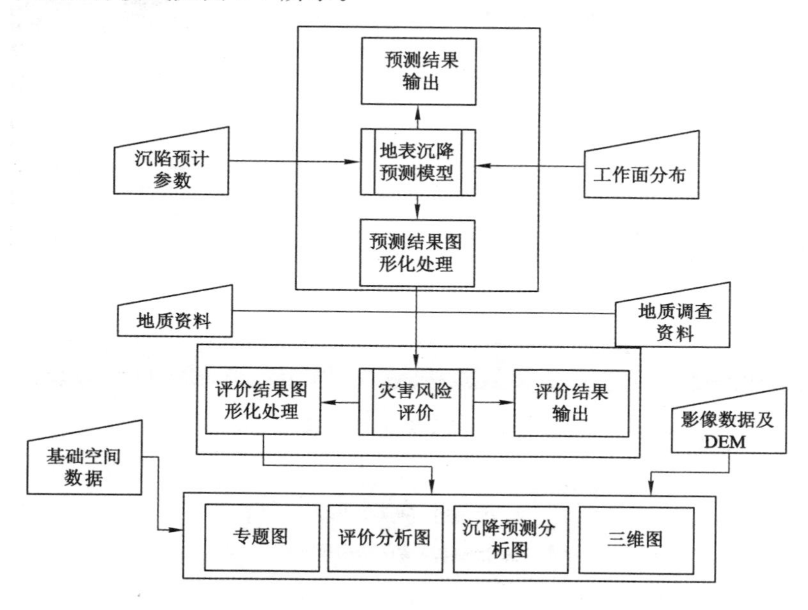


图 8-7　平台运行模式

## 8.3　平台实现

### 8.3.1　界面设计

界面的设计十分重要,为满足不同用户的需求,必须将操作界面设计得简单直观,良好的界面整体布局能在一定程度上提高工作效率。系统主界面(图 8-8)主要包括菜单栏、工具栏、图层控制区、鹰眼、制图区等部分,每部分功能不同,通过不同功能的协调组合来满足用户的各种应用需求。

#### 8.3.1.1　基本功能模块

(1) 地图操作模块

主要包括地图的“新建”“打开”“保存”“另存为”“导出 JPEG”以及“添加数据”等地图操作功能,如图 8-9 所示。

图 8-8　系统主界面

图 8-9　地图操作功能模块

(2) 图层控制控件(TOC)

图层控制区是加载图形时用于图层信息的显示。在加载图层时,图层控制区就会显示所有已加载的图层,同时提供相关功能子菜单(包含打开属性表以及移除功能)便于用户操作。

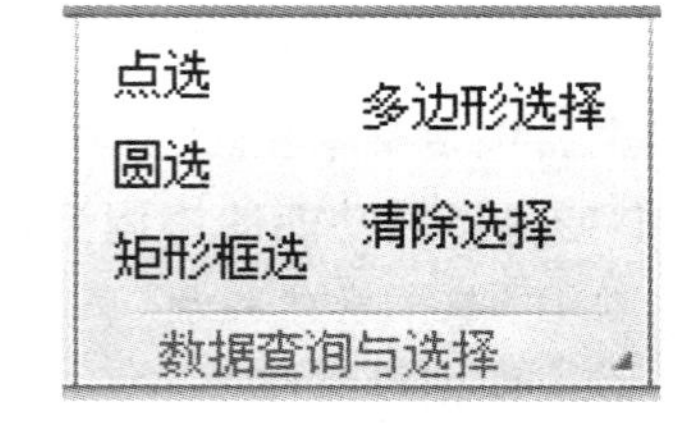


图 8-10　数据查询与选择

(3) 数据的分析查询模块

鼠标选取模式可以实现点选、圆选、矩形框选、多边形选择获得不同对象的属性信息,如图 8-10 所示。

(4) 数据编辑模块

系统提供简单的图形数据编辑模块，包括在图层添加点对象、折线对象以及多边形（面）对象，如图 8-11 所示。

图 8-11　添加对象功能

### 8.3.1.2　主要功能模块

（1）数据格式转换

矿区提供的源数据大多为 DWG 格式数据，DWG 到要素类的转换操作重复且复杂。评价系统中集成了 DWG 数据一键转换工具，可将 DWG 格式的矿图数据转换为存储在 MDB 中按照图层属性存储的要素类；同时提供矢量向栅格数据转换工具，实现不同数据格式之间的转换，如图 8-12、图8-13 和图 8-14 所示。

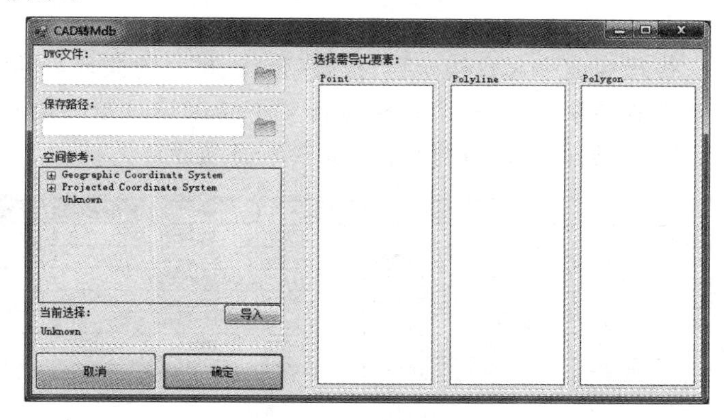


图 8-12　DWG 转 MDB

图 8-13　矢量转栅格

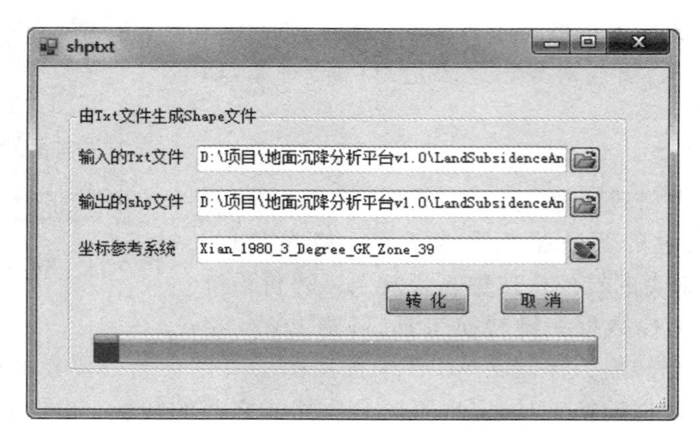


图 8-14　文件数据与空间数据间的转换

根据上文规程规范中对建构筑物、道路、管线、矿区地质环境的定量评价，结合地面沉降预测结果，对每一个预测点针对不同保护对象的地面沉降灾害风险性评价，并作为属性数据进行存储，如图 8-15 所示。

| u | e | it | kt | ut | et | 建构筑物损 | 公路损坏等 |
|---|---|---|---|---|---|---|---|
| 2.593172 | .036251 | -.01579 | .000147 | -1.969155 | .018400 | 2 | 1 |
| 1.372234 | .019135 | -.00961 | .000101 | -1.196994 | .012604 | 1 | 1 |
| .686052 | .009541 | -.005297 | .000070 | -.659212 | .008703 | 1 | 1 |
| .305868 | .004244 | -.00264 | .000039 | -.328263 | .004888 | 1 | 1 |
| .131874 | .001826 | -.001224 | .000020 | -.152103 | .002496 | 1 | 1 |
| .048210 | .000664 | -.000477 | .000009 | -.059246 | .001127 | 1 | 1 |
| .016131 | .000224 | -.000112 | .000003 | -.013908 | .000341 | 1 | 1 |
| 0 | 0 | 0 | 0 | 0 | 0 | 1 | 1 |
| 0 | 0 | 0 | 0 | 0 | 0 | 1 | 1 |
| 0 | 0 | 0 | 0 | 0 | 0 | 1 | 1 |
| 0 | 0 | 0 | 0 | 0 | 0 | 1 | 1 |
| 0 | 0 | 0 | 0 | 0 | 0 | 1 | 1 |
| 0 | 0 | 0 | 0 | 0 | 0 | 1 | 1 |

图 8-15　依据评价指标和地面沉降预测结果的灾害等级评价

(2) 地面沉降预测模块

在沉降预测模块中实现了单个矩形工作面沉陷预测、任意形状多工作面沉陷预测、单工作面动态预测和采空区动态沉降预测(煤炭开采后，采空区随时间变化产生的地表形变)。

① 单个矩形工作面沉陷预测

预测参数可以通过从参数文件读取，也可以通过手工方式输入。

如图 8-16 所示，界面提示预测参数是否从“参数文件”获取，点击“是”，则选择参数文件。点击“否”，则手工输入，如图 8-17 所示。

盆地计算
输入
保存
手动输入角点坐标
X
Y
盆地角点坐标
0
0
盆地角点坐标
0
200
盆地角点坐标
200
200
盆地角点坐标
200
0
计算点间距(m)
计算方向(o)
确定
取消
x
y
下沉
倾斜
水平移动
水平变形
曲率
判断
是否从文件中读取预测参数
是(Y)
否(N)

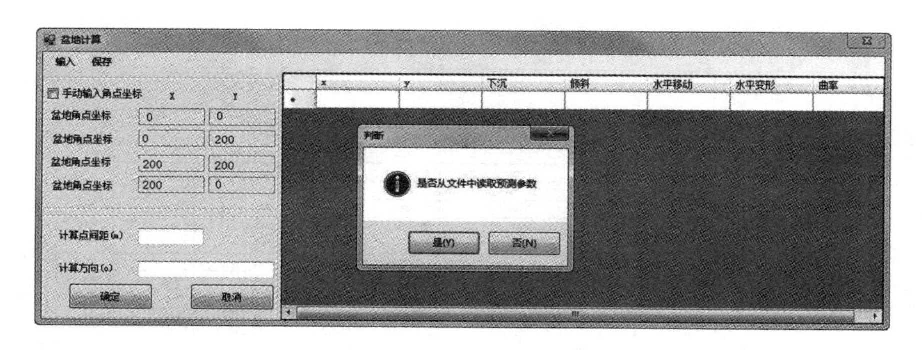

图 8-16　单个矩形工作面沉陷预测

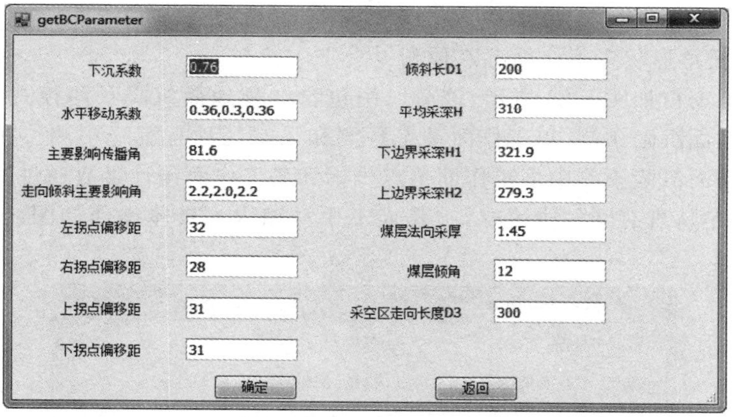

getBCParameter
下沉系数
0.76
水平移动系数
0.36,0.3,0.36
主要影响传播角
81.6
走向倾斜主要影响角
2.2,2.0,2.2
左拐点偏移距
32
右拐点偏移距
28
上拐点偏移距
31
下拐点偏移距
31
倾斜长D1
200
平均采深H
310
下边界采深H1
321.9
上边界采深H2
279.3
煤层法向采厚
1.45
煤层倾角
12
采空区走向长度D3
300
确定
返回

图 8-17　手工输入沉陷预测参数

其中，工作面角点信息通过两种方式输入：一是从文件中读取；二是手工输入。如图 8-18 所示，进行选择。

判断
是否从文件中读取工作面角点
是(Y)
否(N)

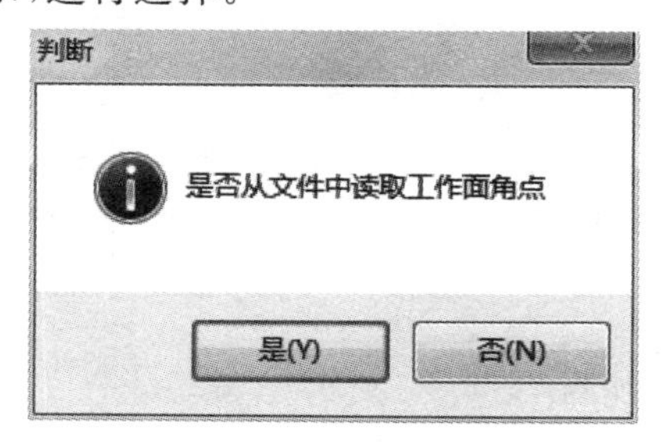

图 8-18　工作面角点输入方式

点击“确定”，进行预测，如图 8-19 所示。



| x | y | 下沉 | 倾斜 | 水平移动 | 水平变形 | 曲率 |
|---|---|---|---|---|---|---|
| 0 | 0 | 0.0000 | -0.7252 | -45.7628 | -0.0128 | 6.8201 |
| 0 | 10 | -109.4254 | -1.6677 | 1063.9452 | -0.0103 | 17.0363 |
| 0 | 20 | -109.4254 | -1.6200 | 1066.6668 | -0.0094 | 16.5222 |
| 0 | 30 | -109.4254 | -1.5481 | 1070.7748 | -0.0081 | 15.7978 |
| 0 | 40 | -109.4254 | -1.4518 | 1076.2460 | -0.0064 | 14.8644 |
| 0 | 50 | -109.4254 | -1.3210 | 1083.6732 | -0.0041 | 13.6219 |
| 0 | 60 | -109.4254 | -1.1790 | 1091.5905 | -0.0016 | 12.2980 |
| 0 | 70 | -109.4254 | -1.0320 | 1099.7646 | 0.0010 | 10.9331 |
| 0 | 80 | -109.4254 | -0.8625 | 1109.0264 | 0.0040 | 9.3593 |
| 0 | 90 | -109.4254 | -0.6886 | 1118.4515 | 0.0070 | 7.7298 |
| 0 | 100 | -109.4254 | -0.5109 | 1128.0961 | 0.0102 | 6.0472 |
| 0 | 110 | -109.4254 | -0.3588 | 1136.2515 | 0.0129 | 4.5712 |

图 8-19 沉陷预测结果展示

② 任意形状多工作面沉陷预测

预测窗口如图 8-20 所示，该窗口中包含 3 种地面沉降预测模式：任意形状多工作面沉陷预测、单工作面动态预测和采空区动态沉降预测。在任意形状多工作面沉陷预测中多工作面角点坐标和各工作面预计参数通过两种方式输入：一是从现有文件中读取，二是人工手动输入。具体操作如图 8-21 至图 8-24 所示。

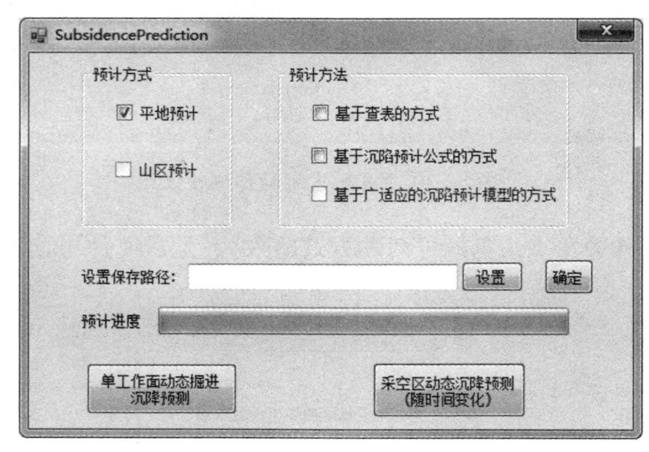


图 8-20 任意形状多工作面沉陷预测

③ 单工作面动态预测

单工作面动态预测以固定掘进速度为节点输出地面沉降预测结果，掘进速度中包含掘进时间和静止时间，如图 8-25 所示。

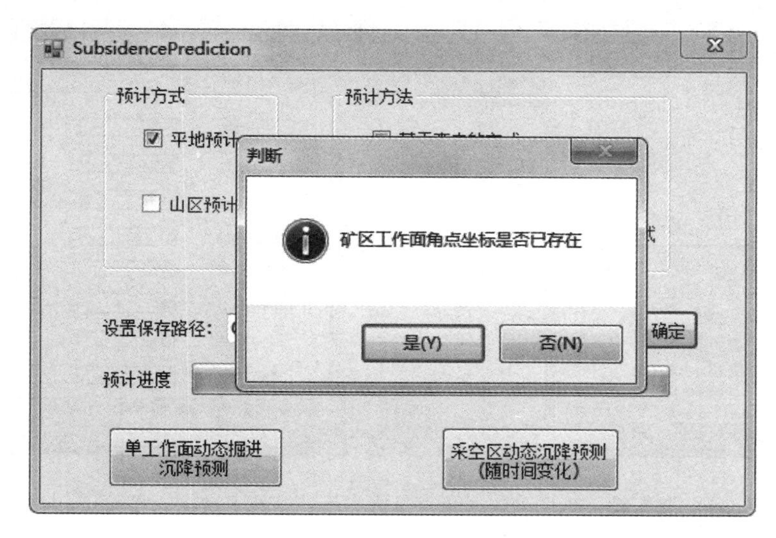


图 8-21　矿区工作面角点读取方式

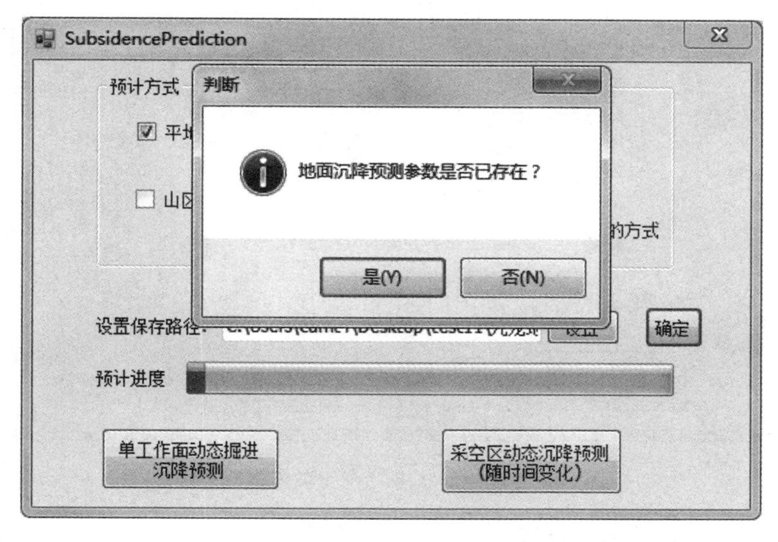


图 8-22　矿区工作面沉陷预测参数读取方式

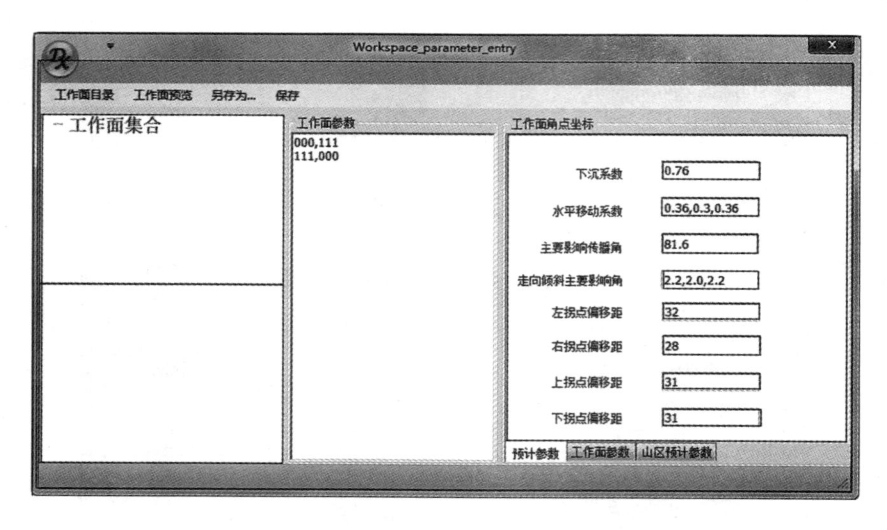


图 8-23　矿区工作面角点坐标和预计参数手动输入界面

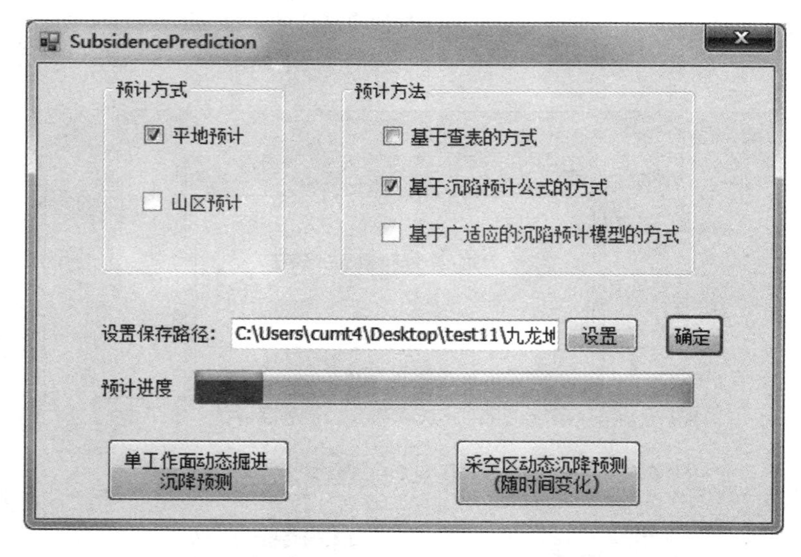


图 8-24　任意形状多工作面沉陷预测过程

设置沉降预测参数和工作面角点坐标路径及其预测结果保存路径，如图 8-26 所示。

预测结果如图 8-27 所示。

④ 采空区动态沉降预测

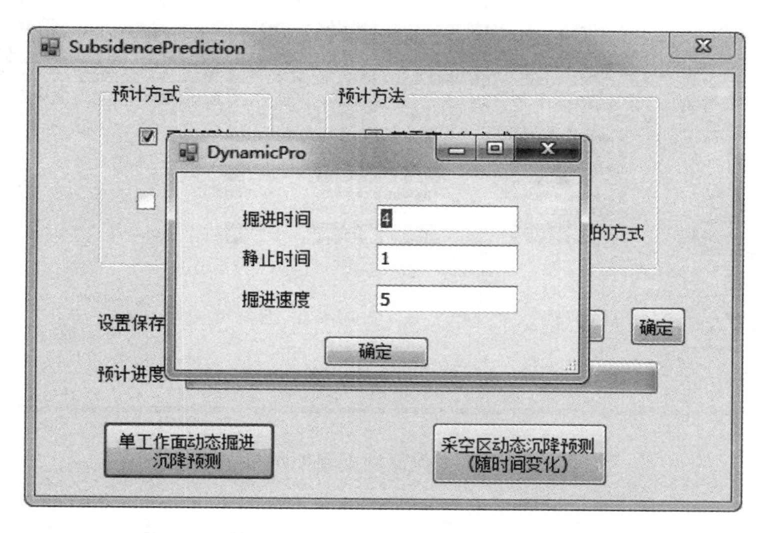


图 8-25　单工作面动态预测之掘进速度参数设置

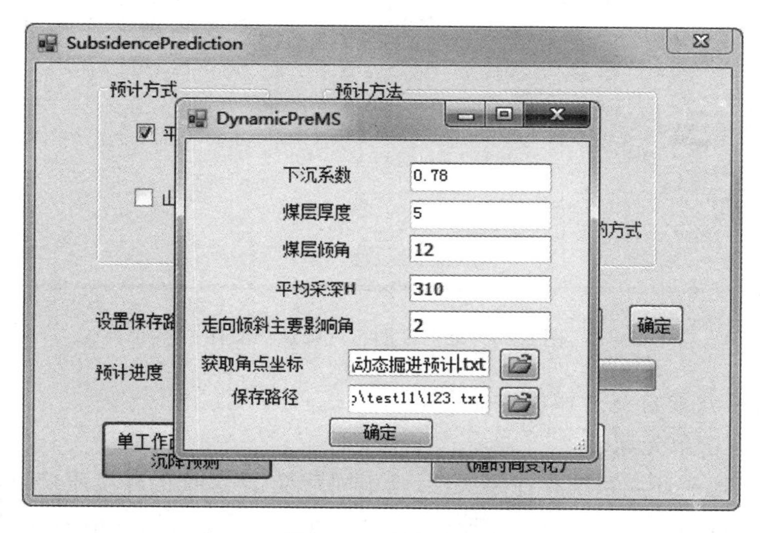


图 8-26　参数设置

当煤炭开采后，矿区会在一段时间内继续发生地表形变。针对该现象，依据矿区相关研究，将矿区停采时间作为参数，预测矿区范围内在停采 90 天内的地表形变情况，预测结果文件，如图 8-28 所示。

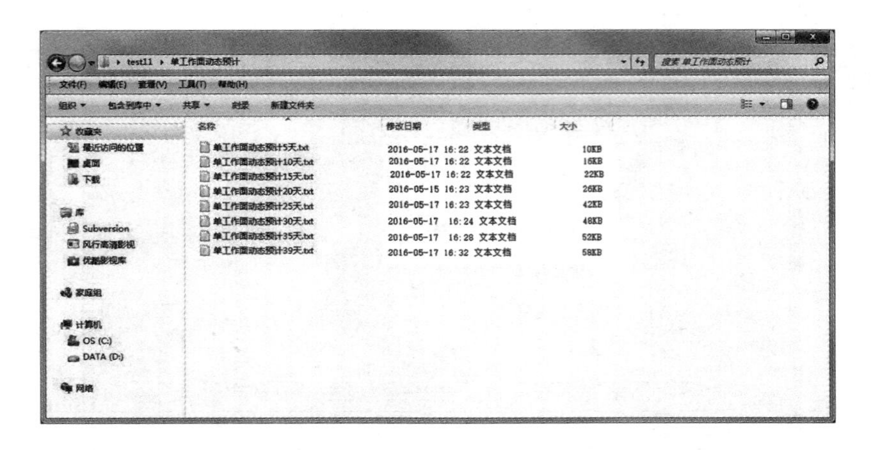


图 8-27　单工作面动态预测结果文件

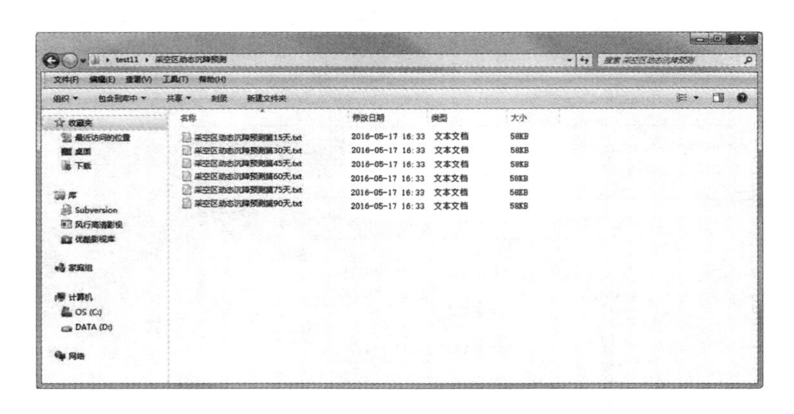


图 8-28　采空区动态沉降预测文件

#### 8.3.1.3　煤矿区地质环境评价

① 评价单元划分

由于地质环境系统存在层次性，且不同系统、子系统的环境质量影响因子不同，所以应首先对评价单元进行层次性划分，本系统采用网格划分，将评价区域划分为自定义大小形状规则的网格(图 8-29)。

② 分区统计模块

统计每个格网范围内评价因子的原始数据，并将每个格网中评价因子的数据作为格网属性数据存储(图 8-30)。

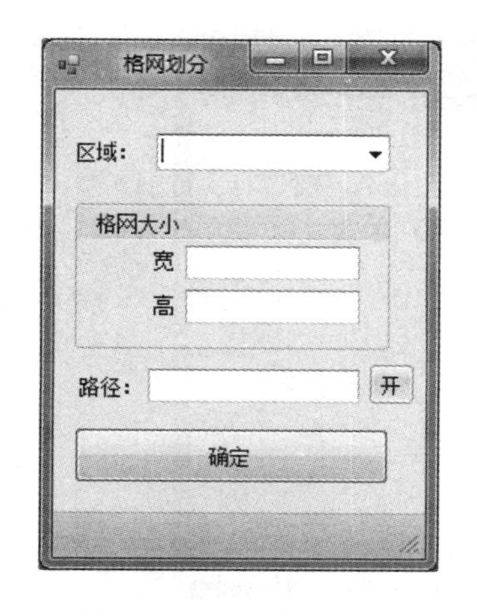


图 8-29　评价单元划分

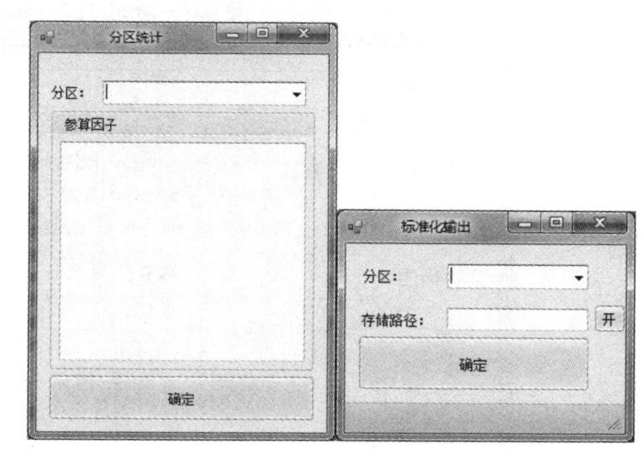


图 8-30　分区统计并输出

③ 评价模型

地质环境评价系统中包含三个评价模型：模糊综合数学评判法、灰色系统模型、层次分析法(图 8-31)，对评价区域进行相应的计算。

④ 统计分析模块

评价结果进行分析统计。评级系统提供了专题图制作的功能，用户可以方便地制作出专题地图(图 8-32)。

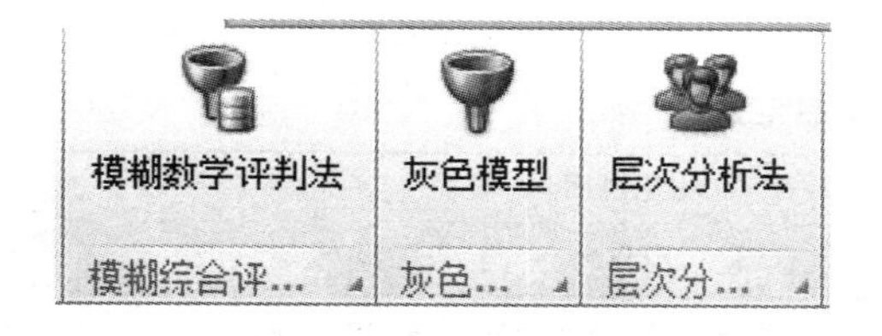


图 8-31　评价模型类别

图 8-32　统计分析模块

#### 8.3.1.4　专题图输出模块

系统可以对地图窗口显示的专题地图进行输出，将输出结果存储在磁盘指定位置(图 8-33)。

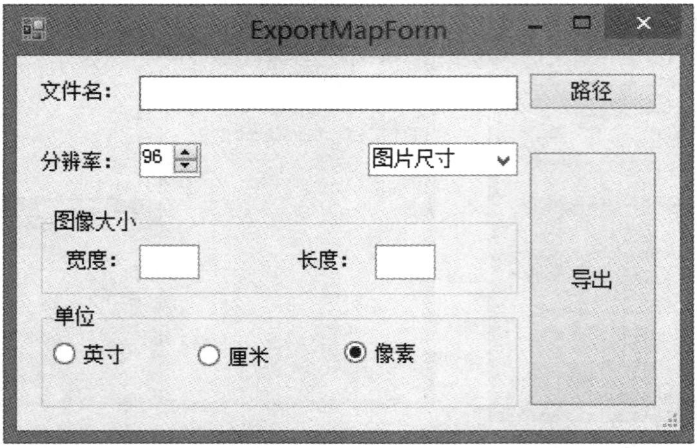

图 8-33　专题图导出

## 8.3.2　数据输入

地质环境评价的相关数据主要来源于遥感影像数据、地面测量数据、野外调查、相关部门已有资料的支持等。指标数据在搜集的过程中进行数据系统量化、检查、修改，通过 Excel、Access 等软件进行录入，形成统一的数据文件(.xls 或.mdb 等)。根据系统需求将系统外挂属性数据库设置如表 8-22 至表 8-25 所示。

**表 8-22　　数据表信息汇总**

| 表　名 | 功能说明 |
| --- | --- |
| 用户信息数据表 | 用户信息表，存储用户信息，包括用户名、密码、权限级别 |
| 判断矩阵表 | 专家判定评价因子的相对等级关系，确定判断矩阵，用于确定评价指标的权重 |
| 权重表 | 判断矩阵确定的各个指标相对其他指标的权重 |
| 评价等级表 | 评价结果显示，每个评价区域的等级唯一，将评价等级数据进行专题图分析 |
| 灰色模型-源数据 | 存储用于灰色系统模型的评价因子数据类别，用户可根据评价区域的差别增删评价因子，充分体现用户的自定义性 |

续表 8-22

| 表　名 | 功能说明 |
| --- | --- |
| 模糊数学评判法-源数据 | 存储用于模糊综合数学模型的评价因子，模糊数学评判法-源数据子数据，评价因子分为两级，一级评价因子和二级评价因子。用户可根据评价区域的差别增删评价因子，充分体现用户的自定义性 |
| 模糊数学评判法-阈值 | 存储用于模糊综合数据评价法的评价因子划分不同等级的阈值数据，将该评价因子的每个等级范围值进行存储 |
| 灰色模型-标准数据 | 存储用于灰色系统模型的评价因子划分不同等级的阈值范围数据 |

**表 8-23　　用户信息数据表**

| 表名 | 用　户 | |
| --- | --- | --- |
| 列名 | 数据类型 | 说明 |
| ID | 长整型 | 自动编号、递增、无重复 |
| User_id | 文本 | 用户名 |
| User_ps | 文本 | 密码 |
| User_limit | 长整型 | 0 用户权限，不能对数据进行修改<br>1 管理员权限，可以对数据进行更新删除等 |

说明：用户信息表、存储用户名、密码以及权限等信息，用户登录系统的凭证，系统通过该表中的权限信息完成功能的加载。

**表 8-24　　判断矩阵数据表**

| 表名 | 判断矩阵数据表 | |
| --- | --- | --- |
| 列名 | 数据类型 | 说明 |
| ID | 长整型 | 自动编号、递增、无重复 |
| 评价因子 | 双精度型 | 相对重要程度 |

说明：判断矩阵数据表，存储专家对各个指标的相对重要性评判数据，矩阵中上三角元素与下三角中相应数据互为倒数。

**表 8-25　　评价等级表**

| 表名 | 评价等级表 | |
| --- | --- | --- |
| 列名 | 数据类型 | 说明 |
| ID | 长整型 | 自动编号、递增、无重复 |

续表 8-25

| 表名 | 评价等级表 | |
| --- | --- | --- |
| 好 | 长整形 | 0 代表不是此等级,1 代表为好等级 |
| 较好 | 长整形 | 0 代表不是此等级,1 代表为较好等级 |
| 较差 | 长整形 | 0 代表不是此等级,1 代表为较差等级 |
| 差 | 长整形 | 0 代表不是此等级,1 代表为差等级 |

说明:根据评价模型对评价单元进行等级评价,根据最大隶属度原则判定评价区的等级。

### 8.3.3 数据处理

(1) 数据格式转换

矿区提供的系统所需地质环境数据大多为 DWG 格式数据,DWG 到要素类的转换操作重复且复杂,评价系统中集成 DWG 格式数据一键转换工具,可将 DWG 格式的矿图数据转换为存储在 MDB 中按照图层属性存储的要素类。地面沉陷预测和灾害风险评价结果为文本文件,为实现可视化展示,平台可实现按照用户需求对原始数据进行抽取、转化、加载、分析和加工,最终转换为目标空间数据。

(2) 评价单元划分

评价单元的划分对评价结果的准确性和精确度具有重要影响。本系统采用网格法将研究区划分成自定义大小形状规则的网格。在进行网格划分时,要充分考虑评价区域的大小、获取评价地区资料的详细程度等,综合各个评价因素,统计各个网格范围内评价因子要素的定量数据,最终应用评价模型计算得各网格所属的矿山地质环境等级。评价单元划分流程如图 8-34 所示。

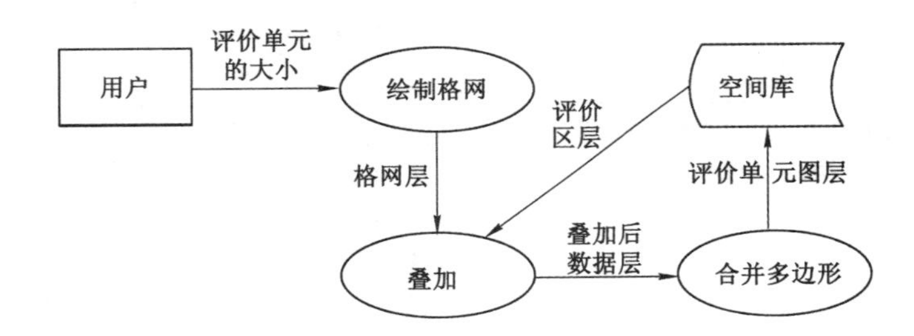


图 8-34 评价单元划分流程

地质环境评价区划原则：

① 综合性原则。地质环境综合评价影响因素众多，且区域不同，甚至同一区域各因素对不同地质环境问题产生的影响不同，为避免使用单一因子的局限性，在评价时贯彻综合性原则是很必要的。

② 主导因子原则。在综合分析并选出用于地质环境综合评价区划的区域因子后，还需进一步抓住主要矛盾，确定主导因子。然后找出主次区域因子之间的关系，从而为确定各区域因子的权重分配提供理论依据。

③ 相似性原则。相似性原则又称相对一致性原则，这一原则是各种地质环境问题综合评价、区划的通用原则。将相似的地区划归为一个评价区域，将不相似的地区划归为不同区域。当大的评价区域中，有甲、乙两亚区，对亚区来说，甲乙是不相似的，不能划归为一个区域，但在区域中，甲、乙则是相似的，可以合并。

④ 区域完整性原则。区域完整性原则又称区域内部联系性原则，也是很多区划予以考虑的一项原则。区域不外乎两大类：自然区域和行政区域。前者可分为地质、地貌、气候和流域水系等；后者可分为省、市、地、州和县等。地质环境问题是一种自然现象，但它又会对特定范围内所存在的一切人和物造成危害，因此其又具有社会性。而地质灾害和缓变性地质环境问题的防治和救援工作必须依靠各级政府来完成，且我国现行的防灾、抗灾和救灾工作的组织实施原则都是以地方政府为主，按行政区域采取统一的组织指挥来完成的，因此，区划时考虑行政区域的完整性是有其现实意义的。

⑤ 敏感性原则。在地质环境评价中，会出现某一评价因子的微小波动和某一因素达到某一临界值对地质环境安全性、适宜性都会产生较大影响的现象。对这一问题，在评价中应该充分重视敏感因子和因子临界值，尽量使其以量化形式具体化。

⑥ 针对性原则。评价时，应该根据具体的评价尺度和评价目的，选择相应精度的对应指标。地质环境安全评价，应该把安全放在第一位，其次是适宜性。

(3) 数据分区统计

矢量数据分区统计在算法上具有较高的时间和空间复杂度，不适用于多区域多形状的数据统计方法，比较而言栅格数据连续分布易获得任意位置任意形状的分区统计数据 ，所以系统采用连续栅格数据为统计的基础数据集成矢量到栅格数据格式转换工具，以分区内涵盖像元的平均值作为数据统计结果，参与模型计算。

(4) 指标数据的更新

评价指标数据是区域地质环境状况的抽象反映，地质环境随着时间的推移不断变化，因而系统设计指标数据由用户根据评价区域的不同自定义更新，从而保证评价结果的真实性。

### 8.3.4 模型计算

基于矩阵计算的模型计算方法较为复杂，模糊关系矩阵、白化数矩阵以及权重矩阵等矩阵的正确快速计算是模型评价结果准确的必要条件。系统集成了包括矩阵乘法、求逆、求特征根、特征向量在内的必要矩阵运算方法，在此基础上完成了评价结果的计算，实现对示范矿区地质环境的空间分析及评价，并运用唯一值渲染的方法输出评价等级结果专题图。

平台采用 ArcGIS 应用贯穿评价系统的整个过程，以模糊数学综合评价模型和灰色系统模型为评价方法，构建了矿区地质环境评价体系，得到每个评价单元的评价结果，最终生成研究区的评价等级图。对比分析可知，利用模糊数学模型和灰色系统模型评价结果基本一致，说明评价结果基本可靠。但是由于很多评价因子的选取存在一定的主观性，由此引起的评价结果误差有待进一步提高，而且在实际应用中应结合实际地质环境状况分析对比选出最优的计算模型。

该评价系统具有很多优点：系统集成了顺序操作的数据处理模块，便于普通用户操作与理解，且模型的计算速度较快，评价周期缩短，评价模型中的参数可以自由改进，能提高评价结果的准确性。且与传统的数据方式相比，评价结果的直观性增强，传统的评价结果主要是通过人工绘制成图或文字说明，利用评价系统可以实现计算机成图和显示。

在计算机成图和显示模块中，平台主要基于 GIS 二次开发模块对 GIS 空间数据资源进行处理，实现地理服务和空间数据显示。平台展示模块如图 8-35所示。

空间数据源主要来源于现有空间数据和平台成果数据。平台成果数据主要包括沉降预测和灾害风险评价结果。为可视化成果数据，平台可实现按照用户需求对原始数据进行抽取、转化、加载、分析和加工，最终转换为目标空间数据。流程如图 8-36 所示。

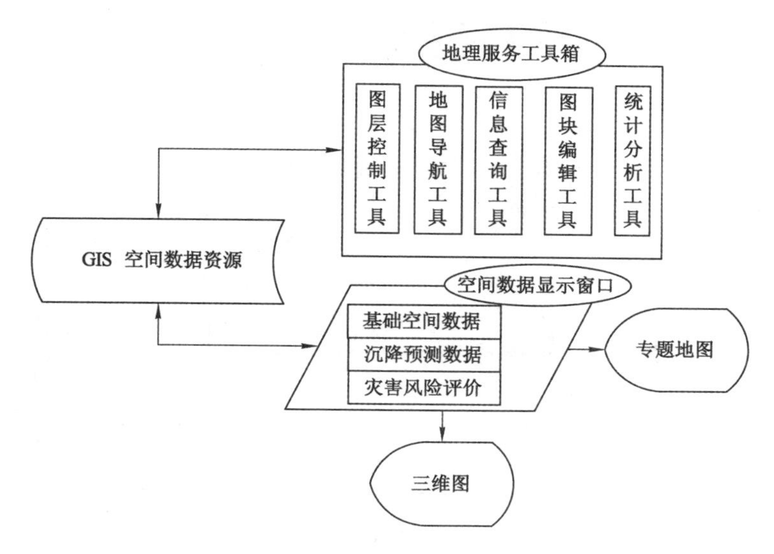


图 8-35 平台展示模块

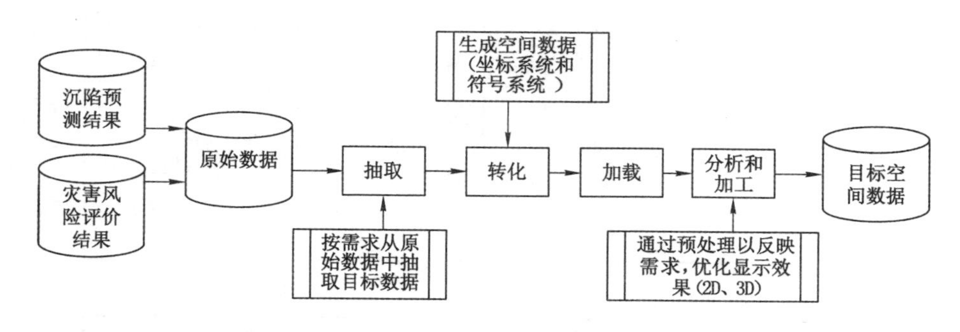


图 8-36 平台展示数据流

### 8.3.5 成果展示

依据需求对地面沉降预测和灾害评鉴结果进行抽取、转化、加载、分析和加工,并转换为目标空间数据。基于 Windows Form 和 ArcGIS 组件对目标空间数据过程显示如图 8-37 至图 8-49 所示。

(1) 基于 Windows Form 的沉降预测等值线

(2) 走向主要断面上的地表移动变形曲线

首先设置沉陷预测结果数据源、标题、$X$ 轴、$Y$ 轴及图例,如图 8-37 所示。

走向主断面上的地表移动变形曲线如图 8-38 所示。

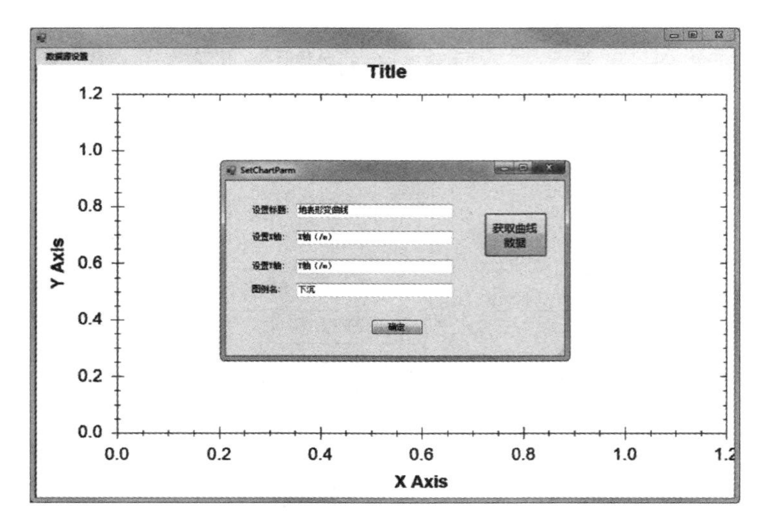


图 8-37　基本参数设置

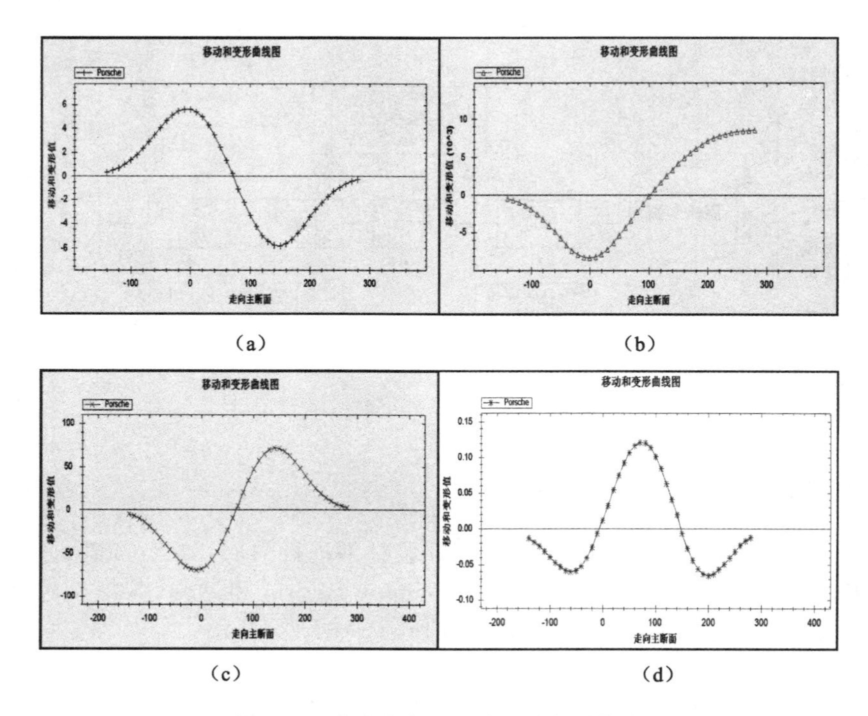


（a）　（b）　（c）　（d）

图 8-38　走向主断面地表移动变形曲线

(a) 倾斜;(b) 水平移动;(c) 水平变形;(d) 曲率

(3) 地表移动变形三维曲面

基于 Windows Form,实现地面沉降预测地表移动变形的三维展示,包括三维曲面图、三维曲面及等值线对照图和三维柱状图,如图 8-39 至图 8-41 所示。

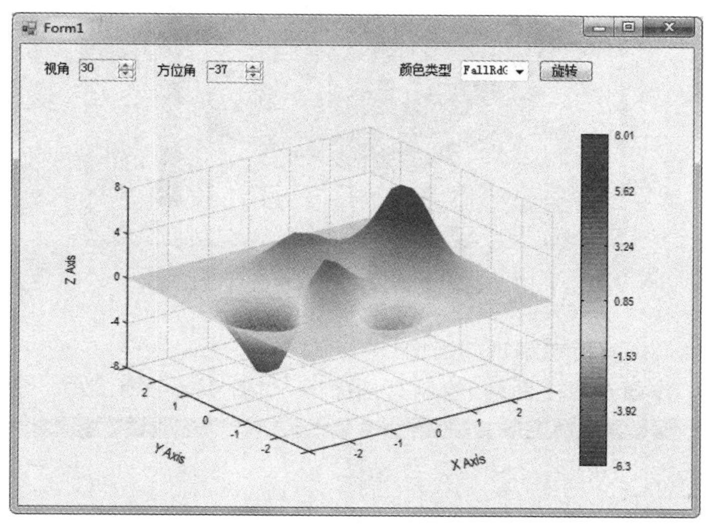


图 8-39　地面沉降预测三维曲面图

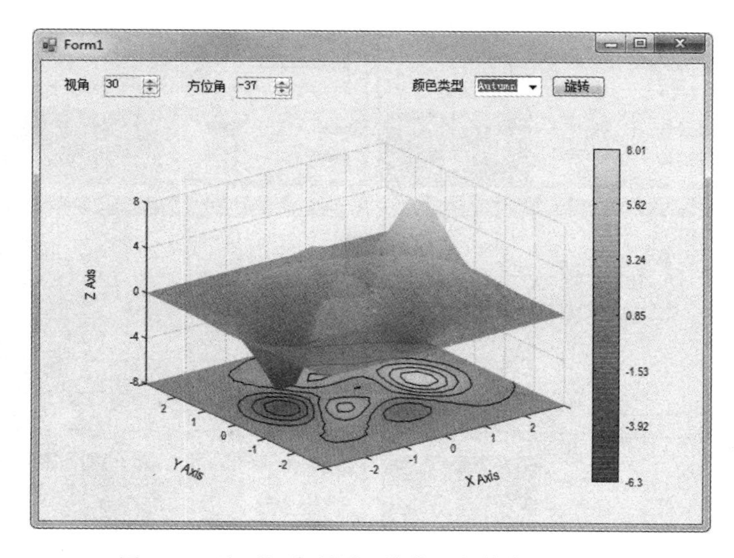


图 8-40　地面沉降预测三维曲面与等值线对照图

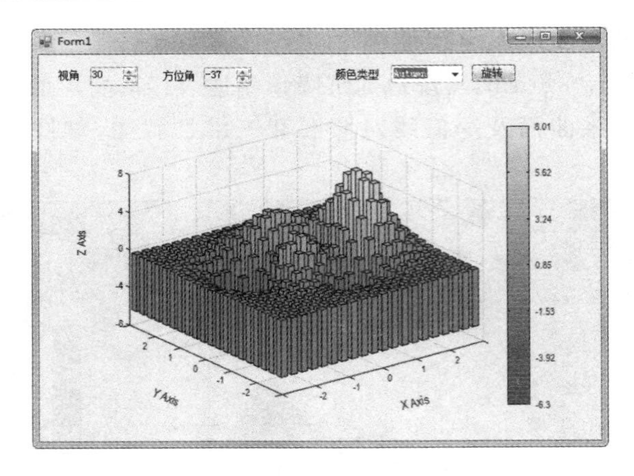


图 8-41　地面沉降预测三维柱状图

(4) 单工作面动态掘进剖面图

取单工作面走向主断面,绘制其剖面图,如图 8-42 所示。

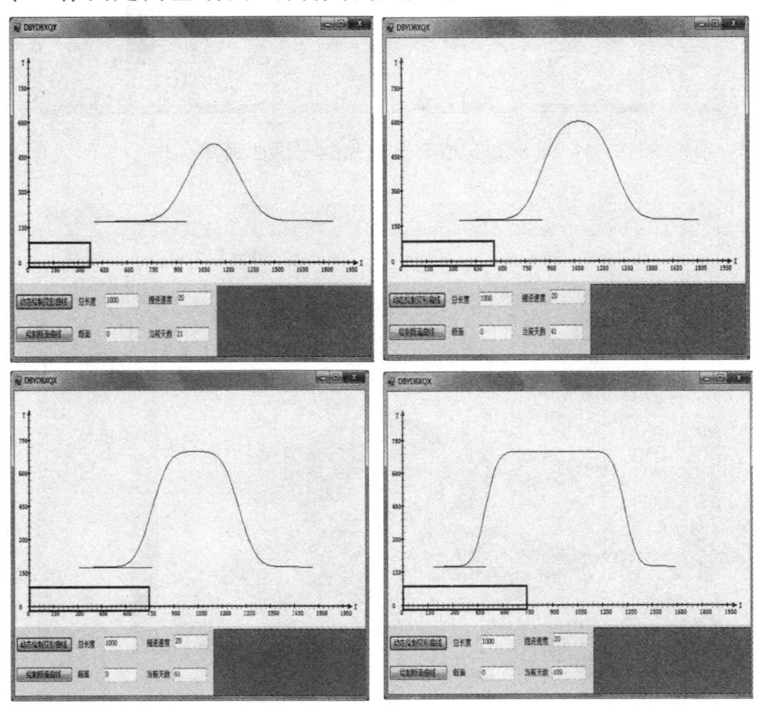

图 8-42　单工作面动态掘进剖面图

(5) 三维地形模型构建

通过获取高程数据进行处理得到等高线数据,并对其标注高程,如图8-43所示。

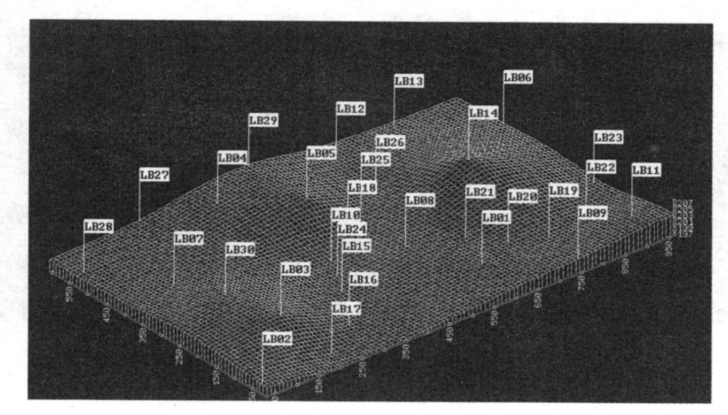


图 8-43　地形网格模型

给地形网格赋予颜色来区分地形的高低,如图 8-44 所示。

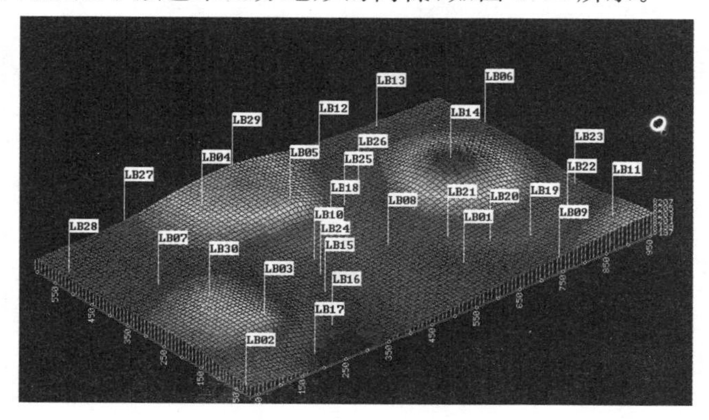


图 8-44　地形 Color 模型

地形过于平坦时,地形的起伏趋势就很难辨别,此时可以通过 $Z$ 值的拉伸来获取地形的起伏趋势(图 8-45)。

地面的趋势不是一成不变的,它可能会出现沉降,此时可以通过两幅网格图形进行差分,获取地面的变形情况,通过颜色区分可以得到地表的变形程度。

(6) 基于 ArcGIS 模块的空间表达

根据地面沉降预测结果,依据沉降、倾斜、曲率、水平移动和水平变形结果

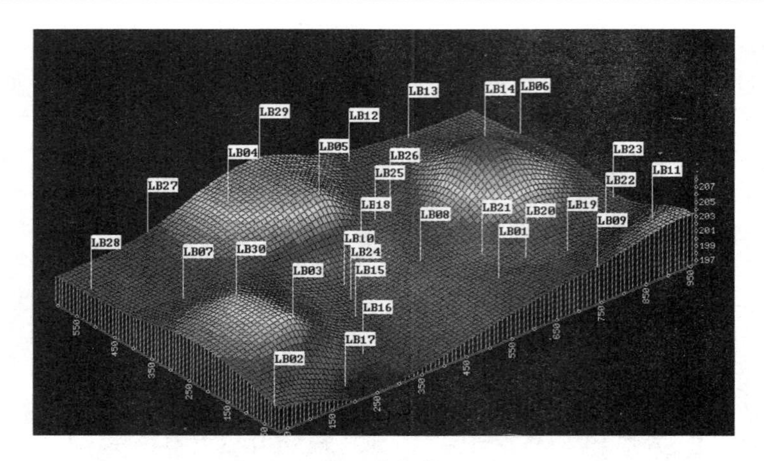


图 8-45　*Z* 值拉伸的地形

生成等值线图。图 8-46 所示为九龙矿区地面沉降预测的下沉等值线图。

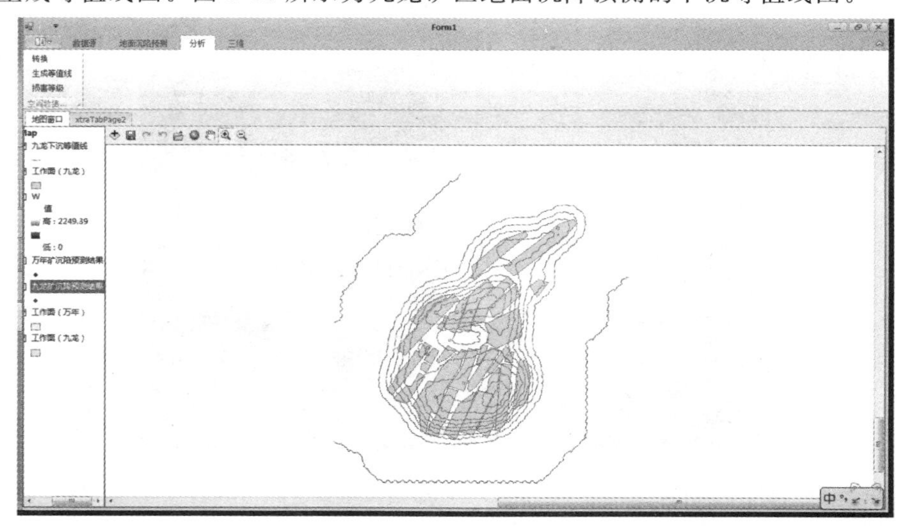


图 8-46　九龙矿区地面沉降预测下沉等值线图

根据沉降值和评价标准，灾害评价等级如图 8-47 所示。

(7) 基于 ArcScene 模块实现地面预测结果的三维可视化

基于九龙和万年矿区地面沉降预测结果和该区域影像数据，进行三维展示，如图 8-48 和图 8-49 所示。

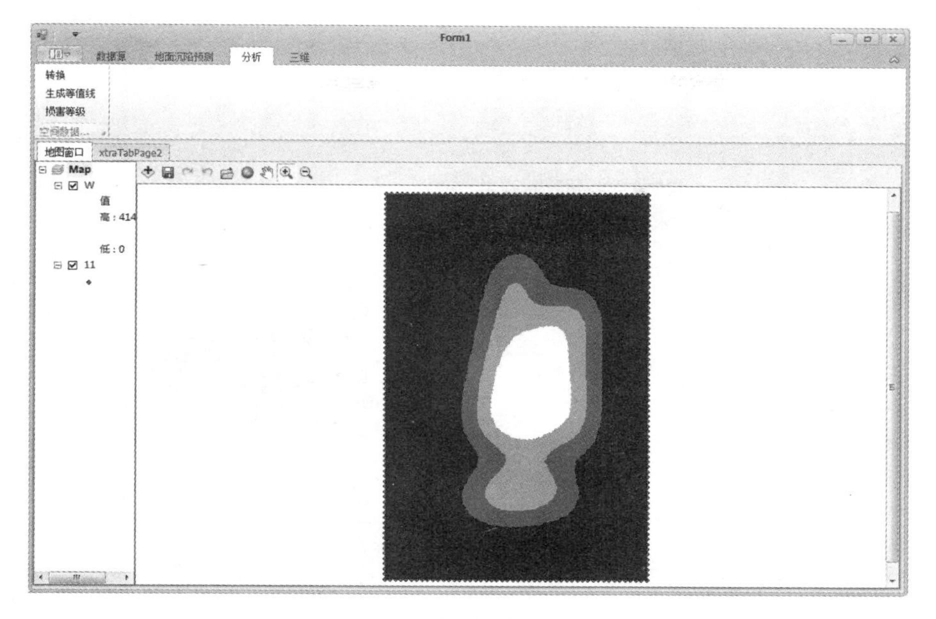


图 8-47　灾害评价等级图

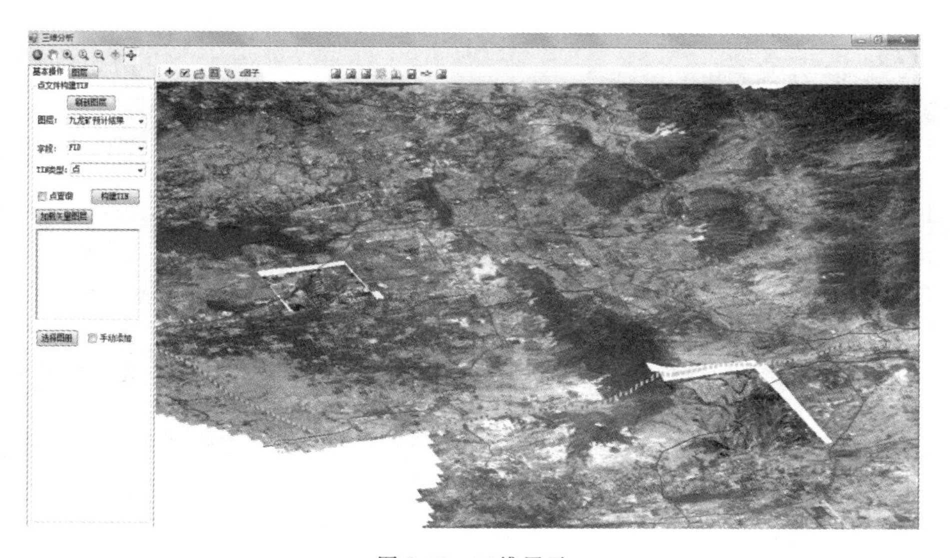


图 8-48　三维展示

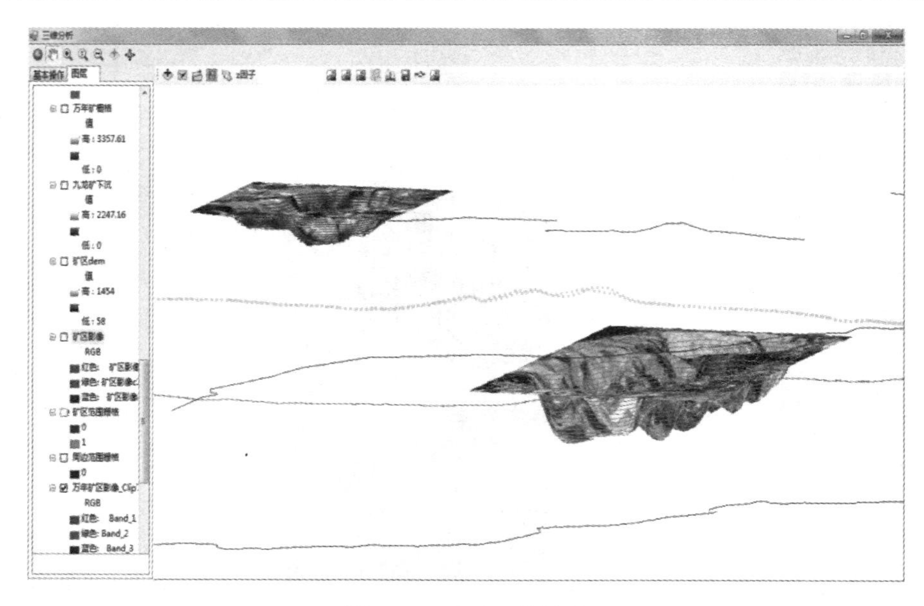


图 8-49 矿区三维展示

# 本章参考文献

[1] 国家安全监管总局，国家煤矿安监局，国家能源局，国家铁路局. 建筑物、水体、铁路及主要井巷煤柱留设与压煤开采规范[M]. 北京：煤炭工业出版社，2017.

[2] 黄兴安. 公路与城市道路设计手册[M]. 北京：中国建筑工业出版社，2005.

[3] 焦传武. 我国村庄下采煤的可能性[J]. 煤炭科学技术，1982(2)：8-14.

[4] 全国地震标准技术委员会(SAC/TC 225). 地震现场工作 第 3 部分：调查规范：GB/T 18208.3—2011[S]. 北京：中国质检出版社，2012.2.

[5] 张进德，任鹰，马军，等. 全国矿山地质环境调查技术要求实施细则[S]. 北京：中国标准出版社，2005.

[6] 中国标准化委员会. 土地复垦方案编制规程—第 3 部分：井工煤矿：TD/T 1031.3—2011[S]. 北京：中国质检出版社：2011，5.

[7] 中华人民共和国铁道部. 铁路工务安全规则[M]. 北京：中国铁道出版社，2000.

# 第 9 章　基于 T-ANN-CA 模型的煤矿区土地利用演化与模拟

准确、可靠地模拟和预测煤矿区土地利用结构的变化，是矿区制定土地利用规划、土地复垦措施的重要依据。考虑到元胞自动机模型(CA)在土地利用结构变化模拟和预测方面的优越性能，本章将 CA 模型引入了矿区土地利用结构变化的模拟和预测。矿区在不同的发展阶段，土地利用类型之间的转换具有不同方式，使得土地利用结构的演化存在阶段性的特点。因而利用 CA 模型对矿区的土地利用变化进行模拟和预测就要求在不同阶段使用不同的转换规则，而传统 CA 模型难以满足这样的要求。本章基于矿区生命周期理论，改进传统 CA 模型，通过控制变量的引入，实现了元胞转换规则的动态获取和应用。为了验证模型的有效性，以潞安矿区为研究区域，常村矿为研究对象，利用改进的模型对常村矿的土地利用空间结构进行了成熟期和衰退期的预测。通过和传统 CA 模型预测结果的比较，表明该模型的预测结果和矿区的不同阶段的土地利用演化特点比较吻合。因此该模型能够提高矿区土地利用结构演变模拟和预测的精度，是有效可行的方法。

## 9.1　引言

土地利用及其变化对区域、全球的环境有着明显的影响，了解土地利用的动态过程是资源环境研究的一个重要领域，土地利用变化的研究一直是相关学科关注的焦点(史培军等，2000；蔡运龙，2001；刘彦随等，2002)。在煤矿区，煤炭资源的开发(含露天开采、井工开采)对土地资源造成了严重的破坏(卞正富等，1996)，带来了土地利用方式的巨大变化，其主要表现有纵横交错的地裂缝、高低起伏的地表形态、枯干的河道和水塘、变化的土地覆被、下降的土地生产能力等，这些都给矿区的经济和社会发展带来诸多负面的影响。所以探讨煤炭资源开发破坏土地质量的时空演变规律，模拟和预测矿区土地资源利用空间结构的变化，评估矿区的土地利用复垦政策，研究矿区地表破坏的土地资源合理利用模式等都具有非常重要的意义（张发旺等，2002，2003）。

近年来利用元胞自动机（CA）进行土地利用变化的动态模拟和预测已经成为研究的热点和主流方向（黎夏等，2007），将CA应用于矿区土地利用的演化与模拟亦有尝试（王艳等，2007）。但总地来说，利用CA进行城市土地利用结构的动态预测和模拟居多，这种预测和模拟的前提大多假设将来的自然、社会和经济条件没有发生较大的变化，根据其变化的轨迹，预测各种土地类型的变化和需求（黎夏等，2007；韩玲玲等，2003；刘妙龙等，2006；张新长等，2004）。如果基于这种假设将CA直接应用于矿区土地利用结构的演化与模拟，其结果未免粗糙。因为矿区具有独特的生命周期机制，在不同的阶段矿区土地利用类型之间的转换具有不同的方式（李永峰，2008），换言之，矿区土地利用结构的演变存在阶段性的特点，利用CA模型必然要求在不同阶段使用不同的转换规则，而在目前获取动态转换规则难度很大（黎夏等，2005），这就使得利用CA对矿区土地利用演化进行研究存在很大的难度。本章拟从煤矿区土地利用变化的实际特点出发，采用较精细的矿区土地利用分类标准，以矿区生命周期理论作为指导，改进传统的CA模型，进行矿区土地利用类型转换动态规则的获取和应用，并对矿区不同阶段的土地利用结构演化进行模拟和预测，以期为矿区的土地利用、土地复垦政策的制定提供些许的参考。

## 9.2 矿井生命周期各阶段土地利用演化规律

### 9.2.1 矿井生命周期的表现

矿区的基本特征是由开发的不可再生资源所决定的。因而，资源赋存的条件和特点客观上会造成矿区的发展必然要经历新建、形成、发展、稳定、衰退等阶段。虽然不同的矿区有其特殊性，但矿区发展的阶段性是基本一致的。矿区的发展同生物体一样，都要经历一个诞生、发展、成熟、衰退的生命过程，具有完整的、典型的生命周期特点。矿井生命周期就是指矿井从规划、建井，到投产、达产、稳产，直至减产、闭坑所经历的时间及表现出的特征（李永峰，2008）。

煤炭生产矿井具有独特的生命周期机理。煤炭资源有限的储量决定了矿井生命周期的总长度；矿井建设周期和回采技术的应用影响着矿井生命周期内各阶段的长度。根据我国煤炭工业发展的历程，可以直观地将煤炭生产矿井的生命周期分为七个时期(图9-1)。

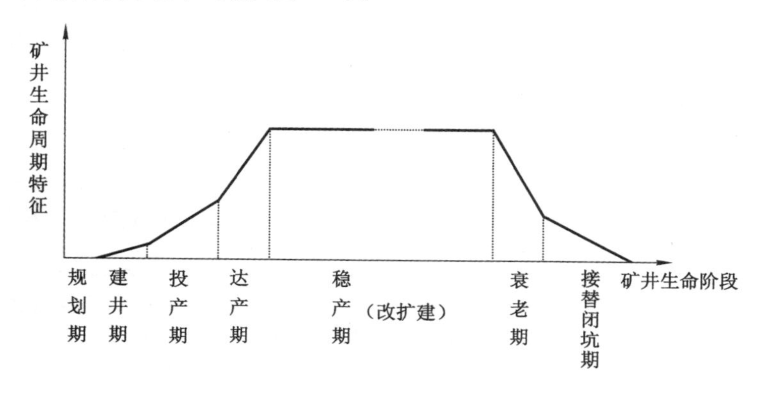


图9-1　煤炭生产矿井生命周期阶段

根据矿井生命周期内这七个时期的不同特点，可以将其归纳为矿井生命周期的四个阶段，即矿井规划建设阶段(起步期)、矿井投产达产阶段(青年期)、矿井稳产发展阶段(成熟期)和矿井衰老报废阶段(衰退期)(李永峰，2008)。

### 9.2.2　矿井生命周期与矿区土地资源利用

处于不同生命周期阶段的矿井，生产组织的重点不同，对矿区资源环境的影响不同，土地资源利用的特点也各不相同。在不同的发展阶段内，煤炭资源开发的特点及其土地利用方式转化的基本特点(李永峰，2008)见表9-1。由表可知，在不同的生命周期阶段，土地利用方式的转化是不同的，因此要想以较高的精度模拟矿区土地利用结构的演变，就要遵循矿区生命周期的客观规律。

**表9-1　矿井生命周期各阶段土地开发特点及其利用方式转化特点**

| 阶段 | 特点 | 土地利用方式转化基本特点 |
|---|---|---|
| 矿区规划建设阶段 | 矿区资源赋存符合建井条件，矿井基本建设按照规划全面展开，资源赋存条件逐渐揭示 | 对地表基本不产生影响，主要是工矿建筑物、建设废弃物占用土地 |

续表 9-1

| 阶段 | 特点 | 土地利用方式转化基本特点 |
|---|---|---|
| 矿井投产达产阶段 | 矿井产量迅速增加，开采成本趋于稳定，经营日益成为矿井发展的核心，生产利润持续上升 | 塌陷地开始出现，造成土地失水跑肥，生产力下降，果园、菜地转变为农地，矸石山等堆占用地增加 |
| 矿井稳产发展阶段 | 矿井产量达到最高并保持稳定，采掘关系长期协调，企业利润进入鼎盛阶段，对人力资源的需求旺盛 | 地表沉陷剧烈，积水塌陷地、荒地出现，高等级公路受到一定影响，田间道路破坏严重，地表建(构)筑物破坏，煤矸石、粉煤灰占地进一步增加 |
| 矿井衰老报废阶段 | 矿井剩余可采资源日益减少，剩余资源赋存条件不断恶化，矿井产量逐渐减少，经济效益每况愈下 | 为了充分开采地下资源可能考虑村庄搬迁，开始对矿区进行土地复垦利用，塌陷地、荒地转变为农业用地、绿地等 |

## 9.3 基于矿井生命周期理论的 CA 扩展模型

### 9.3.1 CA 模拟和预测矿区土地利用结构演变存在的问题

从国内外的研究来看，利用 CA 模拟和预测土地利用变化主要限于对城市土地利用系统的研究(黎夏等，2005)。将 CA 应用于矿区的土地利用结构的模拟比较少见，主要原因有：

(1) 状态转换规则的确定难度大。在矿区，土地利用类型的变化主要受到地下资源开采的直接影响，在确定规则时要联系地表条件、地下资源开采方法等的影响，总地来说需要地上下结合、立体分析。这就给矿区土地利用类型的转换规则的确定带来很大的难度，而各种土地利用类型的状态转换规则是 CA 的核心。这是影响 CA 在工矿区实用性的一个重要因素。

(2) CA 转换规则应该是动态转换。传统的 CA 状态转换规则在预测期内大多是确定性的，这就决定了细胞的转换规则是一种静态转换。而实际上矿区存在比较明显的生命周期，使得不同时期的矿区土地类型转换规律不同，同一种状态的细胞在不同的阶段具有不同的可能性和倾向性。要想提高模拟和预测的准确性就应该使用动态转换规则，而动态转换规则的获取无疑会有更大的难度。

(3) 土地利用类型的划分要更精细。和一般的土地利用方式相比，传统

CA 中土地利用类型之间的转换规则相对简单。而矿区土地利用除了受矿区经济发展的影响，还要受到煤炭资源开发的影响，土地利用类型的变化和矿区的煤炭开采方式、支护方式、岩层采动、地表变形、煤矸石堆放、选煤厂影响范围等都有关系。如王艳等提出的基于改进 CA 的矿区土地利用空间结构演变预测（黎夏，2007），仅根据是否破坏、是否复垦将矿区土地利用类型划分为未破坏、已破坏已复垦、已破坏待复垦、待破坏待复垦和其他 5 类，类型有点简单粗糙，难以满足矿区土地利用变化研究的需要。

本章针对工矿区土地利用变化的实际情况，综合黎夏、Bryan、Goldstein 的 ANN-CA 模型的研究（黎夏等，2005；Bryan C P，et al，2002；杨青生等，2007；Herold M，et al，2003），对其人工神经网络和 CA 模型进行改造和拓展，提出一种基于时间变量的（生命周期）适用于矿区的扩展模型 T-ANN-CA（见图 9-2）。该模型侧重于在微观尺度上采用精细的矿区土地利用分类标准，充分利用人工神经网络获取大量空间变量参数的优势，简化土地利用转换规则的获取（黎夏等，2005）。该模型在考虑外部社会经济条件等因素对矿区土地利用演化影响作用的基础上，重点分析地下开采活动对土地利用的影响作用，如离工作面的距离、采动影响时间等。因此，该模型是一个面向对象的、综合性的，在空间层面上微观与宏观相结合，侧重于在微观尺度上的基于人工神经网络的元胞自动机的扩展模型。

### 9.3.2　模型原理

#### 9.3.2.1　模型结构

T-ANN-CA 模型的结构框架见图 9-2，主要在常用的 ANN-CA 模型的基础上增加了时间控制部分（即图上的 A 区域），其作用主要有：① 控制训练数据的选取。根据预测期所在生命周期的阶段来选择合适的训练数据。因为如果对衰退期的预测而使用了达产期的数据，其精度自然会受到影响，所以通过阶段控制变量 $T$ 的引入自然会提高预测精度。② 控制转换规则的选取。预测期不同，适用的转换规则自然会有变化，根据矿井的资源赋存条件、开采技术条件并结合矿井生命周期的理论来确定预测期应该使用的转换规则。其他的模块如数据预处理、人工神经网络、校准和预测等基本与 ANN-CA 相似，可以参考相关文献（黎夏等，2005；Bryan C P，et al，2002；杨青生等，2007；Herold M，et al，2003）。

#### 9.3.2.2　煤矿区土地利用类型

土地利用分类是利用 CA 对土地系统进行模拟和预测的基础。在大多数

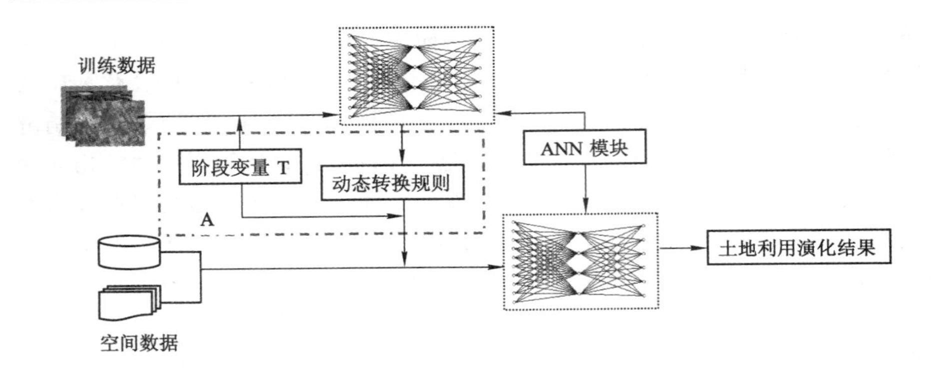


图 9-2　基于生命周期的 T-ANN-CA 模型

的模型中土地利用类型多参考相关的土地分类标准，这基本上可以满足研究的需要。但是在对矿区土地利用系统进行模拟和预测时，单纯借鉴一般的土地利用分类方法存在以下的不足(王行风等，2007)：

(1) 对采煤活动的人为干扰影响强度和程度描述不够。煤矿区的土地利用变化除了包括经济社会发展带来的变化外，还包括更为剧烈的采煤活动造成的土地利用类型的变化。简单鉴别的分类方法是难以完全表达采煤活动对土地利用类型演化的影响。

(2) 无法真正反映采煤扰动区的特点。采煤扰动区变化体现在水平和垂直方向上，水平方向上的采煤扰动区范围是逐渐扩大的，垂直方向上地表是逐渐沉陷的(井工开采)。常用的分类方法大多是截取某一时点上的数据进行研究，根本没有考虑到采煤扰动区的水平和垂直方向变化的特点，在此基础上所得到的结果的精确性就自然会受到影响。

(3) 时间因素考虑不够。

基于常见土地分类而建立的模拟模型，大多忽视了煤矿区的时间因素，在时间跨度上，仅仅考虑了我国社会经济发展阶段特点及人口增长变化、国民经济发展五年计划等具体情况，却忽视了煤炭企业发展特点。

由以上可以得出，对矿区进行土地利用类型的变化研究需要总结能够反映矿区土地利用类型特点的分类方法来指导和规范相关的研究。本章针对研究区确定的土地分类系统为工矿居民点、耕地、塌陷地(含塌陷荒地)、废弃物占用地(矸石山)、林地、水域。

#### 9.3.2.3　空间变量

矿区的土地利用是一个高度复杂的系统，土地利用类型变化不仅受到政策、社会经济发展等条件的影响，更重要的是受煤炭资源的高强度开采活动的影响。如矿区土地利用类型转换的概率可能与工业广场、地下开采工作面的远近有直接关系。距工业广场比较近的土地可能会变成煤炭资源、废弃物的占用地，距地下工作面比较近，则意味着变成积水区（我国东部煤田）、荒地（我国西部地区）的可能性就比较大。这和一般的利用 CA 进行城市增长模拟的研究明显不同，因我国的煤矿区大多位于农业比较发达的农耕区（傅梅臣等，2005），矿区土地利用的变化主要是受煤炭资源开采所引起的，所以在分析空间变量并进行矿区土地利用变化的模拟时，就必然要关注煤炭资源开采方面的影响。

本章在借鉴传统 CA 模型中变量多选择距离、邻居状态和土地利用的自然属性三大类空间变量的基础上，针对煤矿区资源开发的特点增加了：① 时间变量（周期阶段）。主要用来确定矿区资源开发在预测时期所处于的生命周期阶段，进而选择合适的转换规则。② 控制变量（矿区资源开发规划）。一方面，在煤矿区，国有煤矿、地方集体煤矿和私人煤矿企业是并存的，不同类型的企业对土地资源的破坏情况有所不同的。国有煤矿和部分地方集体煤矿存在比较完善的矿产资源开发规划，土地利用变化的特点相对比较符合表 9-1 的分析，但小煤矿甚至部分地方集体煤矿多以经济利益为主要目的，忽视对资源环境的保护，对土地资源的破坏就完全不同。另一方面，即使存在矿产资源开发规划，但是在实施过程中可能会存在一定的人为主观随意性特征（越层开采、越界开采和超强度开采等）。由此，在 CA 模型中根据预测的矿区是否具有矿产资源开发规划以及规划的执行情况，加入人为控制变量，取值在 0～1 之间，以体现其对矿区土地利用演化的影响与作用。最后所采用的空间变量见表 9-2，输入数据采用 ASCII GRID 格式，该格式为 GIS 软件平台兼容，便于模型的松散耦合开发。用于神经网络训练和检验的数据，直接从原始数据中随机采样获取，由模型中开发的 GIS 空间分析功能模块实现。

**表 9-2　神经网络 CA 模型所采用的空间变量**

| 空间变量 | 原始数据值范围 | 标准化值范围 |
|---|---|---|
| 1. 距离变量： | | |
| 离工业广场的距离 | 0～12 km | 0～1 |
| 离居民点的距离 | 0～5 km | 0～1 |
| 离开采工作面的距离 | 0～2 km | 0～1 |
| 2. 邻居单元 | | |
| 邻近耕地的单元数量 | 0～9 单元 | 0～1 |

续表 9-2

| 空间变量 | 原始数据值范围 | 标准化值范围 |
| --- | --- | --- |
| 邻近荒地(塌陷地)的单元数量 | 0～9 单元 | 0～1 |
| 邻近水域用地的单元数量 | 0～9 单元 | 0～1 |
| 邻近工业广场用地的单元数量 | 0～9 单元 | 0～1 |
| 邻近居民点用地的单元数量 | 0～9 单元 | 0～1 |
| 邻近林地的单元数量 | 0～9 单元 | 0～1 |
| 3. 自然属性 | | |
| 坡度 | 0～60 度 | 0～1 |
| 土壤类型 | 1～5 类 | |
| 现有的土地利用类型 | 1～6 类 | |
| 4. 时间属性 | | |
| 周期阶段 | 1～4 | |
| 5. 控制变量 | | |
| 矿区资源开发规划 | | 0～1 |

## 9.4 实证研究

### 9.4.1 研究区概况

潞安矿区位于山西省六大煤田之一的沁水煤田东部边缘的中段，是我国重要的优质工业和动力煤生产基地，地跨长治、襄垣、屯留、潞城和长子等五市县。矿区分南北二区，北区包括现有矿井及近期规划区，南区为长治矿区。潞安矿区的地理坐标为 112°54′08″E～112°54′20″E，36°30′33″N～36°30′38″N，南北长约 67 km，东西宽约 20 km，总面积约为 1 182.5 $km^2$。潞安矿区已开采煤矿有五阳矿、漳村矿、石纥节矿、王庄矿和常村矿，均属大型煤炭生产企业，占地面积约 400 $km^2$。由于各矿煤炭资源赋存状况、投产时间等情况不同(见表 9-3)，现在处于不同的阶段。如石纥节矿处于衰老期、五阳矿正处于稳产发展阶段，即将进入衰老期，常村矿正处在快速发展的青年期。

常村矿(位置见图 9-3)，1985 年建矿，1993 年投产，年设计生产能力为 400 万 t，目前年实际生产能力为 600 万 t，是一个正在发展壮大的年轻矿井，井田总面积约为 105.4 $km^2$。伴随着它的迅速发展，煤炭资源开采对土地利用的影响愈来愈严重。为了研究煤矿开采对矿区土地利用变化的影响规律，同时也为了检验模型的效果，将本文提出的模型应用于常村矿，模拟和预测常村矿土地利用演化的趋势，为矿区规划和矿区塌陷土地复垦政策提供相关的信息。

**表 9-3　潞安矿区各景田基本情况**

| 矿名 | 建矿时间 | 设计能力/(kt/a) | 2005年产量/kt | 开采方式 |
|---|---|---|---|---|
| 常村矿 | 1985年 | 4 000 | 6 000 | 长壁式一次采全高 |
| 王庄矿 | 1947年 | 3 600 | 7 200 | 原为两层开采，现为综采放顶煤一次采全高 |
| 石圪节矿 | 1929年 | 600 | 940 | 早期小工作面炮采，现长壁陷落法分两层采、一次采全高 |
| 漳村矿 | 1958年 | 1 500 | 3 180 | 2000年后为倾斜长壁一次采全高 |
| 五阳矿 | 1963年 | 1 700 | 1 680 | 旧法采煤、小工作面分三层炮采，现两层综采，一次采全高 |

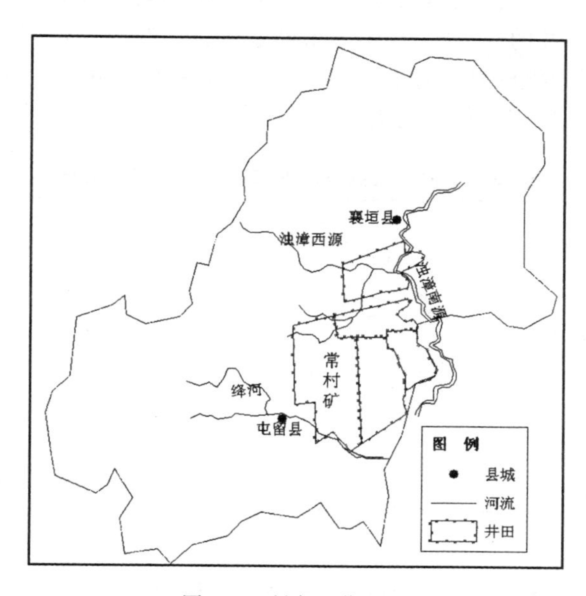


图 9-3　研究区位置图

### 9.4.2 数据预处理

为了获取模型所需要的参数，需要利用土地利用变化的历史数据对模型进行训练。目前在实际研究中，多采用多时相的遥感图像来获得土地利用变化的历史数据，本模型的转换规则是随着预测阶段的不同而有所变化的。因此，仅仅利用两个时相的影像资料是难以完成任务的。考虑到潞安矿区各井田煤炭资源赋存状况相似、位置邻近、开采技术相似的情况（见表9-3），故可以参考同矿区的其他井田的遥感资料来获取相应阶段的参数信息。常村矿成熟期的预测参数可以采用五阳矿的遥感资料，衰老期的预测参数可以由石圪节矿的遥感资料获取。

实验所收集的数据资料见表9-4。TM卫星遥感数据波谱分辨率较高，对地面覆被有较好的反映，以及经过分辨率融合的15 m空间分辨率可以满足对区域土地利用变化研究的需要。这里以山西省长治市2000年1∶1万的地形图为基准，以该区2002年1∶5万土地利用现状图作为参考，采用遥感图像处理软件ENVI对各时相遥感图像进行几何纠正、图像分类等工作。以预处理后的遥感影像为分析数据，利用ENVI软件中的监督分类方法，通过选择一定数量具有代表性的样本，采用最大似然法进行一级分类，再利用目视的方法进行补判，得到分类的结果图像。通过Kappa系数对分类精度进行检验，结果为0.902 2，可以满足研究的需要。

**表9-4　　潞安矿区遥感数据与其他基础数据的基本信息**

| 名　称 | | 获取时间 | Row/Path | 分辨率/m | 比例尺 |
|---|---|---|---|---|---|
| 遥感数据 | TM/ETM | 19930604 | 125/035<br>124/035 | 30/15 | — |
| | | 19970919 | | | |
| | | 20000701 | | | |
| | | 20020911 | | | |
| | | 20040509 | | | |
| 地理数据 | 矿区地形地貌图 | 2000 | | | 1∶10万 |
| | 土地利用现状图 | 2002 | | | 1∶5万 |
| | 生产矿井<br>井上下对照图 | 2000<br>2002 | | | 1∶2000 |
| | 矿井采掘工程<br>平面图 | 2000<br>2002 | | | 1∶2000 |

### 9.4.3　神经网络的结构以及训练

实验采用常见的 BP 神经网络，输入层有 14 个神经元，对应 14 个决定土地利用变化概率的空间变量，隐藏层的神经元的数目为 9 个，输出层中有 6 个神经元，负责输出转变为 6 种不同的土地利用类型的概率。

为了获得模型的参数，需要利用训练数据对神经网络训练。试验中的训练数据是采用随机抽样方法来获取的。通过在遥感分类图像上随机产生训练点，获取相应的坐标，分成训练数据和检验数据，在程序中读取这些坐标对应的空间变量以及土地利用的遥感分类结果（见图 9-4），利用 BP 算法对神经网络进行训练，以获取参数值，具体训练和过程可见参考文献（黎夏等，2005）。

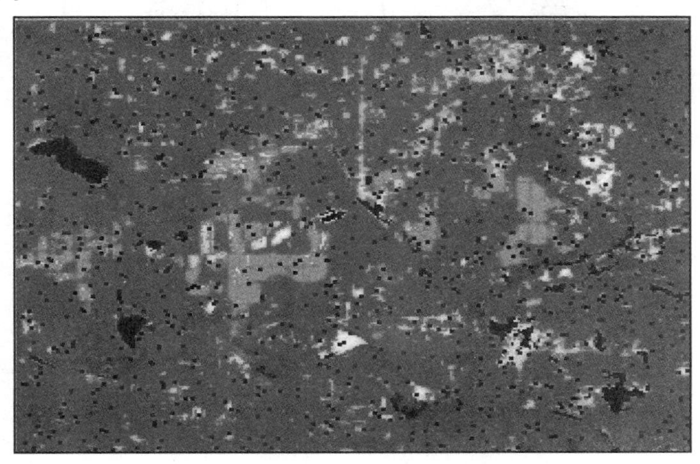

图 9-4　遥感分类图像上随机产生训练点（五阳矿）

### 9.4.4　常村矿土地利用变化的模拟和预测

#### 9.4.4.1　基于 T-ANN-CA 模型的模拟和预测

矿井在不同的生命周期阶段，土地利用变化具有完全不同的特点。对于处在不同阶段的土地利用变化，就必须获取不同的转换规则。本书以常村井田作为研究对象，以卫星影像获取的 2004 年土地利用数据作为初始状态，模拟和预测该区在 2010 年（壮年期）和 2030 年（衰退期）的土地利用变化，必然要求获得不同阶段的转换规则。在研究中考虑到本矿区其他井田和常村矿地表条件、开采条件的相似性和不同阶段的特点，选择了五阳矿 1997～2002 年的土地利用转换规则作为常村矿成熟期的转换规则，选择石纥节矿 2000～2004 年的土地利用转换规则作为常村矿衰退期的土地利用转换规则。对于两个阶段数据转换原则皆通过神经网络训练获得。处理的结果图像见图 9-5，模拟和预测的各种土地利用类型在不同时间的数量见表 9-5 和表 9-6。

图 9-5

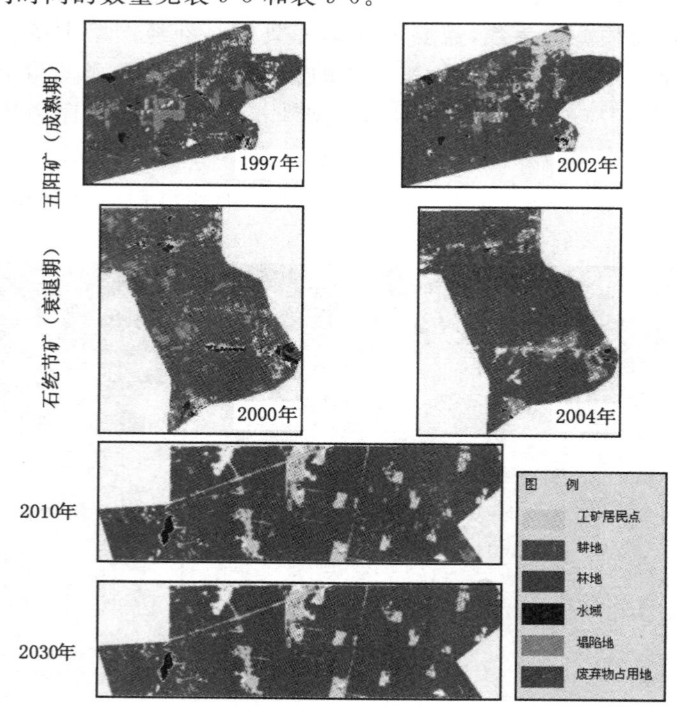


图 9-5　常村矿土地利用模拟

预测的结果可以清晰地反映出常村井田各土地利用类型在空间上的动态变化以及各类型之间相互转移的基本情况。

（1）耕地是变化最大的类型，其面积持续减少：从 2004 年 98.761 $km^2$减少到 2010 年的 95.684 $km^2$，再到 2030 年的 94.436 $km^2$。耕地面积的变化主要是由几个因素造成的：① 工矿居民点的占用；② 果园、菜地因为沉陷影响的转化。该矿区采煤沉陷对耕地的影响主要是造成地表坡度的变化以及沉陷引起的土壤水分、肥力的变化，使土地应用类型发生变化。如北浒庄的部分果园就因为沉陷影响不得为改造为玉米地。③ 水域面积的转化；④ 耕地向沉陷地、未利用地转化。如南浒庄和北浒庄之间 S2—2 工作面的上方就有三处因为开采沉陷造成面积约 300 亩的荒地。⑤ 沉陷地的转化。在衰退期，地方对沉陷地的复垦开始有计划的进行。常村矿区因为地下水位较深，且该矿地势平坦，沉陷造成的坡度不大，所以大多可以复垦为耕地。这也是和稳产期相比，沉陷地增幅不大的原因。

**表 9-5　2004～2010 年常村矿土地利用转移矩阵**　　$km^2$

| 年份 | 土地类型 | 2010 年 | | | | | | |
|---|---|---|---|---|---|---|---|---|
| | | 工矿居民点 | 矸石山 | 耕地 | 林地 | 水域 | 塌陷地 | 2004 合计 |
| 2004 年 | 工矿居民点 | 3.303 | 0.000 | 0.405 | 0.002 | 0.009 | 0.716 | 4.435 |
| | 矸石山 | 0.000 | 0.043 | 0.001 | 0.000 | 0.000 | 0.002 | 0.046 |
| | 耕地 | 1.869 | 0.015 | 94.367 | 0.209 | 0.017 | 2.284 | 98.761 |
| | 林地 | 0.005 | 0.000 | 0.005 | 0.042 | 0.000 | 0.121 | 0.173 |
| | 水域 | 0.001 | 0.000 | 0.023 | 0.001 | 0.482 | 0.021 | 0.528 |
| | 塌陷地 | 0.016 | 0.030 | 0.883 | 0.040 | 0.060 | 0.445 | 1.474 |
| | 2010 年合计 | 5.194 | 0.088 | 95.684 | 0.294 | 0.568 | 3.589 | 105.417 |

**表 9-6　2010～2030 年常村矿景观转移矩阵**　　$km^2$

| 年份 | 土地类型 | 2030 年 | | | | | | |
|---|---|---|---|---|---|---|---|---|
| | | 工矿居民点 | 矸石山 | 耕地 | 林地 | 水域 | 塌陷地 | 2010 合计 |
| 2010 年 | 工矿居民点 | 5.041 | 0.000 | 0.055 | 0.001 | 0.000 | 0.097 | 5.194 |
| | 矸石山 | 0.000 | 0.075 | 0.001 | 0.000 | 0.000 | 0.012 | 0.088 |
| | 耕地 | 2.431 | 0.000 | 92.091 | 0.005 | 0.001 | 1.156 | 95.684 |
| | 林地 | 0.104 | 0.000 | 0.003 | 0.137 | 0.001 | 0.049 | 0.294 |
| | 水域 | 0.003 | 0.000 | 0.001 | 0.001 | 0.445 | 0.118 | 0.568 |
| | 塌陷地 | 0.021 | 0.009 | 2.285 | 0.014 | 0.020 | 1.240 | 3.589 |
| | 2030 年合计 | 7.600 | 0.084 | 94.436 | 0.158 | 0.467 | 2.672 | 105.417 |

(2) 固体废弃物包括了矸石山和粉煤灰，粉煤灰由于资料数据问题而暂未涉及，这里主要分析了矸石山的堆积情况。常村矿矸石山 2004 年的总面积为 0.046 $km^2$，2010 年斑块面积为 0.088 $km^2$，2030 年面积为 0.084 $km^2$。衰退期面积反而降低主要是因为该阶段对矸石山的资源化利用(矸石制砖、复垦土地的矸石充填等)越来越重视，使其占地面积较小。

(3) 工矿居民点用地持续增加:从 2004 年的 4.435 $km^2$ 增加到 2010 年的 5.194 $km^2$,再到 2030 年的 7.6 $km^2$,工矿居民点用地斑块的变化除了受社会经济的发展影响之外,还有就是为了解决村庄下压煤造成村庄搬迁而进行的新村镇建设占地。

(4) 水域面积总的变化是持续减少,从 2004 年的 0.528 $km^2$ 到 2010 年的 0.568 $km^2$,再到 2030 年的 0.467 $km^2$;水域个数减少,主要是因为部分鱼塘等因沉陷造成干涸所形成的。如南浒庄的北面的池塘因为干涸而被改造成为耕地;沉陷并未形成永久性的积水塌陷区;但是已经有季节性积水区的存在;目前主要在常村矿的 N2-7 工作面发现积水区域的存在。

(5) 塌陷地由 2004 年的 1.474 $km^2$,到 2010 年的 3.589 $km^2$,再到 2030 年的 2.672 $km^2$,早期是由于长期的煤矿开采所造成的地表沉陷,衰退期因为进行有效的土地复垦整理所造成的沉陷地减少。

#### 9.4.4.2 常规 CA 和 T-ANN-CA 模型的预测结果比较

为了说明 T-ANN-CA 模型和常规 CA 模型预测结果的不同,这里也利用常规 CA 模型(静态转换规则)对常村矿 2010 年(成熟期)和 2030 年(衰退期)进行预测,转换规则是利用 TM 影像提取的常村矿 2002 年至 2004 年期间青年期土地利用转换准则作为预测成熟期和衰退期的转换规则,预测结果及和本书模型的预测结果比较见表 9-7。

**表 9-7　　常规 CA 和 T-ANN-CA 预测结果比较**　　$km^2$

| 土地利用类型 | 2004 年(初始状态) | 2010 年模拟结果 | | 2030 年模拟结果 | |
|---|---|---|---|---|---|
| | | 常规 CA | T-ANN-CA | 常规 CA | T-ANN-CA |
| 工矿居民点 | 4.435 | 5.230 | 5.194 | 7.911 | 7.600 |
| 矸石山 | 0.046 | 0.082 | 0.088 | 1.023 | 0.084 |
| 耕地 | 98.761 | 95.828 | 95.684 | 90.016 | 94.436 |
| 林地 | 0.173 | 0.174 | 0.294 | 0.170 | 0.158 |
| 水域 | 0.528 | 0.548 | 0.568 | 0.646 | 0.467 |
| 塌陷地 | 1.474 | 3.555 | 3.589 | 5.651 | 2.672 |
| 总计 | 105.417 | 105.417 | 105.417 | 105.417 | 105.417 |

从表 9-7 中可以看出,常规 CA 模型预测的矿区各种土地利用类型变化的特点为:① 面积变大的土地利用类型有工矿居民点、矸石山和塌陷地;② 面积变小的土地利用类型有水域、耕地;③ 基本不变的是林地。这种变化

趋势和矿区的实际情况存在一定的偏差。一般来说，在煤炭资源开采的中后期，生态环境问题愈加严重，资源开发和环境保护的矛盾也愈加突出。国土资源管理部门联合矿区对原先沉陷的已经进入稳定期的塌陷土地进行治理，根据需要沉降深度较低的部分可以复垦为耕地，地下潜水较高的区域可以通过“挖深垫浅”改造为水域景观（主要为我国东部矿区）（梁留科等，2002；汪云甲，2004）。矸石作为复垦的材料或制砖的材料而逐渐被消耗，同时在后期煤炭资源产量下降也使得产矸量下降，使矸石山的占地面积不会出于一直上升的状态。常村矿所处地区是我国半干旱地区，地下潜水位较低，难以形成大面积的积水塌陷区域，在青年期和成熟期因为采矿造成地下大量排水造成水域面积略有上升，但是到了衰退期，部分水体逐渐干涸，水域的面积呈现变小的趋势。

很显然，利用常规 CA 使用静态转换准则预测的成熟期和衰退期的土地利用转化趋势和矿区青年期的土地利用转换是比较相似的，而基于 T-ANN-CA 的模型的预测由于使用了不同阶段的转换规则，其预测结果和矿区生命周期的各阶段的土地利用转化情况是比较吻合的。

## 9.5　结论

土地是人类存在的基础，是所有生活和生产活动必不可少的一种自然资源。煤炭资源的开采给土地资源环境系统带来一系列的影响，在微观上表现为土壤剖面、养分和理化性质受到影响，进而造成土壤生产力的下降、土壤盐渍化、沼泽化和土壤侵蚀的加剧等；在宏观上表现为矿区的土地利用方式、土地生态系统和矿区土地生产力的变化。预测和模拟矿区的土地利用结构演化发展趋势对于制定相关的政策具有非常重要的意义。而现有的矿区土地利用结构演变的预测和模拟大多借鉴了城市发展演变的 CA 模型，忽略了矿区本身的发展规律，其静态的转换规则难以适用矿区土地利用演变周期性的特点，使得提高预测精度受到一定的限制。本书利用矿区生命周期理论，结合矿区不同阶段土地利用类型转换的特点，将矿区的土地利用演化分为起步期、青年期、壮年期（成熟期）和衰退期，在此基础上改进了常规的元胞自动机模型，提出了顾及矿区生命周期机制的元胞自动机扩展模型。该模型针对矿区的实际特点，采用了更精细、更适用于矿区的土地利用分类方法，引入时间控制变量来决定矿区发展所处的阶段，进而选择不同的土地利用转换准则，利用人工神经网络获取大量的空间变量参数。并以山西长治潞安矿区为例，利用不同时相的遥感影像等数据，采用本书提出的模型对常村井田进行了成熟期和衰退期的预测。预测结果表明，相对传统CA模型，该模型的预测和矿区的土地利用演化的实际特点比较吻合，表明该模型能够有效地模拟和预测矿区不同阶段的土地利用变化过程，能够为矿区的土地复垦、矿区发展规划等政策的制定和实施提供有用的土地利用变化信息。但模型的应用也存在一定的限制，主要体现在矿区所处生命周期阶段的确定和不同阶段转换规则的求取。前者需要联系矿区的实际情况，结合经验来进行确定，无疑增加了人为主观的影响，后者涉及对历史数据的收集和处理，在难以获得不同生命周期阶段的数据的井田，模型的应用受到限制，下一步的工作有必要针对以上两方面的限制进行深入的研究。

## 本章参考文献

[1] 卞正富，翟广忠．矿区土地复垦规划的理论与实践[M]．北京：煤炭工业出版社，1996.
[2] 蔡运龙．土地利用/土地覆被变化研究：寻求新的综合途径[J]．地理研究，2001，20(6)：645-652.
[3] 傅梅臣，胡振琪．煤矿区复垦农田景观演变及其控制研究[M]．北京：地质出版社，2005.
[4] 韩玲玲，何政伟，唐菊兴，等．基于CA的城市增长与土地增值动态模拟方法探讨[J]．地理与地理信息科学，2003，2：32-35.
[5] 黎夏，叶嘉安．基于神经网络的元胞自动机及模拟复杂土地利用系统[J]．地理研究，2005，24(1)：19-27.
[6] 黎夏，叶嘉安，刘小平，等．地理模拟系统：元胞自动机与多智能体[M]．北京：科学出版社，2007.
[7] 李永峰．煤炭资源开发对矿区资源环境影响的测度研究[M]．徐州：中国矿业大学出版社，2008.
[8] 梁留科，常江，吴次芳，等．德国煤矿区景观生态重建/土地复垦及对中国的启示[J]．经济地理，2002，22(6)：711-715.
[9] 刘妙龙，陈鹏．基于元胞自动机与多主体系统理论的城市模拟原型模型[J]．地理科学，2006，26(3)：292-298.
[10] 刘彦随，陈百明．中国可持续发展问题与土地利用/覆被变化研究[J]．地理研究，2002，21(3)：324-330.
[11] 史培军，宫鹏，李晓兵，等．土地利用/覆盖变化研究的方法与实践[M]．北京：科学出版社，2000.
[12] 汪云甲．数字矿山和矿区绿色开发[J]．科技导报，2004(6)：42-45.
[13] 王行风，韩宝平，汪云甲，等．基于遥感的煤矿区景观生态分类研究[J]．辽宁工程技术

大学学报,2007,26(5):47-50.

[14] 王艳,姚吉利,宋振柏.基于改进 CA 的矿区土地利用空间结构演变预测[J].金属矿山,2007(10): 81-84.

[15] 杨青生,黎夏.基于遗传算法自动获取 CA 模型的参数—以东莞市城市发展模拟为例[J]地理研究,2007,26(2):229-237.

[16] 张发旺,侯新伟,韩占涛.煤炭开发引起水土环境演化及其调控技术[J].地球学报,2001,22(4):345-350.

[17] 张发旺,周俊业,侯新伟,等.神府矿区煤炭开发面临的地质生态环境问题及对策研究[J].地球学报,2002,23(Sup):59-64.

[18] 张新长,梁金成.城市土地利用动态变化及预测模型研究[J].中山大学学报(自然科学版),2004,43(2):121-125.

[19] BRYAN C P,DANIEL G B,BRADLEY A S,et al . Using neural networks and GIS to forecast land use changes: a land transformation model[J]. Computers, Environment and Urban Systems,2002,26:553-575.

[20] HEROLD M, GOLDSTEIN N, CLARKE K C. Thespatio-temporal form of urban growth: measurement, analysis and modeling[J]. Remote Sensing of Environment, 2003,86(3): 286-302.

# 第10章　基于SD-CA-GIS的环境累积效应时空分析建模研究

累积效应分析强调环境变化的时空放大作用，突出环境要素之间的时空交互作用，从而对环境分析方法的能力提出了挑战。本章在对传统环境分析方法进行归纳、分析和总结的基础上，以GIS为基础平台，集成系统动力学和元胞自动机的优点，建立了能够分析时间累积和空间累积效应的SD-CA-GIS模型，并以山西省潞安矿区作为研究区域，利用SD-CA-GIS模型分析了矿区社会、经济、工程和环境等因子之间的时空交互作用，预测和模拟了该矿区环境系统在2006～2030年的演化趋势，并以土地利用变化的累积状况为例进行了剖析，并给出了环境效应累积的管理措施和建议。

## 10.1　引言

随着人类活动对环境影响范围的扩大和干扰程度的增强，环境影响评价由传统的项目评价向累积效应评价(Cumulative Effects Assessment，CEA)拓展(汪云甲等，2010；Burris R K，et al，1997；Spaling H，1994)。与此相适应，环境分析对象由单个项目发展到多个项目；从单纯考虑某个开发活动的影响发展到考虑多个项目的累积、叠加和协同的影响等。但传统环境分析方法涵盖的时间较短，涉及的空间范围较小，空间数据的处理相对粗略，难以反映累积影响源的空间分布以及项目之间的时空交互作用，不能满足累积效应分析的需要，从而影响了分析结果的科学性(彭应登，1999)。国内外诸多学者(Harrys，et al，1993；Joseph M C，et al，2000；Monique D，et al，2006；王波等，2007)在对各种环境分析方法研究的基础上指出：地理信息系统(GIS)能够帮助建立分析的空间边界，识别可能受影响最大的区域，分析不同项目之间的空间交互作用等，利用GIS技术为基础，整合、集成其他方法是累积效应分析方法发展的重要趋势之一(尹忠彦等,2003;毛文锋等,1998;薛联青等,2003;彭应登等,2001)。

但要想增强 GIS 在累积效应分析中的应用能力,应研究将 GIS 和其他分析手段相结合,考虑将复杂模型纳入 GIS 之中,构建出能够反映累积过程并能给 GIS 提供信息的子模式,提高 GIS 对累积途径(交互、加和)的分析能力,对因果关系的识别能力以及对环境影响本质的认识能力,从而满足累积效应研究中时空累积动态分析的需要(毛文锋,1998),使 GIS 真正成为累积效应分析和评价的强有力工具(余洁等,2003;黄嘉璐,2004)。

为了达到上述目的,本章以 GIS 为基础平台,结合系统动力学(System Dynamic,SD)和元胞自动机(Cellular Automata,CA)的优点,建立能够分析时间累积、空间累积效应的 SD-CA-GIS 模型。该模型通过模拟经济、社会、工程和环境等因子的交互作用以及对区域复合生态系统的影响,从时空尺度分析不同因子之间的交互作用,预测和模拟不同开发方案对区域生态系统的累积性影响,为决策部门进行政策模拟和生态风险评估提供依据。

## 10.2　基于 SD-CA-GIS 的时空累积效应分析建模

### 10.2.1　SD 与 CA 方法结合在累积效应研究中的意义

系统动力学和元胞自动机在对复杂系统的分析和模拟中,各有优劣,互有补充。SD 突出地强调了系统内不同变量之间的“流量”关系和反馈作用,能够有效模拟系统在时间尺度上的动态行为,非常适合于分析不同要素之间的相互作用及其在时间尺度上的累积影响(王其藩,1995;李永峰,2008;吴贻名等,2000)。但它缺乏空间要素的处理能力,难以分析空间要素之间的交互作用,从而限制了它在累积效应分析中的应用。CA 更多地强调了空间维度及微观上的空间相互作用机制,但相对忽视了复杂系统中各种社会经济要素对个体的反馈作用,转换规则的确定也相对简单,导致了对系统空间动态机制的分析过于简单化(沈体雁等,2007;黎夏等,2005;王行风等,2009)。因此,本章尝试综合 SD 和 CA 的优点,建立基于 GIS 的集成 SD 与 CA 的时空累积效应分析框架,以服务于累积效应分析。其中,SD 模型可在明晰要素之间交互关系的基础上实现对系统行为的动态模拟和趋势预测,这样不仅能从时间累积的角度模拟研究社会经济、生态环境等要素的动态发展趋势,而且可以为确定 CA 模型转换规则提供相关的信息,更好地分析各个体单元之间的空间交互机制,进而分析系统发展所造成的空间累积效应，弥补 CA 在研究以社会经济要素为驱动力进行系统动态分析模拟功能方面的不足，使 CA 和 SD 现有功能得到扩展和延伸，使应用走向深入。

### 10.2.2 SD-CA-GIS 基本框架

#### 10.2.2.1 模型的基本思路

本书构建的 SD-CA-GIS 模型基本框架如图 10-1 所示。基本思路是利用 SD 在时间累积效应分析方面的优点，结合 CA 在空间累积效应分析方面的优势，使二者实现优势互补，提高它们对时空交互作用分析的可应用性，从而完成对环境累积效应的分析和评价。

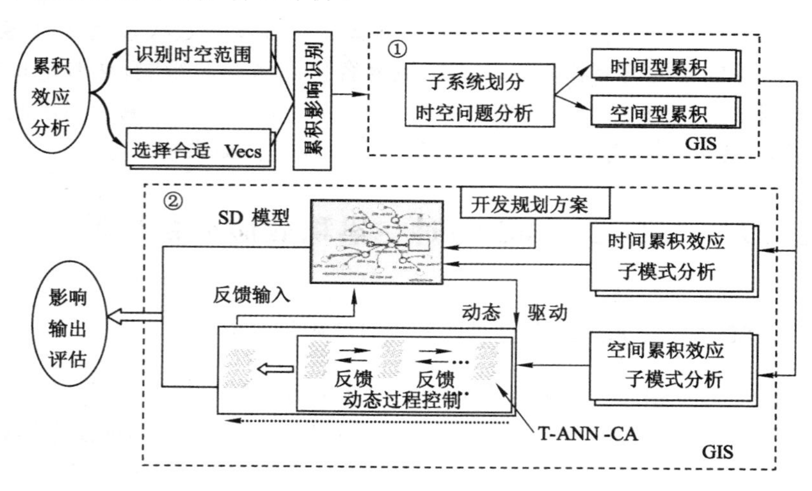


图 10-1　SD-CA-GIS 模型基本框架

SD-CA-GIS 模型将环境效应问题分为时间累积和空间累积两个部分。其中时间累积部分是一个依赖时间变量来描述的连续性系统，以 SD 模型为基础，从系统论的角度分析区域开发活动与资源、环境、经济和社会发展之间相互影响、相互制约的反馈机制，明晰区域环境和社会经济系统中的复杂因果关系，并将其中相互作用关系定量地描述出来，分析影响区域环境演化的敏感性因素，将敏感性因素对生态系统的直接影响（直接效应）和间接影响（间接效应）有机地结合起来，通过描述区域发展各项因子之间的交互作用的时间变化来分析时间累积效应。空间累积部分强调各项因子在空间上的变化以及空间上的交互作用。考虑到土地利用变化是区域最显著的景观标志且是地质环境变化的重要因素，也是自然因素、社会经济等要素在时空尺度上累积的结果，能够反映区域生态环境演化的空间性，因此，该框架利用CA模型模拟区域土地利用变化在空间上的变化和交互作用，并通过演化规则决定下一时期的土地利用状况，在此基础上计算相关的空间累积指标，并作为相关参数传递给SD运行。最后将这两个部分集成为时空整合模式，以完成对区域生态环境累积效应的分析。

10.2.2.2 模型的结构和功能

(1) 时空问题的分解

该部分为图10-1中的①。区域复合生态系统是一个涉及各种时空要素在内的复杂系统，包含了各种时间、空间问题。时间上表现为各子系统状态变量的累积，如经济总量、人口数量和耕地总量等。空间上则表现为空间范围的扩展和空间结构的变化，如城镇居民点的扩张、区域土地利用变化等。因此，为了能准确描述累积效应的影响，就要对影响区域环境变化的各种时空因素进行分析和模拟，而要想同时模拟各种要素在时间、空间上的变化，通常的做法就是将复杂系统分解为时间和空间两个部分，再将时间和空间部分进行结合(李孟璁，2007；邵立国，2006)。

为了分析各子系统之间的复杂关系及各种状态变量的累积变化，更好地反映系统之间的因果关系，预测和模拟系统的变化，在集成系统中选择了SD模型对区域的时间问题进行分析，而空间型问题则采用GIS进行模拟和预测。需要说明的是，时间型问题与空间型问题在实质上并不是彼此孤立的，它们之间存在着密切的联系，因此整个分析系统需要SD和GIS的结合应用，并通过二者的数据和预测结果的共享实现系统的集成(邵立国，2006)。

(2) SD-CA的集成方式

该部分为图10-1中的②，主要目标是模拟不同因子之间的时空交互作用。基本思路是：对于每一次模拟，首先通过SD模型模拟系统在一定时期内各因子时间累积作用的结果，获得生态因子时间维的信息，系统各项因子之间的相互作用会影响区域土地利用空间结构的变化。因此为了模拟区域土地利用的空间变化，以CA为基础，从满足局部土地利用适宜性的角度完成不同土地需求下的土地空间分配，从而模拟出该段时期期末的土地利用空间格局(何春阳等，2005)。该方法一方面获取了空间方面的指标；另一方面可将空间维的模拟结果作为下一次模拟的SD模型的输入，以进行下一次的模拟和预测。该方法在时空问题分解的基础上实现了紧密的结合，能够有效克服以往各种分析方法难以兼顾时间累积和空间累积的缺陷。集成实现的过程可以用图

10-2 来进行说明(李孟璁,2007):系统的某项因子(如沉陷土地总量在时间 $T_0$ 为 $S_0$),通过 SD 模型计算,预测出时间 $T_1$ 的沉陷总量 $S_1$,再利用 CA 模式模拟获得沉陷土地的空间结构以及调整值 $S'_1$ 作为 SD 模式时间 $T_1$ 的输入,以进行 $T_1$ 至 $T_2$ 的模拟,之后模拟依此进行。

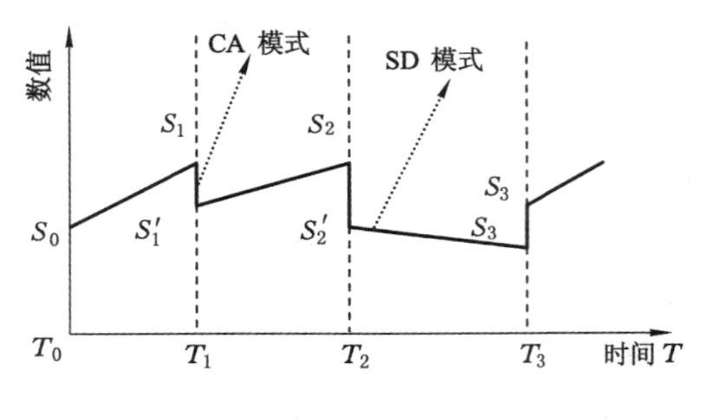


图 10-2　SD-CA 集成方式

# 10.3　实例验证

为了验证区域生态环境在时间序列上的动态变化和空间上的演化过程,这里以山西潞安矿区复合生态系统为研究对象,建立了 SD-CA-GIS 模型来模拟矿区生态效应的时空累积过程。

## 10.3.1　矿区复合生态系统分析

根据建模的目的,将潞安矿区复合生态系统划分为煤炭资源开发、生态环境、经济社会发展和环境管理等四个子系统。煤炭资源开发子系统描述煤炭资源开发的不同模式及可能造成的影响,生态环境子系统反映了煤炭资源开发、经济社会发展等压力对生态环境所带来的冲击,经济社会子系统模拟了煤炭资源开发所带来的经济社会的发展,环境管理子系统则描述了不同的管理政策可能带来的对经济社会和生态的影响。这些子系统在一定程度上相互独立,但同时又相互联系,都受到煤炭资源开发的影响,并反过来制约、促进煤炭产业的发展。这些子系统的相互影响关系可以概括为图 10-3。

## 10.3.2　SD 子模型构建

### 10.3.2.1　因果关系分析

根据系统分析可以发现矿区复合生态系统在煤炭资源开发这一生产活动

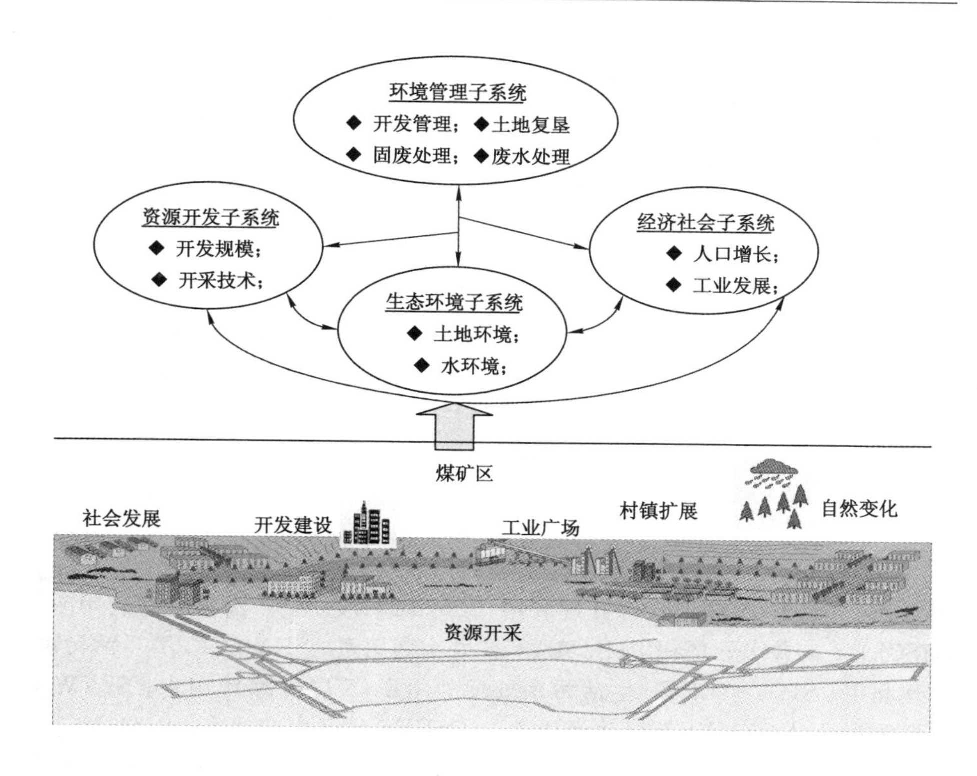


图 10-3　矿区复合生态系统各子系统相互影响关系图

的推动下，土地、植被、水体和大气等环境要素发生变化，最终产生生态累积效应而使得矿区生态系统生产能力下降、生态功能退化。它们之间的因果关系如图 10-4 所示。各变量之间存在着正向(＋)和反向(－)反馈作用，各要素构成复杂的反馈回路。矿区复合生态环境系统就是在这些正、负反馈回路的复合作用下呈现典型的生命周期型发展变化(李永峰，2007)。

10.3.2.2　系统流图

单纯依靠因果关系还不能准确反映相关变量的变化及变动速率。因此，需要在分析清楚系统内部因果关系的基础上，建立系统流图(图 10-5)。系统流图反映出了矿区资源开发、生态环境、管理和矿区社会经济等子系统之间的反馈影响关系，体现着系统的运行和模拟中的相关关系。

变量说明：SZYZJ 水资源增加；SZYZL 水资源总量；SZYJS 水资源减少；GZZWHSZJ 构建筑物毁损增加；GJZWJZ 构建筑物毁损价值；LMCDXS 林木草地蓄水；SXHLY 水循环利用； XTWDY 系统外调水；DWMJSX 单位面积

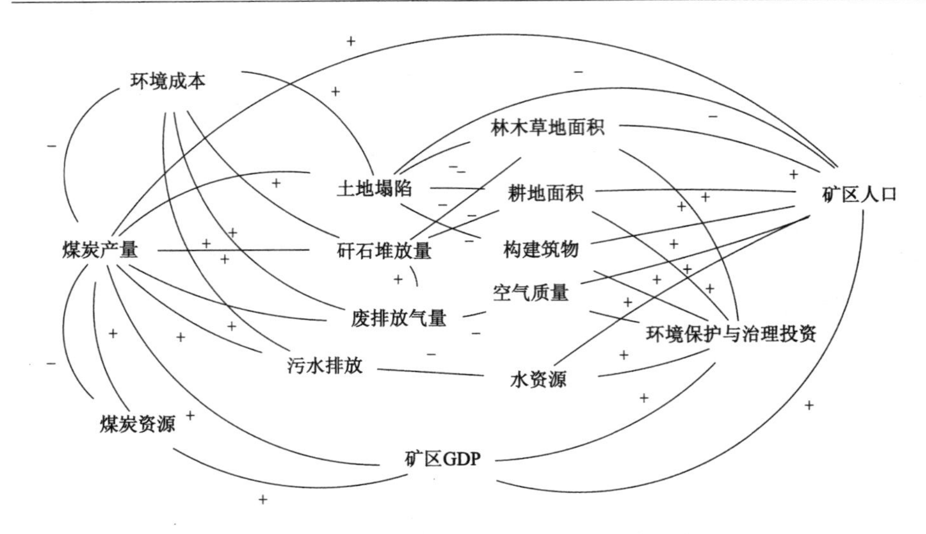


图 10-4　矿区发展与生态环境因果反馈图

蓄水;SCWSCLLY 生产污水处理利用;SCWSCLLYL 生产污水处理利用率;KJSCLLY 矿井水处理利用;KJSLYL 矿井水利用率;SHWSCLLY 生活污水处理利用;SHWSCLLYL 生活污水处理利用率;XTYS 系统用水;SZYWR 水资源污染;KQSHYS 矿区生活用水;KQSCYS 矿区生产用水;RJSHYS 人均生活用水;WDHSL 万吨耗水量;WDYSL 万吨涌水量;SZYWRXS 水资源污染系数;DMGJZWHS 吨煤构建筑物毁损;DMGJZYHSYZ 吨煤构建筑物毁损因子;GJZWSHCDYZ 构建筑物损坏程度因子;GJZWZLYZ 构建筑物质量因子;GJZWMDYZ 构建筑物密度因子;KCCLJS 可采储量减少;ZYKCCL 资源可采储量;KCCLZJ 可采储量增加;ZYHSL 资源回收率;KCTZ 矿产资源勘查投资;DWTZ 单位资源投资额;GDMJ 耕地面积;GDJS 耕地减少;GDZJ 耕地增加;GSYZMJ 矸石压占面积;GSDFL 矸石堆放量;TDTXMJ 土地塌陷面积;TDFKMJ 土地复垦面积;TDFKL 土地复垦率;TDGLMJ 土地改良面积;WDTXMJ 万吨塌陷面积;TDGLTZXS 土地改良投资系数;HGL 含矸率;XGL 选矸率;GSZDXS 矸石占地系数;DWTDGLTZ 单位土地改良投资;KQZRK 矿区总人口;RKZJ 人口增加;RKJS 人口减少;ZRZ-ZL 人口自然增长率;JNZZL 基年人口自然增长率;GDPZZ 人均 GDP 人口增长因子;RJGDP 人均 GDP;QCL 迁出率;QRL 迁入率;JNQCL 基年迁出率;MTQCYX 煤炭产量迁出影响因子;TXQC 塌陷迁出因子;CLYX 产量影响因子;JKYX 健康影响因子;SWL 死亡率;JNSWL 基年死亡率;

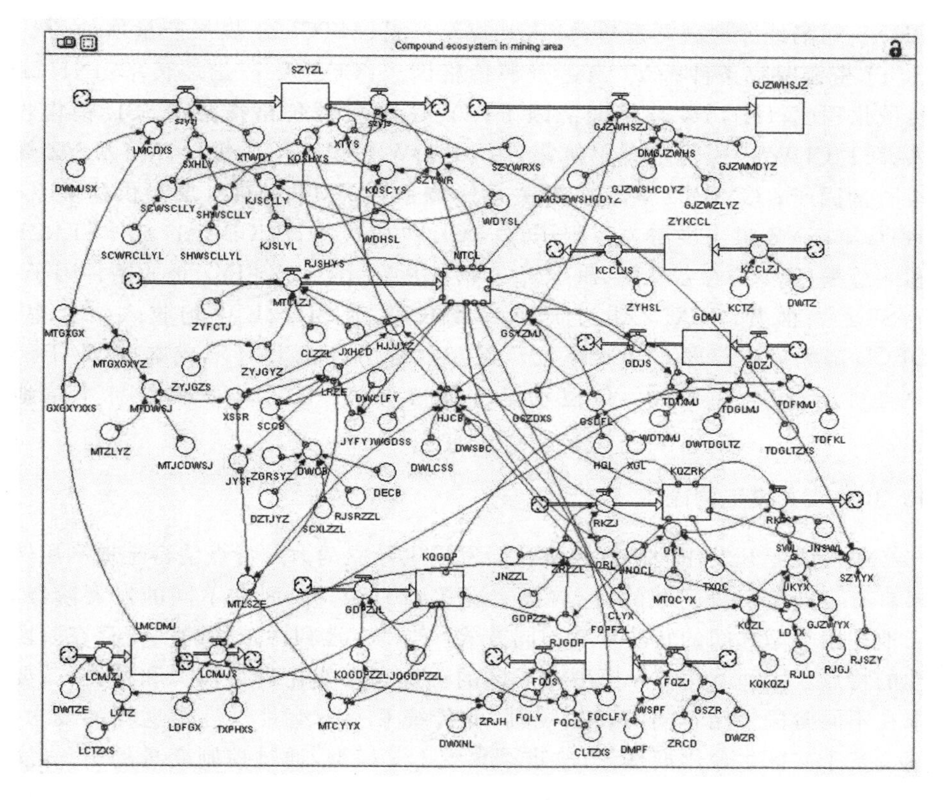


图 10-5　潞安矿区复合生态系统流图

SZYYX 水资源影响因子；RJSZY 全国人均水资源；GJZWYX 构建筑物影响因子；LDYX 绿地影响因子；RJLD 全国人均绿地面积；RJGZ 人均构建筑物拥有量；KQKQZJ 矿区空气自净能力；KQZL 空气质量因子；FQPFZL 废气排放总量；FQJS 废气减少；FQZJ 废气排放增加；ZRJH 废气自然净化；DWXNL 单位面积二氧化碳吸纳量；FQLY 废气利用；FQCL 废气处理；CLTZXS 废气处理投资系数；FQCLFY 单位废气处理费用；WSPF 瓦斯排放量；DMPF 吨煤瓦斯排放量；GSZR 矸石自燃排放；ZRCD 矸石自燃程度；DWZR 单位自燃排放；KQGDP 矿区 GDP；GDPZJL GDP 增加量；JQGDPZZL 基期 GDP 增长率；KQGDPZZL 矿区 GDP 增长率；MTLSZE 煤炭生产利税总额；MTCYYX 煤炭产业影响因子；LCMJZJ 林木草地面积增加；LMCDMJ 林木草地面积；LCMJJS 林木草地面积减少；DWTZE 单位面积投资额；LCTZ 林木草地投资；LDFGL 绿地覆盖率；LCTZXS 林木草地投资系数；TX-

PHXS 塌陷地绿地破坏系数；MTCL 煤炭产量；MTCLZJ 煤炭产量增加；ZY-FCTJ 资源赋存条件；ZYJGYZ 资源价格因子；CCZZL 产量增长率；JXHCD 机械化程度；HJJJYZ 环境经济因子；ZYJGZS 资源价格指数；XSSR 销售收入；MTJCDWSJ 煤炭基础单位售价；MTDWSJ 煤炭单位售价；MTZLYZ 煤炭质量因子；GXGXYXXS 供需关系影响系数；MTGXGX 煤炭供需关系；MTGXGXYZ 煤炭供需关系因子；DWCB 单位成本；SCCB 生产成本；LRZE 利润总额；JYFY 经营费用；ZGRSYZ 职工人数因子；DZTJYZ 地质条件因子；JYSF 经营税费；SCXLZZL 生产效率增长率；RJSRZZL 人均收入增长率；DECB 定额成本；DWCLFY 单位产量经营费用；HJCB 环境成本；DWGDSS 单位耕地损失；DWSBC 单位水资源补偿价值；DWLCSS 单位林木草地损失。

### 10.3.3 CA 模型构建

煤炭资源开发作为矿区经济社会发展主导驱动力的特点使得土地利用转换具有不同于一般区域的特点(吴春花等，2012)。矿区在不同的发展阶段，土地利用类型之间的转换具有不同方式，使得土地利用结构的演化存在阶段性的特点。因而利用 CA 模型对矿区的土地利用变化进行模拟和预测，就要求在不同阶段使用不同的转换规则，而传统 CA 模型难以满足这样的要求。笔者基于矿区生命周期理论，改进了传统 CA 模型，通过控制变量的引入，实现了元胞转换规则的动态获取和应用，提出了适用于矿区的 T-ANN-CA 模型(王行风等，2009)，这里将其作为 SD-CA-GIS 集成框架中的 CA 子模式。它不仅能够用来分析不同土地利用类型单元之间的空间交互作用，而且可以利用空间交互作用分析的结果，计算相关的空间累积指标，并可将分析和模拟的结果作为 SD 模型下一步运算的输入参数，以完成对矿区生态环境演变累积效应问题的分析。

### 10.3.4 SD-CA-GIS 模型的集成应用

利用所构建的 SD-CA-GIS 模型，可以完成对矿区主要生态环境效应的累积分析和评价，此处不一一探讨。考虑到土地利用变化本身是生态环境变化的关注对象(HJ/T 19—1997)，且也是计算其他环境效应(土地沉陷、土壤侵蚀等)的基础，因此这里参考煤矿区土地利用分类方法(王行风等，2007)，根据潞安矿区发展规划，以 2006 年为基期，对研究区 2006～2030 年的土地利用变化及特点进行了预测和分析，结果见图 10-6 和表 10-1。

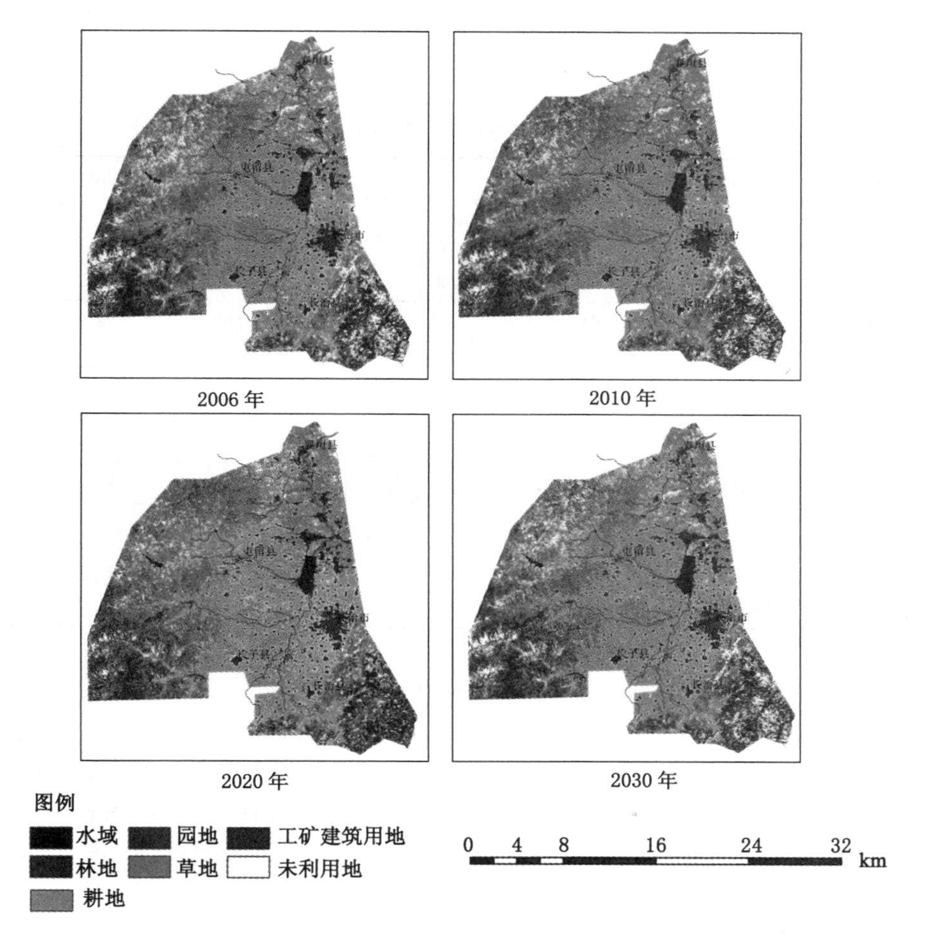


图 10-6　研究矿区土地利用变化模拟图(2006～2030)

从预测结果可以看出,研究区在研究时段内,区域内土地利用类型主要呈现的特点为工矿用地、居民用地和交通用地增加外,其他土地利用类型都在减少。但是在不同阶段,土地利用变化的特点存在一定的差异。

图 10-6

(1) 阶段Ⅰ(2006～2010)土地利用变化分析

由于在该阶段建设新矿井以及配套设施,工建用地扩张较快,工业广场新增约 8 $km^2$,随着城镇化进程的推进,评价区内居民用地和交通用地面积将新增约 70 $km^2$,新建矿井、居民地及交通用地等主要占用了耕地、草地以及未利用地等。林地主要分布在周边地区，煤炭资源开采以及经济社会的发展对林地影响不大，林地覆盖率变化较小。

**表 10-1　　研究区土地利用变化模拟结果(2006～2030)**

| 类型 | 2006 年 | | 2010 年 | | | 2020 年 | | | 2030 年 | | |
|---|---|---|---|---|---|---|---|---|---|---|---|
| | 面积/km² | 比重/% | 面积/km² | 比重/% | 2006～2010 变化量 | 面积/km² | 比重/% | 2010～2020 变化量 | 面积/km² | 比重/% | 2020～2030 变化量 |
| 耕地 | 936.25 | 30.51 | 906.74 | 29.55 | −29.51 | 898.27 | 29.27 | −8.47 | 885.05 | 28.84 | −13.22 |
| 林地 | 509.64 | 16.61 | 507.06 | 16.52 | −2.58 | 504.35 | 16.44 | −2.71 | 499.88 | 16.29 | −4.47 |
| 水域 | 101.83 | 3.32 | 100.50 | 3.28 | −1.33 | 98.10 | 3.20 | −2.40 | 97.45 | 3.18 | −0.66 |
| 草地 | 673.60 | 21.95 | 657.22 | 21.42 | −16.38 | 633.00 | 20.63 | −24.22 | 623.84 | 20.33 | −9.16 |
| 工建用地 | 653.61 | 21.30 | 729.20 | 23.76 | 75.59 | 751.41 | 24.49 | 22.21 | 755.53 | 24.62 | 4.12 |
| 未利用地 | 143.98 | 4.69 | 127.17 | 4.14 | −16.81 | 149.95 | 4.89 | 22.78 | 185.44 | 6.04 | 35.49 |
| 园地 | 49.54 | 1.61 | 40.56 | 1.32 | −8.98 | 33.37 | 1.09 | −7.19 | 21.26 | 0.69 | −12.10 |
| 合计 | 3068.45 | 100 | 3068.45 | 100 | 0.00 | 3068.45 | 100 | 0.00 | 3068.45 | 100 | 0.00 |

(2) 阶段Ⅱ中期(2011～2020)土地利用变化分析

在该阶段，矿区增加矿井数目较少(仅为 2 座)，只是少量电厂化工厂相继投入运行，工业及交通用地扩张速度减慢，工建用地的扩张主要体现在城镇化进程居民用地、交通用地的增加，新增约 20 km²，与 2010 年相比，主要占用草地和耕地，而且未利用地的绝对量增加较快。

(3) 阶段Ⅲ远期(2020 以后)土地利用变化分析

2020 年以后，后备区陆续开采，工建用地不再大面积扩展，土地利用变化将主要由开采沉陷区所引起。耕地、草地和园地也逐渐减少，林地所受到的影响也逐渐变大，未利用地增加幅度越来越大，所占比重也达到了 6.54%。

## 10.4　结论与讨论

本章在对传统环境分析方法进行归纳、分析和总结的基础上，以 GIS 为基础平台，集成系统动力学和元胞自动机的优点，建立了能够分析时间、空间累积效应的 SD-CA-GIS 模型，并以山西潞安矿区作为研究区域，利用该模型分析了矿区社会、经济、工程和环境等因子之间的时空交互作用，预测和模拟了该矿区在 2010～2030 年不同阶段土地利用类型演化趋势，对可能造成的生态效应累积状况进行了剖析，为进行其他效应的分析提供了数据基础。结果表明，该模型通过完善系统内部空间关系与反馈机制，能够同时考虑时间与空间的动态变化，有效整合时间、空间交互作用的处理方法，实现了系统要素之间的时空交互作用的分析，在一定程度上有效解决了累积效应评价的时空累积分析问题。但区域的发展是一个经济、社会、环境和工程等多种要素相互作用下的复杂生态系统，影响的空间范围大，涉及因子多，部分因子属于难以量化的复杂因子，如何通过更科学的方法，明确系统因子变量之间的数学关系，如何联系矿区的实际情况，确定矿区所处生命周期阶段和求取不同阶段的 CA 转换规则等都是 SD-CA-GIS 模型应用所面临的挑战，还有待进一步努力。

## 本章参考文献


[1] 何春阳，史培军，陈晋等. 基于系统动力学模型和元胞自动机模型的土地利用情景模型研究[J]. 中国科学 D 辑，地球科学，2005，35(5)：464-473.

[2] 黄嘉璐. 累积影响评价研究[J]. 江苏环境科技，2004，17(3)：25-29.

[3] 环境保护部科技标准司. HJ 19—2011：环境影响评价技术导则　生态影响[S/OL]. [2013-9-7]. https://wenku.baidu.com/view/519372365a8102d276a22fff.html.

[4] 黎夏，叶嘉安. 基于神经网络的元胞自动机及模拟复杂土地利用系统[J]. 地理研究，2005，24(1)：19-27.

[5] 李永峰. 煤炭资源开发对矿区资源环境影响的测度研究[M]. 徐州：中国矿业大学出版社，2008.

[6] 李永峰. 煤炭资源开发对煤矿区资源环境影响的测度研究[D]. 徐州：中国矿业大学，2007.

[7] 毛文锋. 地理信息系统在累积影响评价中的应用[J]. 环境科学进展，1998，6(6)：61-66.

[8] 彭应登. 区域开发环境影响评价研究进展[J]. 环境科学进展，1999，7(4)：34-40.

[9] 彭应登，杨明珍. 区域开发环境影响累积的特征与过程浅析[J]. 环境保护，2001(3)：22-23.

[10] 邵立国. SD-GIS 集成模型在城市交通规划环境评价中的应用研究[D]. 长春：东北师范大学，2006：22-25.

[11] 沈体雁，王伟东，侯敏. 城市增长时空动态学模拟研究[J]. 系统工程理论与实践，2007，(1)：10-17.

[12] 汪云甲，张大超，连达军，等. 煤炭开发的资源环境累积效应[J]. 科技导报，2010，28

(10):61-67.

[13] 王波,黄薇,杨丽虎.梯级水电开发对水生环境累积影响的方法研究[J].中国农村水利水电,2007(4):127-130.

[14] 王其藩.高级系统动力学[M].北京:清华大学出版社, 1995.

[15] 王行风,韩宝平,汪云甲,等.基于遥感的煤矿区景观生态分类[J].辽宁工程技术大学学报, 2007,26(5):776-779.

[16] 王行风,汪云甲,李永峰.基于生命周期理论的煤矿区土地利用演化模拟[J].地理研究, 2009,28(2):379-390.

[17] 吴春花,杜培军,谭琨.煤矿区土地覆盖与景观格局变化研究[J].煤炭学报,2012,37(6):1026-1033.

[18] 吴贻名,张礼兵,万飚.系统动力学在累积环境影响评价中的应用研究[J].武汉水利电力大学学报,2000,33(1):70-73.

[19] 薛联青,吕锡武,崔广柏.复合生态系统非线性累积效应响应因子的阈值模型[J].城市环境与城市生态,2003,16(6):118-120.

[20] 尹忠彦,李妮.GIS在环境影响评价中的应用[J].矿山测量,2003(2):27-28.

[21] 余洁,边馥苓,胡炳清.基于GIS-SD方法的社会经济发展与生态环境响应动态模拟研究[J].武汉大学学报(信息科学版),2003,28(1):18-24.

[22] BURRIS R K, CANTER L W. Facilitating Cumulative Impact Assessment in the EIA Process[J]. International Journal of Environmental Studies, 1997,(53):11-29.

[23] HARRY S,BARRY S. Cumulative environmental change:Conceptual frameworks, evaluation approaches, and institutional perspectives [J]. Environmental Management, 1993,17:587-600.

[24] CUIP J M,CASH K J,WRONA F J. Cumulative effects assessment for the Northern River Basins Study[J]. Journal of Aquatic Ecosystem Stress and Recovery,2000(8):87-94.

[25] MONIQUE D,BRIAN J,GARY D,et al. Development of a New Approach to Cumulative Effects Assessment: A Northern River Ecosystem Example[J]. Environmental Monitoring and Assessment,2006,113:87-115.

[26] SPALING H. Cumulative effects assement:Concepts and principles[J]. Impact Assement, 1994,(3):231-252.

# 第 11 章 煤矿区景观演变生态累积效应表征模型

在总结煤矿区景观生态分类研究现状、趋势的基础上，以遥感技术为支撑，构建了基于中小尺度的煤矿区景观生态分类框架。并基于累积效应原理和景观分析原则，在提出景观生态基准值概念的基础上，利用景观类型结构偏离累积度、景观格局干扰累积度和生态敏感性退化累积度构建了煤矿区景观生态累积效应表征模型，以潞安矿区为研究区域，以 1993 年作为采前景观生态基准，在对矿区景观(1993～2000～2006)分析的基础上，对矿区景观演变所造成的生态累积效应进行分析。

## 11.1 引言

煤炭资源开发所固有的时间持续性、空间扩展性和强干扰性使得矿区生态环境系统受到严重影响，各种生态效应(如地表沉陷、植被退化和土地生产力下降等)逐渐累积，造成矿区生态环境日益退化或恶化，威胁着矿区的可持续发展(朱松丽等，2007)。累积效应研究始于环境影响评价，其主要关注人类活动与自然生态系统的相互作用过程及其产生的环境后果，强调多项活动或多次重复活动在长时间和较大空间范围内对环境的叠加累积性影响(Wang Y J，et al，2009；Spaling H，1994；Boizard H，et al，2002)。考虑到景观尺度是实现区域生态系统研究、评价和管理的适宜空间尺度(张艳芳，2005)，本章以矿区作为研究对象，基于景观尺度，从累积效应产生过程出发，构建煤矿区景观演变的生态累积效应表征模型，以期为矿区的生态环境保护、管理提供科学的依据。

## 11.2 煤矿区景观生态分类

景观生态学是生态学和地理学的交叉学科，是在吸收众多先进理论和技术的基础上形成的一门综合性较强的新学科，其研究始于 20 世纪 50～60 年代，并逐步形成了自己完整的理论和方法体系。景观生态分类是景观生态学理论实践相结合的一个重要环节，是进行景观生态研究的基础工作，也是进行景观格局分析、景观评价、规划与设计的基础和前提。

煤矿区由于矿业生产特殊规律，如生态环境扰动、资源耗竭和效益递减规律等的影响，在煤炭开采中对矿区的生态环境影响比一般的农地、城市景观破坏更为严重。近年来，绿色开采、绿色矿业等理念相继提出，得到广泛的认可，产生了强烈反响。“绿色矿业”的核心内容之一就是要实现“绿色开采”。“绿色开采”即寻求一种基于我国国情的，在现有的资源开发与生态环境保护技术、地质地理条件，符合可持续发展要求，在矿山环境扰动量小于环境容量前提下，实现社会经济效益最优和生态环境影响最小的煤炭资源开发开采模式。煤矿区的景观生态规划作为“绿色矿山”的一个重要环节，得到更多学者的关注。

但是矿区景观具有和农地景观、林地景观、城市景观截然不同的特点、不同的景观生态类型，在目前进行的矿区景观生态研究中，其生态分类过于粗陋，使用的技术手段略显简单，从而影响矿区景观生态规划设计的科学性。因此，本章在对国内外煤矿区景观生态分类的现状进行总结和分析的基础上，基于遥感技术初步建立一个煤矿区景观生态分类体系，并提出一些建议，旨在对我国煤矿区的景观生态分类体系的研究和建立起到一定的借鉴作用。

### 11.2.1 煤矿区景观生态分类特点和现状

矿区景观生态的变化主要由两个方面的因素所形成：① 由矿区的经济、社会的发展所造成的，即使不存在煤矿的开采，该因素也会引起景观生态的变化；② 地下煤炭开采造成景观生态的破坏。煤炭开采必然引起地表沉陷，进而造成地表景观生态的破坏。煤矿区是一个受人工干扰强烈的地区，由于人类对煤炭资源的高强度的开采，使得煤矿区景观生态类型和一般农区景观、城市景观的景观生态类型规划截然不同。概括来说，煤矿区的景观生态类型具有以下的特点：

(1) 煤矿开采活动对生态破坏的复杂多样性。采煤活动对生态破坏是多种多样的，如各种发育的地裂缝、地表沉陷引起的季节或常年积水区、地表坡度变化造成的土地利用方式的变化、矸石山等固体废弃物对土地的压占、水资源污染、噪声污染等。这些生态变化有些是难以在实际调查中获取的，必须通过 3S 技术进行定性和定量的分析才可以获得。

(2) 煤矿区景观生态类型的动态变化性。采煤所引起的地表沉陷区是一个动态变化的范围，对于地表各种景观生态类型的变化需要关注时相的问题。各种景观生态类型的变化也存在一个从开始变化到逐步稳定的过程。如由于开采沉陷的影响会造成土地利用方式的变化，通常需要计算土地利用类型的转换矩阵，如果使用传统的调查方法则很难真正满足这种高时间分辨率的要求。

(3) 人类活动对景观生态类型干扰的强烈性。和一般的农田景观、城市景观不同，人类对煤矿区的许多景观类型干扰强度较大。如景观绿化的矸石山、各种工程措施等。

在实际应用中，我国关于景观生态的研究在很多方面还不够成熟，再加上煤矿区受人类活动强烈干扰而造成研究的复杂性，使得直接针对煤矿区的景观研究较少，专门针对煤矿区的景观生态分类更是少之又少，具体应用中多是现有土地利用和土地覆盖分类系统应用。常用的煤矿区分类体系目前大致有以下两种：

(1) 借鉴国内外的土地利用分类体系。如我国 1984 年的《土地利用现状分类》、2002 年修订的《全国土地分类》和美国 1976 年的 Anderson 分类体系等。这些分类方法都主要考虑研究时段内土地利用的状况，把土地类型等同于景观类型，未充分考虑采煤活动所产生的影响。数据的获取多以实际调查为主。这种仅根据现有的分类体系进行土地利用变化研究，没有真正和矿区景观生态类型联系起来，研究结果显得比较粗略，存在一定的局限性。

(2) 以遥感影像为主要数据源，了解土地现状及自然属性为主的分类体系。利用遥感数据资料，在考虑土地覆被自然属性的基础上，兼顾土地利用特点进行分类，如全球测图项目、美国地质调查局(USGS)和地球卫星公司(ESC)分类体系及中国科学院遥感所的土地资源分类系统等。采煤区的景观类型仅是在此基础上添加了部分类型，分类数量较少，多是在常用土地利用分类的基础上增加了排土场、矸石山、塌陷积水坑、工矿区等反映矿山特点的利用类型。这种分类主要反映了地表土地覆被情况，可以实现对矿区景观大类的区分，对尺度较小的景观亚类的研究不够。如同样是玉米地，土地覆盖是一样的，但是由于采煤沉陷引起坡度、水分、肥力的不同，生态含义不同。这种粗略的分类很难满足对矿区生态环境的研究，也不够构筑矿区生态环境评价模型、景观生态规划。

总地看来，以上两种分类方法都没有和煤矿区的生态影响真正结合起来，没有形成独立体系，矿区独特的景观生态问题表达不够。这种矿区景观生态分类方法的通用性不强，难以满足实际应用的需要。

### 11.2.2 基于遥感的煤矿区景观生态分类体系

随着景观生态学的发展，景观生态分类研究逐步侧重与遥感技术相结合，遥感成为景观生态分类获取数据的主要手段，再辅以地理信息系统进行获取分类所需要的定性和定量数据。传统生态调查方法无法真正满足景观生态学研究对大量定位、定量、定时数据的需求，而利用遥感技术和相关技术的密切配合既可以满足景观生态研究的数据要求，又可以方便地建立相关的景观生态模型进行描述不同景观组分的生态学联系，能更大地揭示各种景观现象的内在规律性。我国学者在这方面也有很多的研究，比如，王兮之等借助于SPOT多光谱遥感数据，应用ERDAS IMAGINE图像处理软件对卫星像片进行处理，对策勒绿洲景观进行了分类，并形成了荒漠-绿洲景观的分类图。王岩松等采用多时相NOAA数据和地理空间数据来分析大尺度的景观类型动态变化，取得了很好的效果。此外，还有倪绍祥等、蒋卫国等、甘甫平等从不同的方面进行了探索。

#### 11.2.2.1 煤矿区景观生态分类应用遥感的优势

利用遥感技术作为景观生态学研究的重要技术手段之一，具有以下几个方面的显著优势：

(1) 利用RS可以满足景观生态分类对数据获取的不同要求。遥感技术可以方便地获取不同尺度的时空信息资料，大大提高了景观研究中的数据获取能力。高空间分辨率影像（如Spot、Quickbird等）通常可以被用于对矿区土地利用结构的变化研究；TM和MSS卫星遥感数据常用于获取矿区的农田、工矿居民点等景观类型的数据；NOAA-AVHRR影像虽然空间分辨率低，但时间分辨率较高，可以用于研究矿区景观类型动态监测。随着遥感的空间和光谱分辨率的日益提高，获取的光谱信息更加丰富、空间特征更加明显。

(2) 克服常规地面生态调查的不足。常规地面调查时容易受天气和地形条件的影响，利用RS手段，可以有效克服地面调查中可能遇到的各种限制，另外RS数据易于管理、更新周期快、更新费用低的特点也是其他数据获取方法所无法比拟的。在野外景观生态调查和采样方法还没有规范化的今天，利用遥感分析来确定工作区或实验区，辅以必要的地面调查，无疑可以为景观生态分类建立更加扎实的资料基础。

（3）景观生态研究所涉及的现象通常具有较大的空间和时间跨度，要弄清这些现象一方面需要有足够的景观特征数据，另一方面还必须借助各种数量分析方法来描述景观的空间过程和时间过程。RS和GIS的密切配合可以提供强大的空间分析能力和各种各样的地理统计分析方法，为在景观生态研究中的应用提供了可能。

（4）随着景观生态学理论和应用问题日趋复杂，矿区的景观生态分析对于普适性分析模型和专用分析系统的要求越来越迫切。GIS技术为这些模型和系统的建立提供了强有力的支持。但是GIS数据需要景观分析的各种数据，充分利用RS数据和相关辅助数据，可以在由计算机和各种应用软件构成的实验系统中进行多种时空尺度、多种专题的景观模拟和空间分析，同时还可以建立各种景观研究模型。

#### 11.2.2.2　建立基于遥感的煤矿区景观生态分类体系的必要性

我国的能源结构是以煤炭为主的，近年来我国的经济快速发展，煤炭工业的强劲支持可以说是功不可没。但是随着煤炭经济的飞速发展，采煤活动已经深刻影响到了采煤区生态环境的各个方面，对于煤炭开采地区的景观生态研究已成为全国研究的前沿和热点课题。煤矿区的景观生态分类是煤矿区景观生态研究的重要基础，是进行矿区景观格局、景观功能研究和景观规划的先期工作。单纯借鉴农村景观、城市景观等的生态分类方法存在以下的不足：

（1）对采煤活动的人为干扰影响强度和程度描述不够。在大多数的景观生态分类中，对人类干扰的影响的描述大多放在第二位，而且仅仅考虑是随着经济、社会的发展而带来的影响和变化。而煤矿区的景观生态变化除了包括经济社会发展带来的变化外，还包括更为剧烈的采煤活动造成的景观生态变化。简单借鉴传统分类方法是不可能完全表达采煤沉陷对景观生态的影响。

（2）无法真正反映采煤扰动区的特点。采煤扰动区变化体现在水平和垂直方向上，水平方向上，采煤扰动区范围是逐渐扩大的，垂直方向上地表是逐渐沉陷的（井工开采），有些尚未到达稳定期。常用的分类方法大多是截取某一时点上的数据进行研究，根本没有考虑到采煤扰动区的水平和垂直方向变化的特点，在此基础上所得到的景观生态评价结果的精确性就会使人怀疑。

（3）时间因素考虑不够。

基于常见景观分类而建立的景观生态评价模型，大多忽视了煤矿区的时间因素，在时间跨度上，仅仅考虑了我国社会经济发展阶段特点及人口增长变化、国民经济发展五年计划等具体情况，却忽视了煤炭企业发展情况。

由以上可以得出，煤炭行业亟须相应的景观生态分类标准来指导和规范煤矿区景观生态的研究，其重要性不言而喻。

### 11.2.3 基于遥感的煤矿区景观生态分类体系

#### 11.2.3.1 煤矿区景观生态分类原则

煤矿区景观生态类型的形成、结构、功能和动态特征，在很大程度上是由地貌过程、生物过程，特别是人类采煤活动影响所决定的，具有和常见景观不同的特点，在遵守景观生态分类原则的基础上，需要考虑煤矿景观生态变化的特点。煤矿区景观生态分类在遵循常用原则的基础上，需要注意以下几个方面：

(1) 景观分类应突出体现采煤活动对于景观演化的决定作用。

人类活动(含采煤活动)改变着土地利用和景观格局，将自然和半自然景观转变为人工管理的农田和工矿城市区。

(2) 关注矿区景观生态类型变化的动态性。分类时应考虑各种类型的发展变化、演变前景及可能对生态环境的影响。所以分类系统应适用于来自不同年代、不同解译方法、不同时相的数据，而且所获得的结果应具有可重复性。

(3) 应该把人文因素切实纳入景观生态分类中，并把它作为一个基本原则；景观生态分类宜采用结构性和功能性双系列方法。

(4) 空间尺度适宜原则。煤矿开采区是景观变化比较剧烈、生态脆弱的地区，其景观生态分类不但要考虑到大、中尺度景观的宏观分类，而且也要涉及小尺度景观的详细划分。大、中尺度景观的分类可以宏观地协调景观生态系统的平衡，小尺度的景观生态分类则直接为景观的规划与设计来服务，这就要求小尺度景观类型单元的划分应具有相对单一的土地利用方式和明显的空间形态特征。

(5) 在定性分析的基础上，更加关注与定量研究的结合。

定性的分析可以对煤矿区有一个总体的把握和了解，定量的分析可以明确提出煤矿区景观类型的界线，反映煤矿区景观格局，二者相互结合，相互补充是很必要的。

#### 11.2.3.2 煤矿区景观生态分类体系

纵观国内外的景观生态分类可见，不论其分类系统差异如何，多是按自然要素来进行分类，较少把人类干扰作为影响景观变异的因素，更没有作为主要因素来考虑。但由于煤矿区采煤所造成的人为干扰活动强烈，煤矿区景观多是人类活动强烈干扰和自然因素共同形成的，所以煤矿区的景观分类系统必须考虑人为干扰程度的影响。在这里设计了一个基于中小尺度煤矿开采区的景观生态分类框架(考虑了东部高潜水位情况)。

(1) 景观类型——人为干扰强度分区

主要根据人类活动的干扰强度进行划分，一般可以分为自然景观、半自然景观、人工景观和水域景观。自然景观指人为干扰极少，迄今保持自然状况，如天然草地、天然林地等。半自然景观指原来的自然景观遭受破坏，经人工管理又重新生长植被，如天然次生林、人工林、农田防护林等。人工景观基本是指人工构筑的建筑物、道路等。水域包括河流、坑塘、水库等，是一种特殊的景观类型，但煤矿区的水域由于受到采煤沉陷的影响，会出现季节性积水区域和常年积水区域，所以把它单作一种类型。

(2) 景观系——土地覆被分区

根据遥感数据源的特点进行划分，主要考虑地表覆被状况、土地利用等方面，在景观类的基础上，考虑人为干扰影响程度，特别是强调考虑采煤活动的影响。如，半自然景观可以分为人工园地景观、人工林地景观、农田景观等；水域景观可以分为自然水体、季节性积水区域、常年积水区域等。目前关于此级分类可以选取的遥感数据源比较多，如 TM、SPOT 等，但是考虑到性价比因素，在实际中大多选择 TM/ETM 数据，通过不同波段组合或者采用遥感影像变换，然后利用计算机自动解译或者人机交互目视解方法可以满足精度要求的数据。

(3) 景观组分——地貌、土壤类型分区

因为研究对象是中小尺度，所以需要进一步研究采煤沉陷所造成地表的沉陷起伏。因为坡度的变化会引起土地生态的变化(如采煤沉陷可能会造成土壤水分流失甚至疏干从而影响了土壤的水源涵养能力等)。土壤是环境的一面镜子，土壤既是环境历史演化的产物，同时也对环境产生反作用，土壤环境的变化直接作用于生物，从而作用于景观；地貌形态、土壤结构肥力的成分变化都可以反映出采煤沉陷对采煤区地表的影响。如煤矿区的农田景观可以分为缓坡旱地、低平地水浇地、洼地水田景观等。该类是分类的基本单位，也是制图单元。该类分类可以在土地覆被分类的基础上结合该区的数字高程模型(DEM)数据进行，或者也可以采用一些高空间分辨率(如 IKONOS、QuickBird 等)。

因为本章主要针对中小尺度进行景观生态分类研究，采用 3 级分类系统，详细分类见图 11-1。

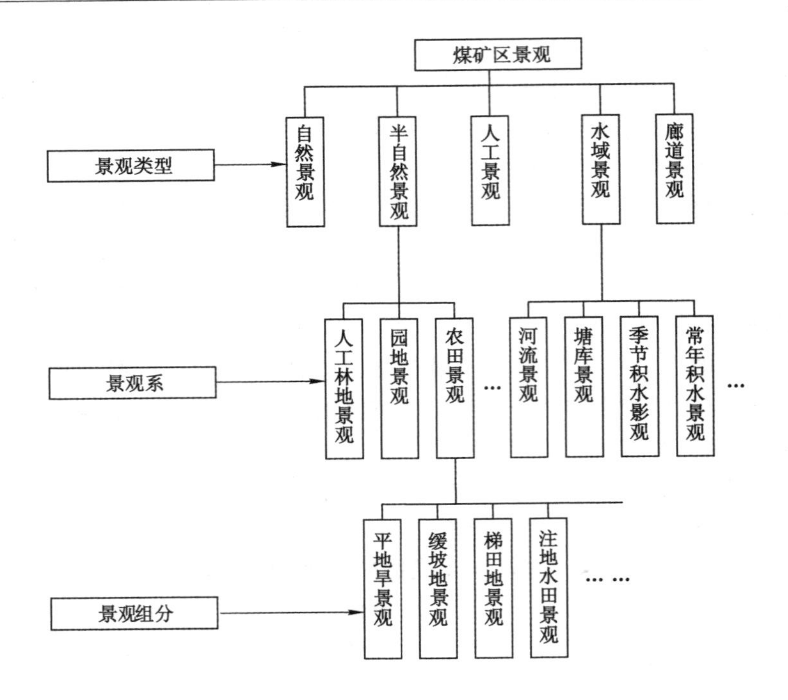


图 11-1　煤矿区景观生态分类框架示意图

### 11.2.4　矿区景观生态分类实例

#### 11.2.4.1　研究区概况

兖州矿区位于兖州、曲阜、邹城市境内，为全隐蔽式石炭二迭系煤田。东以峄山断层为界，南、北及西三面以煤系底界露头为界。南北长约 26 km，东西宽约 16 km，煤田总面积 449.30 $km^2$，其中探明面积 407.10 $km^2$，预测含煤面积 42.20 $km^2$。煤炭资源总量为 42.30 亿 t，其中累计探明资源量为 38.04 亿 t，预测资源量 4.26 亿 t。随着经济的发展，该区由于煤炭资源的开采所引发的环境地质问题日益突出，如矿区开采沉陷和沉降，采矿由于疏干排水导致地下水资源枯竭，煤矸石堆放对周围土壤、大气、地表水和地下水的污染，南四湖水体污染及其底泥污染，济宁地面沉降等，因此，资源开发与环境保护之间的尖锐矛盾已严重制约了本区社会经济的可持续发展。

煤田内地形平坦，自东北向西南平缓下降，地面标高 37～72 m。煤田内主要河流有泗河及白马河，其他为小支流，如小沂河、沙河，均为季节性河流。均往西南汇入南阳湖。

根据研究区的特点和前文所确定的景观生态分类的框架进行了分类(见表 11-1),分类的结果为一级类型 4 种,二级类型为 10 种,三级类型为 27 种,其中第三级分类主要考虑了地形地貌因子对生态的影响(见表 11-2),土壤因子暂未考虑。基本上可以满足对该区景观生态评价和景观生态规划的需要。

**表 11-1　兖州矿区地形地貌分类表**

| 编号 | 地形地貌类型 | 特征描述 |
| --- | --- | --- |
| 1 | 低平地 | 坡度小于 3°,地下水位较高 |
| 2 | 缓坡 | 坡度在 3°～8°之间 |
| 3 | 微陡坡 | 海拔高度在 100～150 m 之间,坡度在 8°～15°之间 |
| 4 | 陡坡 | 海拔高度在 150～300 m 之间,坡度在 15°～25°之间 |
| 5 | 低山山地 | 海拔较高,在 300 m 以上,坡度大于 25° |

**表 11-2　兖州矿区景观生态分类**

| 景观类型 | 景观系 | 景观组分 |
| --- | --- | --- |
| Ⅰ自然景观 | Ⅰ$_{1}$裸地景观 | Ⅰ$_{1-1}$缓坡裸地景观 |
| | | Ⅰ$_{1-2}$缓坡荒地景观 |
| Ⅱ半自然景观 | Ⅱ$_{1}$林地景观 | Ⅱ$_{1-1}$低山林地景观 |
| | | Ⅱ$_{1-2}$陡坡林地景观 |
| | | Ⅱ$_{1-3}$微陡坡林地景观 |
| | | Ⅱ$_{1-4}$缓坡苗圃景观 |
| | | Ⅱ$_{1-5}$缓坡农田防护林景观 |
| | | Ⅱ$_{1-6}$低平地农田防护林景观 |
| | Ⅱ$_{2}$园地景观 | Ⅱ$_{2-1}$微陡坡果园景观 |
| | | Ⅱ$_{2-2}$低平地果园景观 |
| | Ⅱ$_{3}$农田景观 | Ⅱ$_{3-1}$微陡坡旱地景观 |
| | | Ⅱ$_{3-2}$缓坡旱地景观 |
| | | Ⅱ$_{3-3}$缓坡菜地景观 |
| | | Ⅱ$_{3-4}$低平地菜地景观 |
| | | Ⅱ$_{3-5}$低平地水田景观 |

**续表 11-2**

<table>
<tr><th>景观类型</th><th>景观系</th><th>景观组分</th></tr>
<tr><td rowspan="6">Ⅲ人工景观</td><td>$Ⅲ_1$聚落景观</td><td>$Ⅲ_{1-1}$农村聚落景观</td></tr>
<tr><td rowspan="3">$Ⅲ_2$工程景观</td><td>$Ⅲ_{2-1}$矸石山景观</td></tr>
<tr><td>$Ⅲ_{2-2}$水利工程景观</td></tr>
<tr><td>$Ⅲ_{2-3}$旅游休闲地景观</td></tr>
<tr><td rowspan="2">$Ⅲ_3$道路景观</td><td>$Ⅲ_{3-1}$公路景观</td></tr>
<tr><td>$Ⅲ_{3-2}$农田路景观</td></tr>
<tr><td rowspan="6">Ⅳ水域景观</td><td rowspan="2">$Ⅳ_1$自然水域</td><td>$Ⅳ_{1-1}$河流景观</td></tr>
<tr><td>$Ⅳ_{1-2}$湖泊景观</td></tr>
<tr><td rowspan="2">$Ⅳ_2$人工水域</td><td>$Ⅳ_{2-1}$水库景观</td></tr>
<tr><td>$Ⅳ_{2-2}$坑塘景观</td></tr>
<tr><td rowspan="2">$Ⅳ_3$沉陷水域</td><td>$Ⅳ_{3-1}$塌陷深积水景观</td></tr>
<tr><td>$Ⅳ_{3-2}$塌陷浅积水景观</td></tr>
</table>

#### 11.2.4.2 煤矿区特殊景观类型的遥感解译标志

遥感图像解译主要根据解译标志从图像上判断地面目标或特征。解译标志包括直接解译标志和间接解译标志。直接解译标志主要包括:形状和大小、色调、颜色、阴影、模型结构、纹理、位置等。间接解译标志是通过其他地物在图像上反映出来的直接标志,间接判断地物的存在及其属性。间接解译标志隐含于图像中各种地物单元的相互联系中,对判读具有复杂性和模糊性特征的地物目标,是重要的解译手段。如可以根据与工业广场相连的铁路线找煤仓所在地。

在煤矿区的遥感图像解译中,一方面需要研究常见地物的解译标志,另一方面煤矿区作为一个特殊的区域,在分类时必须有能够反映矿区特点的景观分类,也需要重点研究煤矿区特殊的景观类型,如积水沉陷区、矸石山、工矿区、经过复垦的坑塘等。以下以兖州矿区为研究对象,以常用的 TM/ETM 影像(543 波段组合)为数据源来建立煤矿区特殊景观生态类型的解译标志(见表 11-3)。

景观生态分类是景观理论与实践相结合的桥梁和纽带,是把景观生态理论和方法应用到资源利用与开发、国土整治和环境保护之中的有效工具。煤矿区由于人类的高强度开采造成了景观变化比较剧烈,生态也日趋脆弱。以往对煤矿区的景观生态分类研究主要考虑了大、中尺度的宏观分类，分类结果也较为粗略。为了更好地为煤矿区景观生态规划和生态设计服务，中小尺度的景观生态分类框架研究成为必需。本章主要根据煤矿开采区的特点，利用遥感影像作为信息源，提出了一个较为简单地能够适用于中小尺度景观生态分类的体系框架，为煤矿区的景观生态规划和景观生态设计提供了基础和前提。

**表 11-3　兖州煤矿区特殊景观生态类型解译标志**

| 类型 | 色调 | 纹理 | 形状 | 含义 |
| --- | --- | --- | --- | --- |
| 常年浅积水塌陷地 | 深蓝色 | 比较均匀 | 不规则，比较集中 | 下沉深度大，一般在 0.5～3 m 左右，积水深度 0.5～2.5 m |
| 常年深积水塌陷地 | 黑色 | 比较均匀 | 不规则，封闭状态有的与河道相通，形成人工湖或小水库 | 下沉深度一般在 3 m 以上，最深达 12～15 m。主要分布在本区的采空区。地表下沉至潜下水位以下，水质良好，水量充足，因而是发展渔业的理想场地 |
| 坑塘 | 黑色和浅绿混色 | 粗糙 | 比较集中 | 经土地复垦后形成的规则鱼塘构成的区域 |
| 工矿区 | 深粉色 | 粗糙 | 集中连成一片 | 煤矿生产作业区及其附近相连接的建筑用地 |
| 矸石山 | 粉红色 | 无 | 总体较小 | 煤炭矸石堆占地 |

* 此处类型仅仅适合山东兖州矿区。

# 11.3　煤矿区景观演变的生态累积效应表征模型

## 11.3.1　矿区景观生态基准(采前景观)

对景观演变的生态累积效应进行描述不仅需要强调人类干扰活动在空间上的“累积”过程，更需要反映区域景观在历史纵向上的累积性变化，即需要揭示区域景观在时空尺度上所产生的累积性变化。常用的景观格局指数分析方法虽能反映区域在某一时点上的生态压力现状和空间分布差异(李淑娟等，2004；张艳芳等，2006)，但难以确定景观演变的时间累积性。因此，为了分析景观演变的生态效应时间累积性，确定矿区基期及其景观状况就显得尤为重要。

为了对区域景观的历史演变进行分析，张艳芳借助“环境本底值”的概念，提出了“景观生态本底值”的概念，认为“景观生态本底值是指在一定时期内，区域资源要素系统在没有受到人类活动干扰的情况下，受区域生态承载力决定而形成的景观类型与格局特征”（张艳芳等，2006）。景观生态本底值可以对区域景观演变实现历史纵向比较，在内涵上和“时间累积效应”分析是一致的。但实际上，未受人类活动影响的区域是非常少的，如对于矿区来说，在煤炭资源开发之前，大多存在农业活动的影响，在开发之后，煤炭资源开采虽然是矿区景观的主要驱动力，但并不是全部的影响因素。考虑到本书研究的出发点是重点分析煤炭资源开采等活动对景观格局和功能的影响，这里采用“矿区景观生态基准”来表征煤炭资源开采之前的区域景观所呈现出来的景观类型、结构和空间格局特征（或称之为“采前景观”）。在实际分析时，可以通过获取煤炭资源开采之前的遥感影像作为采前景观，对于历史资料匮乏的区域（如缺乏合适的遥感影像），直接计算“景观生态基准”可能还是存在一定的困难。在这种情况下，可以选择自然要素系统特征、煤炭资源赋存状况和开采技术等方面比较相近的地区作为研究基期来恢复该区域的景观生态基准值。

### 11.3.2 矿区景观演变的生态累积效应表征模型构建

矿区景观演变的生态累积效应是从景观尺度来描述煤炭资源开发所带来的景观演变及其对生态环境所构成的各种负面作用力的大小及其累积变化状况，这种变化体现为景观类型、格局和功能等相对采前期的结构性偏离以及功能性损伤所造成的生态综合累积损失。本章使用“矿区景观空间累积负荷指数（$MLCBI$）”来表征这种因煤炭资源开发等活动而造成的矿区生态累积损失，概念模型可表示为式(11-1)：

$$MLCBI = DRL + IDRL = (CCI + LDI) + LSI \tag{11-1}$$

式中，$MLCBI$ 即矿区景观空间累积负荷指数，表征基于景观尺度所计算的生态综合累积损失；$DRL$ 表示景观演变所带来生态直接累积损失（直接累积效应），表现为景观类型和景观格局相对基期的变化所带来的生态损失效应，其中类型变化所带来的生态损失效应可以使用类型结构偏离累积度指数（$CCI$）来表示，景观格局变化所带来的生态损失效应使用格局干扰累积度指数（$LDI$）来表示，这两类指数可以利用景观格局指数构建相关指标来表达；$IDRL$ 体现为一种生态功能的间接累积损失（间接累积效应），表征景观演变所带来的结构虽未直接损伤，但是生态系统的胁迫性却在增强，生境逐渐退化的状况。它虽然难以直接利用景观格局指标进行获取，但可在分析景观格局的基础上，选择能反映区域生态环境敏感性的指标构建生态敏感性退化累积度指标（$LSI$）进行补充与修正。

11.3.2.1　景观类型结构偏离度指数模型

在区域发展的不同阶段，不同的景观类型所对应的生态系统在维持区域生态安全中发挥着不同的生态服务功能。景观类型结构的变化自然会影响生态系统对人类活动整体上的维护、支撑和保证功能，即生态服务功能的累积性变化。结构偏离累积度指数表现为景观类型面积的累积性变化所带来的生态服务功能相对于基期的偏离程度。可以表示为：

$$CCI_{it} = (S_{i0} - S_{it})/S_{i0}$$

$$CCI_t = \frac{(S_0 - S_t)}{S_0} = 1 - \frac{\sum_{i=1}^{n} \omega_i \cdot A_{it}}{\sum_{i=1}^{n} \omega_i \cdot A_{i0}}$$

式中，$CCI_{it}$表示研究期（$t$）的景观类型 $i$ 的结构偏离累积度指数，$CCI_t$ 为研究期所有景观类型相对基期的生态服务功能总的偏离度指数；$S_{it}$ 表示研究期 $i$ 景观类型生态服务价值；$S_{i0}$ 表示研究基期 $i$ 景观类型的生态服务价值；$\omega_i$ 表示 $i$ 景观类型生态服务功能权重，反映了不同景观类型的生态服务功能，在实际应用中，可结合矿区的实际情况通过计算不同景观类型单位面积的生态服务价值来表征；$A_{it}$ 表示研究基期 $i$ 景观类型面积；$n$ 表示景观类型总数。

11.3.2.2　格局干扰累积度指数模型

景观类型结构相同，景观格局不同也使得区域生态系统对外界干扰的抵抗和响应能力不同。因此在景观类型结构分析的基础上，进一步以景观格局分析为基础，反映不同景观格局所代表的生态系统受到人类活动干扰的程度，具有重要的意义。为了描述景观格局演变所带来的生态累积效应，本书在参考文献（邱彭华等，2007；陈鹏等，2003）和分析相关景观格局指数的基础上，选取了破碎度、分离度和分维数倒数 3 个指标来表征区域景观格局受到各种干扰因素影响的程度，表达式为：

$$LDI_i = \partial' C_i + \beta' S_i + \gamma' FD_i \tag{11-3}$$

式中，$LDI_i$ 为研究期景观类型 $i$ 的格局干扰指数；$\partial'$、$\beta'$、$\gamma'$ 为各指标对应的权重，$\partial' + \beta' + \gamma' = 1$，$C_i$、$S_i$、$FD_i$ 分别为景观类型 $i$ 的破碎度、分离度和分维数的倒数，计算方法分别（张金屯等，2000）为：

（1）破碎度（$C_i$）：表明景观类型 $i$ 在给定时间和性质上的破碎化程度，它能够反映人类活动对景观的干扰强度。公式为 $C_i=n_i/A_i$，$C_i$ 为景观类型 $i$ 的破碎度指数；$n_i$ 为景观类型 $i$ 的斑块总数；$A_i$ 为 $i$ 类型斑块面积。

(2) 景观分离度($S_i$)：表示某一景观类型 $i$ 中不同斑块个体分布的分离程度，反映了人类活动强度对景观结构的影响。分离度越大，表明景观类型在地域上越分散，景观分布越复杂，其稳定性越差。公式为：

$$S_i = I_i \times A_i, I_i = \frac{1}{2}\sqrt{\frac{n_i}{A}} \tag{11-4}$$

式中 $Si$ 为景观类型 $i$ 的分离度，$Ii$ 为景观类型 $i$ 的距离指数；$Ai$ 为景观类型 $i$ 的面积；$A$ 为景观总面积；$ni$ 为景观类型 $i$ 的斑块数。

(3) 分维数倒数($FD$)：景观斑块的分维数反映景观形状的复杂程度和景观的空间稳定程度，其值愈趋近于 1，表明斑块的几何形状愈趋于简单、规则，受人类干扰活动影响程度愈大。反之，愈趋近于 2，斑块的几何形状愈复杂，自然度越强。所以使用分维数倒数来反映景观类型受干扰的程度，其值越高，表示干扰越强烈，表达式为：

$$FD_i = \frac{\lg A}{2\lg\ (P/4)} \tag{11-5}$$

式中，$FD_i$ 为分维倒数；$P$ 为斑块周长；$A$ 为斑块面积。

通过以上方法获得各景观类型指标值并计算景观格局干扰度指数之后，就可以利用比值的方法来获得各景观类型的格局干扰累积度指数($CLDI$)，表达式为：

$$CLDI_{it} = LDI_{it}/LDI_{i0} \tag{11-6}$$

式中，$CLDI_{it}$表示研究期 $t$ 的 $i$ 景观类型的格局干扰累积度指数；$LDI_{it}$、$LDI_{i0}$ 分别表示研究期和基期的格局干扰指数；$CLDI_{it}>1$ 表示人类活动干扰在增强；$CLDI_{it}<1$ 表示人类活动干扰在减弱。

#### 11.3.2.3 生态敏感型退化累积指数

生态环境敏感性是指生态系统对人类活动干扰和自然环境变化的响应程度，说明发生区域生态环境问题的难易程度和可能性大小。煤炭资源的高强度开采使得矿区生态系统出现生态问题(水土流失、土壤盐渍化等)的概率发生变化。这是一种隐性的生态系统功能退化，它表现为人类活动对系统的结构未造成直接损伤，但实际上生态环境系统的功能却受到一定胁迫的间接效应。因此，这里使用生态敏感性退化累积度指数来表征这一隐性间接的压力。在实际计算时，可以通过分析研究区生态系统所承担的社会功能，选用能够反映区域生态环境脆弱性的敏感性指标(因区域而异)来表征煤炭资源开发所带来的生态损失间接效应。

本章在分析研究区(潞安矿区)实际情况的基础上，选择土壤侵蚀敏感性指标来分析煤炭资源开采所带来的生态间接损失效应。基本思路是：以通用土壤侵蚀方程为基础，综合考虑煤炭资源开采对植被覆盖度、地形和土地利用结构等的影响，采用加权综合评价法，获取研究区不同时期的土壤侵蚀综合评价图，获得土壤侵蚀敏感性指数(李月臣等，2009)，利用景观格局信息计算土壤侵蚀敏感性指数方法(邱彭华等，2007)为：

$$SEI_i = \sum_{j=1}^{n} \frac{A_{ij}}{A_i} \omega_{ij} \tag{11-7}$$

式中，$SEI_i$ 为 $i$ 景观类型在研究期($t$)的土地侵蚀敏感性指数；$A_{ij}$ 表示研究期 $i$ 景观类型分布在 $j$ 侵蚀敏感级上的面积；$A_i$ 为 $i$ 景观类型总面积；$\omega_{ij}$ 为 $i$ 景观类型相对于 $j$ 侵蚀敏感级的权重；$i$ 为景观类型；$j$ 为土壤侵蚀敏感等级；$n$ 为景观类型总数。

按式(11-7)分别计算研究期和基期的各景观类型的土壤侵蚀敏感性指数，就可以利用比值法获得在研究时段内不同景观类型的生态敏感性累积退化指数($CSEI$)，表达式为：

$$CSEI_{it} = SEI_{it} / SEI_{i0} \tag{11-8}$$

式中，$CSEI_{it}$ 表示研究期($t$)的 $i$ 景观类型的生态敏感性累积退化指数；$SEI_{it}$、$SEI_{i0}$ 分别表示研究期和基期的生态敏感性指数；$CSEI_{it}>1$ 表示该景观类型的生态敏感性有所增强；$CSEI_{it}<1$ 表示该景观类型的生态敏感性在降低。

11.3.2.4　景观类型生态累积效应指数

根据景观格局指数的生态学意义及其与生态环境响应之间的联系，对结构偏离累积度指数、格局干扰累积度指数和敏感性退化累积度指数采用多级加权求和法来计算不同景观类型的空间累积负荷指数，对不同景观类型的生态累积效应进行评价，计算方法如下：

$$CSEI_{it} = SEI_{it} / SEI_{i0} \tag{11-9}$$

式中，$CSEI_{it}$ 表示研究期($t$)的 $i$ 景观类型的生态敏感性累积退化指数；$SEI_{it}$、$SEI_{i0}$ 分别表示研究期和基期的生态敏感性指数；$CSEI_{it}>1$ 表示该景观类型的生态敏感性有所增强；$CSEI_{it}<1$ 表示该景观类型的生态敏感性在降低。

11.3.2.5　景观类型生态累积效应指数模型

根据景观格局指数的生态学意义及其与生态环境响应之间的联系，对结构偏离累积度指数、格局干扰累积度指数和敏感性退化累积度指数采用加权求和法来计算不同景观类型的空间累积负荷指数，对不同景观类型的生态累

积效应进行评价,表达式为:

$$CEI_i = \partial CCI_{it} + \beta CLDI_{it} + \gamma CSEI_{it} \tag{4-10}$$

式中,$CEI_i$ 为景观类型 $i$ 的空间累积负荷指数,$CCI_i$、$CLDI_i$、$CSEI_i$ 分别为景观类型 $i$ 的结构偏离累积度、格局干扰累积度和土壤侵蚀敏感退化度指数;$\partial$、$\beta$、$\gamma$ 为权重;$t$ 表示研究期,0 表示研究基期。

11.3.2.6　区域生态累积效应指数模型

景观类型生态累积效应指数只反映了各景观类型的生态效应累积特征,并不能从空间上反映整个区域的生态累积效应特征。为此,需要构建使区域景观生态累积效应指数空间化的模型,建立起景观类型生态累积效应与区域综合景观类型生态累积效应之间的联系。区域景观空间累积负荷指数计算模型为(李月臣,2008):

$$RMLCBI = \sum_{j=1}^{n} \frac{A_i}{TA} \cdot CEI_i \tag{11-11}$$

式中,$RMLCBI$ 为区域景观生态累积效应指数;$A_i$ 为样地中景观类型 $i$ 的面积;$TA$ 为样地总面积;$CEI_i$ 为景观类型 $i$ 的生态累积效应指数。实际应用时可根据研究区面积、景观格局及生态系统的特点,采用格网全覆盖系统采样法,将各格网的综合生态环境累积效应指数值作为样地中心点的生态环境累积效应值,通过空间插值获得全区生态累积效应分布图。

## 11.4　景观累积效应分析实例

### 11.4.1　研究区域

潞安矿区位于山西省东南部,是我国重要的优质工业和动力煤生产基地,属于我国 13 个大型煤炭基地之一——晋东煤炭基地的范围内,地跨长治、襄垣、屯留、潞城和长子等市县(图 11-2)。北以西川断层与武夏矿区相接,南与晋城矿区毗邻,东以 15 号煤层露头为界,西以 15 号煤层 1 500 m 埋深线为界,南北长约 74.6 km,东西宽约 63.1 km,面积约 3 068.45 $km^2$。为了有区别地分析煤炭资源开发对不同区域景观的影响,这里参考《山西晋东煤炭基地潞安矿区总体规划》,根据各部分的环境特征,将研究区分为四个亚区进行研究。① 生产区。主要包括五阳、王庄、漳村、常村、石圪节等国家重点在产井田,位于潞安矿区的东北部,开采历史较长,煤炭开采对生态环境的影响暴露充分,表现突出。② 地方煤矿开采区。位于潞安矿区的东南部,约有地方煤矿和乡镇煤矿147处，开采历史亦较长，对生态环境影响较大。③ 新建在建区。主要包括屯留、司马、高河、下霍等新建在建井田，位于潞安矿区的中南部，目前尚未形成较大的开采区，煤化工等工业园建设项目较多，城镇以及居民点较多。④ 后备区。为远期规划矿井，位于潞安矿区的西部，区内生态植被状况较好。

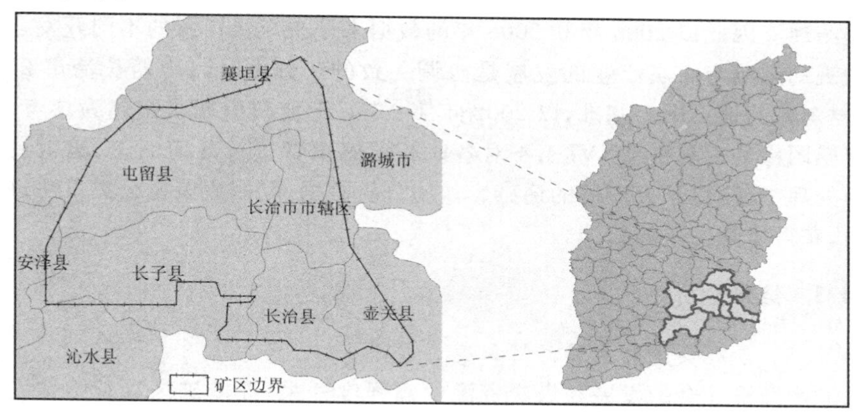


图 11-2　研究区位置

## 11.4.2　基于遥感的景观信息获取

### 11.4.2.1　景观生态分类

根据研究区地形地貌的特点，参考上文煤矿区景观分类方法框架（王行风等，2007），将研究区景观类型确定为工建用地（工矿居民点和建设用地）、耕地、未利用地、林地、水域、草地和园地等7类。

### 11.4.2.2　数据及数据处理

本实验所收集的数据资料包括研究区1993年～2006年的6景TM/ETM影像以及1∶10万的地形地貌图（2000年）和1∶5万的土地利用现状图（2002年）等。根据研究区煤炭资源开发的基础信息和区域社会经济发展变动情况，选择了1993～2006年3个时点（1993/06/04、2000/07/01和2006/06/24）的TM/ETM影像作为数据源。之所以选择这3个时点的影像，主要是基于以下原因：① 1993年以前，研究区域的煤炭资源开发规模较小，对矿区生态环境的影响也较小，对矿区生态环境的影响暴露不够充分，且目前的主力矿井——常村矿在当时尚未正式投产。因此，可以将此作为采前景观。② 受宏观经济发展的影响，从1995年开始，煤炭行业出现全行业亏损，1997年产业发展萧条，企业多以销定产，产能没有显著提高，这种状况一直到2000年左右。因此，该阶段煤炭资源开发对生态环境影响的变动并不很大。③ 2000年后，随着全国经济的增长，对煤炭的需求逐渐增加，尤其是2002年以来，煤炭产量成倍增长，煤炭资源的开发强度也急剧提高；虽然煤炭资源开发对矿区生态环境的影响具有滞后性，但由于产能增长太快，对矿区生态环境的影响也迅速凸现。因此以2000年和2006年的数据来分析煤炭资源的不同开发强度对景观的影响与煤炭产业的发展是协调一致的。分类时以山西长治市2000年1∶1万的地形图为基准，以2002年1∶5万土地利用现状图作为参考，采用遥感图像处理软件ENVI 4.4对各时相遥感图像进行几何纠正、辐射校正等预处理工作，以预处理后的遥感影像为分析数据，利用决策树分类方法进行分类，获得研究需要的数据。

### 11.4.3 结果分析

#### 11.4.3.1 景观类型结构偏离累积度

矿区经济社会的发展和煤炭资源的高强度开采，促使矿区景观结构发生了变化，区域生态系统服务价值也随之发生变化，出现累积性丧失，造成生态系统服务整体功能的退化。这里定量估算研究区的生态系统服务价值(ESV)，其中权重 $\omega_i$ 的计算参考了Costanza的生态系统服务价值的估算公式和谢高地等制定的中国陆地生态系统单位面积生态服务当量因子表(谢高地等，2003；Costanza R，1997)，具体的技术路线可参考文献(段瑞娟等，2005)，最后计算出区域不同景观类型的生态服务价值和结构累积偏离度指数(表11-4)，结合研究区主要景观类型面积累积变化情况(表11-5)，可了解到景观类型结构偏离累积度的变化特点。

**表11-4　　景观类型结构累积偏离度指数**

| | 年份 | | 耕地 | 林地 | 水域 | 草地 | 工建用地 | 未利用地 | 园地 |
|---|---|---|---|---|---|---|---|---|---|
| 研究区 | ESV | 1993年 | 5.66 | 2.39 | 2.76 | 0.81 | −2.59 | 0.06 | 0.43 |
| | | 2000年 | 5.23 | 2.20 | 2.61 | 0.73 | −3.09 | 0.07 | 0.37 |
| | | 2006年 | 4.78 | 1.97 | 2.48 | 0.66 | −3.60 | 0.08 | 0.28 |
| | 2000年 $CCI_i$ | | 0.076 0 | 0.079 5 | 0.054 3 | 0.098 8 | −0.193 1 | −0.166 7 | 0.139 5 |
| | 2006年 $CCI_i$ | | 0.155 5 | 0.175 7 | 0.101 4 | 0.185 2 | −0.390 0 | −0.333 3 | 0.348 8 |

续表 11-4

| | 年份 | | 耕地 | 林地 | 水域 | 草地 | 工建用地 | 未利用地 | 园地 |
|---|---|---|---|---|---|---|---|---|---|
| 生产区 | ESV | 1993 年 | 1.40 | 0.56 | 0.33 | 0.20 | −0.41 | 0.02 | 0.12 |
| | | 2000 年 | 1.26 | 0.51 | 0.31 | 0.18 | −0.55 | 0.02 | 0.10 |
| | | 2006 年 | 1.11 | 0.45 | 0.26 | 0.15 | −0.71 | 0.02 | 0.07 |
| | 2000 年 $CCI_i$ | | 0.100 0 | 0.089 3 | 0.060 6 | 0.100 0 | −0.341 5 | 0.000 0 | 0.166 7 |
| | 2006 年 $CCI_i$ | | 0.207 1 | 0.196 4 | 0.212 1 | 0.250 0 | −0.731 7 | 0.000 0 | 0.416 7 |
| 地方采煤区 | ESV | 1993 年 | 2.27 | 0.94 | 1.80 | 0.28 | −1.05 | 0.02 | 0.10 |
| | | 2000 年 | 2.03 | 0.83 | 1.63 | 0.23 | −1.36 | 0.03 | 0.07 |
| | | 2006 年 | 1.76 | 0.71 | 1.55 | 0.18 | −1.67 | 0.03 | 0.03 |
| | 2000 年 $CCI_i$ | | 0.105 7 | 0.117 0 | 0.094 4 | 0.178 6 | −0.295 2 | −0.500 0 | 0.300 0 |
| | 2006 年 $CCI_i$ | | 0.224 7 | 0.244 7 | 0.138 9 | 0.357 1 | −0.590 5 | −0.500 0 | 0.700 0 |
| 未采区 | ESV | 1993 年 | 1.98 | 0.89 | 0.63 | 0.33 | −1.13 | 0.02 | 0.21 |
| | | 2000 年 | 1.94 | 0.86 | 0.67 | 0.33 | −1.18 | 0.02 | 0.20 |
| | | 2006 年 | 1.91 | 0.81 | 0.67 | 0.32 | −1.23 | 0.02 | 0.17 |
| | 2000 年 $CCI_i$ | | 0.020 2 | 0.033 7 | −0.063 5 | 0.000 0 | −0.044 2 | 0.000 0 | 0.047 6 |
| | 2006 年 $CCI_i$ | | 0.035 4 | 0.089 9 | −0.063 5 | 0.030 3 | −0.088 5 | 0.000 0 | 0.190 5 |

表 11-5　研究区主要景观类型面积累积变化情况

| 景观类型 | | 阶段 1(1993～2000) | | | 阶段 2(2000～2006) | | | 研究期(1993～2006) | | |
|---|---|---|---|---|---|---|---|---|---|---|
| | | 增减面积/$km^2$ | 变化幅度/% | 年变化率/% | 增减面积/$km^2$ | 变化幅度/% | 年变化率/% | 增减面积/$km^2$ | 变化幅度/% | 年变化率/% |
| 耕地 | 研究区 | −69.45 | −7.51 | −1.07 | −73.37 | −8.58 | −1.43 | −142.82 | −15.44 | −1.19 |
| | 生产区 | −23.52 | −10.26 | −1.47 | −23.85 | −11.59 | −1.93 | −47.37 | −20.66 | −1.59 |
| | 地采区 | −39.34 | −10.59 | −1.51 | −44.77 | −13.48 | −2.25 | −84.11 | −22.64 | −1.74 |
| | 未采区 | −6.59 | −2.03 | −0.29 | −4.75 | −1.50 | −0.25 | −11.34 | −3.50 | −0.27 |
| 林地 | 研究区 | −14.1 | −8.05 | −1.15 | −17.17 | −10.66 | −1.78 | −31.27 | −17.85 | −1.37 |
| | 生产区 | −3.54 | −8.67 | −1.24 | −4.11 | −11.02 | −1.84 | −7.65 | −18.73 | −1.44 |
| | 地采区 | −7.92 | −11.50 | −1.64 | −9.36 | −15.35 | −2.56 | −17.28 | −25.08 | −1.93 |
| | 未采区 | −2.64 | −4.04 | −0.58 | −3.70 | −5.89 | −0.98 | −6.34 | −9.69 | −0.75 |

**续表 11-5**

| 景观类型 | | 阶段1(1993～2000) | | | 阶段2(2000～2006) | | | 研究期(1993～2006) | | |
|---|---|---|---|---|---|---|---|---|---|---|
| | | 增减面积/km² | 变化幅度/% | 年变化率/% | 增减面积/km² | 变化幅度/% | 年变化率/% | 增减面积/km² | 变化幅度/% | 年变化率/% |
| 水域 | 研究区 | -3.77 | -5.55 | -0.79 | -3.22 | -5.02 | -0.84 | -6.99 | -10.29 | -0.79 |
| | 生产区 | -0.45 | -5.60 | -0.80 | -1.17 | -15.42 | -2.57 | -1.62 | -20.15 | -1.55 |
| | 地采区 | -4.23 | -9.54 | -1.36 | -2.11 | -5.26 | -0.88 | -6.34 | -14.29 | -1.10 |
| | 未采区 | 0.91 | 5.87 | 0.84 | 0.06 | 0.37 | 0.06 | 0.97 | 6.25 | 0.48 |
| 草地 | 研究区 | -12.55 | -10.04 | -1.43 | -11.51 | -10.23 | -1.71 | -24.06 | -19.24 | -1.48 |
| | 生产区 | -3.49 | -11.28 | -1.61 | -4.00 | -14.57 | -2.43 | -7.49 | -24.21 | -1.86 |
| | 地采区 | -8.86 | -20.24 | -2.89 | -6.62 | -18.96 | -3.16 | -15.48 | -35.37 | -2.72 |
| | 未采区 | -0.2 | -0.40 | -0.06 | -0.89 | -1.78 | -0.30 | -1.09 | -2.17 | -0.17 |
| 工建用地 | 研究区 | 92.4 | 19.15 | 2.74 | 95.98 | 16.70 | 2.78 | 188.38 | 39.04 | 3.00 |
| | 生产区 | 26.51 | 34.63 | 4.95 | 28.82 | 27.96 | 4.66 | 55.33 | 72.27 | 5.56 |
| | 地采区 | 57.96 | 29.75 | 4.25 | 57.25 | 22.65 | 3.77 | 115.21 | 59.13 | 4.55 |
| | 未采区 | 7.93 | 3.76 | 0.54 | 9.91 | 4.53 | 0.75 | 17.84 | 8.45 | 0.65 |
| 未利用地 | 研究区 | 15.99 | 9.59 | 1.37 | 22.13 | 12.11 | 2.02 | 38.12 | 22.86 | 1.76 |
| | 生产区 | 7.83 | 17.20 | 2.46 | 8.39 | 15.72 | 2.62 | 16.22 | 35.62 | 2.74 |
| | 地采区 | 6.33 | 9.46 | 1.35 | 10.57 | 14.43 | 2.41 | 16.90 | 25.25 | 1.94 |
| | 未采区 | 1.83 | 3.37 | 0.48 | 3.17 | 5.64 | 0.94 | 5.00 | 9.20 | 0.71 |
| 园地 | 研究区 | -8.52 | -14.47 | -2.07 | -12.84 | -25.50 | -4.25 | -21.36 | -36.28 | -2.79 |
| | 生产区 | -3.34 | -19.79 | -2.83 | -4.08 | -30.13 | -5.02 | -7.42 | -43.96 | -3.38 |
| | 地采区 | -3.94 | -29.76 | -4.25 | -4.96 | -53.33 | -8.89 | -8.90 | -67.22 | -5.17 |
| | 未采区 | -1.24 | -4.31 | -0.62 | -3.80 | -13.81 | -2.30 | -5.04 | -17.52 | -1.35 |

注:地采区表示地方采煤区;“+”表示累积性增加,“-”表示累积性减少。

① 生态服务功能的变化体现为高生态服务价值的景观类型向低生态服务价值景观类型的转变。ESV累积性丧失的主要为耕地、林地、草地和园地等类型,累积增加的为工建用地和未利用地。

② 生态服务功能累积性减少最多的为耕地,累积性减少幅度最大的为园地和草地。在研究时段内,虽然耕地作为研究区景观基质的性质没有改变,但是面积减少最为突出的景观类型,所占比重呈现一定的下降趋势,表现为46.22%、42.57%、39.08%。各亚区中,生产区和地方采煤区的耕地丧失幅度

皆大于未采区，面积减少幅度分别达到 20.66%和 22.64%。未采区虽也有所减少，但幅度明显较小，仅为 3.5%。林地、草地和园地的变化也具有相类似的趋势。累积丧失幅度最大的为园地，其次为草地。园地因为斑块类型面积最小，且变化相对比较剧烈，从而造成累积丧失幅度较大。

③ 面积累积增加的景观类型包括工建用地和未利用地。研究区工建用地累积增加了 39.04%，其中生产区和地方采煤区增加面积最大，增幅分别达到了 72.27%和 59.13%，这主要源于煤炭资源开发所带来的人口集中、采矿设施建设和产业发展对建设用地的需求驱动。未采区虽也有所增加，但累积增加幅度仅为 8.45%。未利用地具有和工建用地类似的变化趋势，但区域分布并不平衡，增加主要集中于生产区和地方采煤区，累积增幅分别达到 35.62%和 25.25%，未采区的增幅为 9.20%；

④ ESV 变化幅度在区域分布上主要表现为生产区和地方采煤区大于未采区，这反映了煤炭开发区的人类活动干扰强度大于未开采区的实际情况。在开采区，地方采煤区和生产区二者虽然产能相似，但耕地、林地、草地和园地的年变化幅度表现为地方采煤区大于生产区，这主要是因为地方采煤区开采煤层较浅，技术相对比较落后，同时缺乏合理的生态环境保护政策和措施所造成的。

⑤ ESV 变化幅度基本表现为阶段 2 大于阶段 1。主要原因是阶段 2 所处时期是该区经济社会快速发展时期，矿区景观承受的压力越来越大，故造成该阶段景观类型年变率大于阶段 1。生产区和地方采煤区景观类型的阶段变化也具有相似的特点，除了工建用地之外，其他景观类型的年变率都表现为阶段 2 大于阶段 1。因为阶段 2 所处时期，我国对煤炭资源的需求增长较快，研究区资源开发强度急剧提高，煤炭产量迅速增长，因此对生态系统的干扰强度也大于阶段 1。

#### 11.4.3.2　景观格局干扰累积度

景观格局干扰累积度指数反映了矿区不同景观类型对煤炭资源开发等各种干扰活动的响应状况。计算研究区的景观格局干扰指数，由于公式中破碎度、分离度和分维数倒数三个指数的量纲不同，所以进行了归一化处理，其中 $\partial'$、$\beta'$、$\gamma'$ 在借鉴已有研究成果以及咨询相关专家进行分析权衡的基础上，分别赋值为 0.5、0.3、0.2，以 1993 年景观作为景观生态基准，计算出景观格局干扰累积度指数如表 11-6 所示。

从表 11-6 可以看出，不同类型的景观格局干扰累积度基本上都呈现出增大的趋势（>1）。但其中受影响较大的为耕地、草地、园地和未利用地，这主要因为煤炭资源开发是矿区景观演变的主要驱动力，随着煤炭资源开采，耕地、草地和园地等发生沉陷，边界被切割，逐渐破碎，不同类型之间也互相转化，同时受到建设用地的不断侵占，造成景观压力不断增强。而工建用地主要受到经济社会发展对建设用地的需求的影响，受采动影响相对较轻，因此格局干扰累积度相对较小；林地主要分布在长治盆地的周边地区，在研究期内受采煤活动的影响相对较小，其格局干扰累积度也相对较小；水域面积相对较小，而且在影像上采集到主要是大的水体，煤炭资源开采所造成小面积的池塘的渗漏等基本未有体现，所以计算出的值难以反映采煤活动对它们的影响。

**表 11-6　　景观类型格局干扰累积度指数计算**

| | 时间 | | 耕地 | 林地 | 水域 | 草地 | 工建用地 | 未利用地 | 园地 |
|---|---|---|---|---|---|---|---|---|---|
| 研究区 | *LDI* | 1993 年 | 0.326 9 | 0.300 7 | 0.281 6 | 0.440 2 | 0.290 1 | 0.279 6 | 0.282 2 |
| | | 2000 年 | 0.371 1 | 0.314 9 | 0.277 9 | 0.520 1 | 0.290 9 | 0.274 3 | 0.310 2 |
| | | 2006 年 | 0.530 6 | 0.344 3 | 0.282 2 | 0.592 7 | 0.297 3 | 0.322 1 | 0.422 1 |
| | 2000 年 *CLDI* | | 1.135 2 | 1.047 2 | 0.986 9 | 1.181 5 | 1.002 8 | 0.981 0 | 1.099 2 |
| | 2006 年 *CLDI* | | 1.623 1 | 1.145 0 | 1.002 1 | 1.346 4 | 1.024 8 | 1.152 0 | 1.495 7 |
| 生产区 | *LDI* | 1993 年 | 0.300 5 | 0.303 2 | 0.293 4 | 0.481 1 | 0.287 4 | 0.284 6 | 0.280 8 |
| | | 2000 年 | 0.339 1 | 0.323 8 | 0.285 9 | 0.544 9 | 0.285 4 | 0.283 1 | 0.285 1 |
| | | 2006 年 | 0.427 9 | 0.365 8 | 0.294 5 | 0.867 2 | 0.291 6 | 0.357 0 | 0.298 6 |
| | 2000 年 *CLDI* | | 1.128 5 | 1.067 9 | 0.974 4 | 1.132 6 | 0.993 0 | 0.994 7 | 1.015 3 |
| | 2006 年 *CLDI* | | 1.424 0 | 1.206 5 | 1.003 7 | 1.802 5 | 1.014 6 | 1.254 4 | 1.063 4 |
| 地方采煤区 | *LDI* | 1993 年 | 0.355 8 | 0.303 8 | 0.256 5 | 0.429 0 | 0.289 8 | 0.270 2 | 0.287 8 |
| | | 2000 年 | 0.436 5 | 0.323 4 | 0.254 2 | 0.531 2 | 0.290 0 | 0.273 1 | 0.338 6 |
| | | 2006 年 | 0.707 0 | 0.362 4 | 0.262 0 | 0.840 9 | 0.292 1 | 0.405 9 | 0.582 0 |
| | 2000 年 *CLDI* | | 1.226 8 | 1.064 5 | 0.991 0 | 1.238 2 | 1.000 7 | 1.010 7 | 1.176 5 |
| | 2006 年 *CLDI* | | 1.987 1 | 1.192 9 | 1.021 4 | 1.960 1 | 1.007 9 | 1.502 2 | 2.022 2 |
| 未采区 | *LDI* | 1993 年 | 0.335 1 | 0.296 1 | 0.282 7 | 0.432 2 | 0.293 6 | 0.277 3 | 0.285 8 |
| | | 2000 年 | 0.340 0 | 0.301 5 | 0.276 6 | 0.432 4 | 0.293 5 | 0.279 9 | 0.293 7 |
| | | 2006 年 | 0.340 4 | 0.305 9 | 0.285 4 | 0.455 0 | 0.301 0 | 0.302 5 | 0.306 9 |
| | 2000 年 *CLDI* | | 1.014 6 | 1.018 2 | 0.978 4 | 1.000 5 | 0.999 7 | 1.009 4 | 1.027 6 |
| | 2006 年 *CLDI* | | 1.015 8 | 1.033 1 | 1.009 6 | 1.052 8 | 1.025 2 | 1.090 9 | 1.073 8 |

#### 11.4.3.3　生态敏感性退化指数累积度

生态敏感性是指在不损失或不降低环境质量的情况下，生态因子对外界压力或变化的适应能力（杨志峰等，2002）。煤矿区，煤炭资源开采除了会造成生态服务功能的显性丧失之外，还常造成生态因子的适应能力发生潜在、隐性的变化。如煤炭开采可使地表坡度发生变化，造成土壤湿度、养分等也随之发生变化。这种立地条件的变化可能会造成景观生态类型不变，但土地生产力却发生了一定的变化。这种变化实际上是一种隐性的损失，在一般的景观格局分析时大多不考虑。但这种隐性变化累积的结果就可能造成显性的突变，如耕地可能变成草地，甚至是未利用地。生态敏感性退化累积度就是用来描述这种隐性的损失或者说退化的指标，它反映了区域生态环境系统功能所受到的胁迫程度。在实际计算时，需要根据不同区域生态环境的特点，选用能够反映研究区的生态环境脆弱性的敏感性指标来表征煤炭资源开发所带来的生态损失间接效应。

根据研究区的实际情况，本书选择了水土侵蚀敏感性作为研究区生态敏感性退化累积分析的主要指标。研究中根据水土流失通用方程的基本原理，参考原国家环境保护部发布的《生态功能区划技术暂行规程》，选择地表植被覆盖、土地利用结构和地形三个因子来对研究区的土壤侵蚀敏感性变化进行评价，农业措施因子、降雨侵蚀力的变化这里暂不做考虑。地形因子的获取是在原地形数据的基础上，叠加开采沉陷预测数据，根据采煤所造成的地面倾斜程度和侵蚀级别的关系（赵明鹏等，2004），对水土流失的地形因子敏感性进行分级（地方采区由于缺乏相关开采资料数据资料，无法进行计算，只利用原有数据进行分析）。植被覆盖度是使用基于像元分解模型的方法（马俊海等，2006；马志勇等，2007）利用研究时段内各期影像获取，并按照《水土保持技术规范》中植被覆盖度的分级要求进行分级，共分为＞90％、70％～90％、50％～70％、30％～50％、10％～30％、＜10％等 6 个级别。土地利用结构采用了《水土保持技术规范》对各土地利用类型进行了分级定标。最后获取研究区不同时段的土壤侵蚀分级图。利用公式（11-7）分别计算各时期不同景观类型的 $SEI_i$ 值（表 11-7）。其中不同敏感级的权重是根据敏感级别的划分先按 1、3、5、7、9 确定相对权重级别，之后按各级权重总和为 1 的原则计算，得到不敏感、微度敏感、轻度敏感、中度敏感、高度敏感。

从表 11-7 中可以看出，不同类型的 *CSEI* 指数都呈现出增大的趋势（＞1）。这表明随着经济社会的发展和煤炭资源的开采造成，地表地形在发生变化，土地利用类型结构在发生变化，植被盖度在发生变化，因而使得区域的土壤侵蚀敏感性逐渐增强，其中敏感性变化最大的为园地和草地，其次为耕地。其他类型相对变化较小,有的甚至出现萎缩的趋势,主要是因为其面积在减小所造成的。

**表 11-7　　景观类型生态敏感性累积退化指数**

| | 时间 | | 耕地 | 林地 | 水域 | 草地 | 工建用地 | 未利用地 | 园地 |
|---|---|---|---|---|---|---|---|---|---|
| 研究区 | $SEI_i$ | 1993 年 | 0.021 2 | 0.028 3 | 0.024 6 | 0.084 1 | 0.024 1 | 0.089 2 | 0.014 1 |
| | | 2000 年 | 0.032 8 | 0.028 9 | 0.025 7 | 0.100 2 | 0.025 4 | 0.100 4 | 0.024 2 |
| | | 2006 年 | 0.034 9 | 0.029 9 | 0.026 | 0.174 6 | 0.026 3 | 0.173 9 | 0.058 9 |
| | 2000 年 *CSEI* | | 1.547 2 | 1.021 2 | 1.044 7 | 1.191 4 | 1.053 9 | 1.125 6 | 1.716 3 |
| | 2006 年 *CSEi* | | 1.646 2 | 1.056 5 | 1.056 9 | 2.076 1 | 1.091 3 | 1.949 6 | 4.177 3 |
| 生产区 | $SEI_i$ | 1993 年 | 0.021 7 | 0.029 1 | 0.028 7 | 0.092 7 | 0.033 0 | 0.098 1 | 0.013 7 |
| | | 2000 年 | 0.033 9 | 0.029 3 | 0.029 3 | 0.105 2 | 0.034 1 | 0.122 5 | 0.025 1 |
| | | 2006 年 | 0.045 1 | 0.029 5 | 0.030 2 | 0.202 3 | 0.032 9 | 0.205 4 | 0.060 9 |
| | 2000 年 *CSEI* | | 1.562 2 | 1.006 9 | 1.020 9 | 1.134 8 | 1.033 3 | 1.248 7 | 1.832 1 |
| | 2006 年 *CSEi* | | 2.078 3 | 1.013 7 | 1.052 3 | 2.182 3 | 0.997 0 | 2.093 8 | 4.445 3 |
| 地方采煤区 | $SEI_i$ | 1993 年 | 0.032 6 | 0.028 3 | 0.029 5 | 0.083 7 | 0.029 9 | 0.091 8 | 0.025 6 |
| | | 2000 年 | 0.048 8 | 0.029 7 | 0.030 1 | 0.115 4 | 0.030 8 | 0.122 4 | 0.052 3 |
| | | 2006 年 | 0.074 9 | 0.030 1 | 0.032 3 | 0.197 2 | 0.031 2 | 0.211 9 | 0.152 9 |
| | 2000 年 *CSEI* | | 1.496 9 | 1.049 5 | 1.020 3 | 1.378 7 | 1.030 1 | 1.333 3 | 2.043 0 |
| | 2006 年 *CSEi* | | 2.297 5 | 1.063 6 | 1.094 9 | 2.356 0 | 1.043 5 | 2.308 3 | 5.972 7 |
| 未采区 | $SEI_i$ | 1993 年 | 0.020 6 | 0.028 3 | 0.020 9 | 0.082 4 | 0.021 9 | 0.087 8 | 0.022 6 |
| | | 2000 年 | 0.021 9 | 0.028 3 | 0.021 1 | 0.099 3 | 0.024 3 | 0.092 1 | 0.023 1 |
| | | 2006 年 | 0.022 1 | 0.028 6 | 0.021 2 | 0.112 1 | 0.029 7 | 0.117 5 | 0.034 2 |
| | 2000 年 *CSEI* | | 1.063 1 | 1.000 0 | 1.009 6 | 1.205 1 | 1.109 6 | 1.049 0 | 1.022 1 |
| | 2006 年 *CSEi* | | 1.072 8 | 1.010 6 | 1.014 4 | 1.360 4 | 1.356 2 | 1.338 3 | 1.513 3 |

#### 11.4.3.4　景观空间累积负荷指数

(1) 景观类型空间累积负荷指数

根据以上所获取的景观类型的 $CCI_i$、$LDI_i$ 和 $SEI_i$ 指数,经归一化处理消除量纲影响后,计算各景观类型累积负荷指数 $CEI_i$(表 11-8),其中权重值采用层次分析法进行赋权,其权值分别为$\partial=0.581\ 552\ 067$;$\beta=0.308\ 995\ 644$;$\gamma=0.109\ 452\ 29$。

从表 11-8 各景观类型空间累积负荷指数的变化趋势来看,各分区各阶段的耕地、林地、草地、园地均呈现增长形势,从而造成各景观类型生态服务功能的累积性丧失；工矿建设用地和未利用地面积则逐年上升，表现出累积性增长的特点。但不同的区域由于人类干扰的强度和范围的不同使得变化幅度存在差异，整体上表现为煤炭资源开发区（含生产区和地方煤矿开采区）累积变化幅度大于未采区。整体上研究区各阶段都显示出耕地、林地、草地和园地向其他景观组分转移的趋势。

**表 11-8　　景观类型空间累积负荷指数**

| | | 耕地 | 林地 | 水域 | 草地 | 工建用地 | 未利用地 | 园地 |
|---|---|---|---|---|---|---|---|---|
| 研究区 | 2000 $CCI_i$ | 0.564 2 | 0.566 6 | 0.549 0 | 0.580 1 | 0.376 2 | 0.394 7 | 0.608 5 |
| | 2006 $CCI_i$ | 0.619 7 | 0.633 8 | 0.581 9 | 0.640 4 | 0.238 7 | 0.278 3 | 0.754 7 |
| | 2000 $LDI_i$ | 0.153 5 | 0.069 5 | 0.011 9 | 0.197 7 | 0.027 1 | 0.006 3 | 0.119 1 |
| | 2006 $LDI_i$ | 0.619 1 | 0.162 8 | 0.026 4 | 0.355 0 | 0.048 1 | 0.169 5 | 0.497 5 |
| | 2000 $SEI_i$ | 0.110 6 | 0.004 9 | 0.009 6 | 0.039 1 | 0.011 4 | 0.025 8 | 0.144 6 |
| | 2006 $SEI_i$ | 0.130 5 | 0.012 0 | 0.012 0 | 0.216 9 | 0.019 0 | 0.191 5 | 0.639 2 |
| | $CEI_i$ 2000 | 0.387 6 | 0.351 5 | 0.324 0 | 0.402 7 | 0.228 4 | 0.234 3 | 0.406 5 |
| | $CEI_i$ 2006 | 0.566 0 | 0.420 2 | 0.347 9 | 0.505 9 | 0.155 8 | 0.235 1 | 0.662 6 |
| 生产区 | 2000 $CCI_i$ | 0.580 9 | 0.573 4 | 0.553 4 | 0.580 9 | 0.272 6 | 0.511 1 | 0.627 5 |
| | 2006 $CCI_i$ | 0.655 7 | 0.648 3 | 0.659 2 | 0.685 7 | 0.000 0 | 0.511 1 | 0.802 1 |
| | 2000 $LDI_i$ | 0.147 1 | 0.089 2 | 0.000 0 | 0.151 0 | 0.017 8 | 0.019 4 | 0.039 0 |
| | 2006 $LDI_i$ | 0.429 1 | 0.221 5 | 0.028 0 | 0.790 3 | 0.038 4 | 0.267 2 | 0.084 9 |
| | 2000 $SEI_i$ | 0.113 6 | 0.002 0 | 0.004 8 | 0.027 7 | 0.007 3 | 0.050 6 | 0.167 8 |
| | 2006 $SEI_i$ | 0.217 3 | 0.003 4 | 0.011 1 | 0.238 2 | 0.000 0 | 0.220 4 | 0.693 0 |
| | $CEI_i$ 2000 | 0.395 7 | 0.361 3 | 0.322 4 | 0.387 5 | 0.164 8 | 0.308 7 | 0.395 3 |
| | $CEI_i$ 2006 | 0.537 7 | 0.445 8 | 0.393 2 | 0.669 0 | 0.011 9 | 0.403 9 | 0.568 6 |
| 地方采煤区 | 2000 $CCI_i$ | 0.584 9 | 0.592 8 | 0.577 0 | 0.635 8 | 0.304 9 | 0.161 8 | 0.720 6 |
| | 2006 $CCI_i$ | 0.668 0 | 0.682 0 | 0.608 1 | 0.760 5 | 0.098 6 | 0.161 8 | 1.000 0 |
| | 2000 $LDI_i$ | 0.240 9 | 0.086 0 | 0.015 8 | 0.251 8 | 0.025 1 | 0.034 6 | 0.192 9 |
| | 2006 $LDI_i$ | 0.966 5 | 0.208 5 | 0.044 9 | 0.940 7 | 0.032 0 | 0.503 7 | 1.000 0 |
| | 2000 $SEI_i$ | 0.100 5 | 0.010 6 | 0.004 7 | 0.076 7 | 0.006 7 | 0.067 6 | 0.210 2 |
| | 2006 $SEI_i$ | 0.261 4 | 0.013 4 | 0.019 7 | 0.273 1 | 0.009 3 | 0.263 5 | 1.000 0 |
| | $CEI_i$ 2000 | 0.425 6 | 0.372 5 | 0.341 0 | 0.455 9 | 0.185 8 | 0.112 2 | 0.501 7 |
| | $CEI_i$ 2006 | 0.715 7 | 0.462 5 | 0.369 6 | 0.762 9 | 0.068 3 | 0.278 6 | 1.000 0 |

续表 11-8

| | | 耕地 | 林地 | 水域 | 草地 | 工建用地 | 未利用地 | 园地 |
|---|---|---|---|---|---|---|---|---|
| 未采区 | 2000 $CCI_i$ | 0.525 2 | 0.534 6 | 0.466 7 | 0.511 1 | 0.480 2 | 0.511 1 | 0.544 3 |
| | 2006 $CCI_i$ | 0.535 8 | 0.573 9 | 0.466 7 | 0.532 2 | 0.449 3 | 0.511 1 | 0.644 1 |
| | 2000 $LDI_i$ | 0.038 4 | 0.041 8 | 0.003 8 | 0.024 9 | 0.024 1 | 0.033 4 | 0.050 8 |
| | 2006 $LDI_i$ | 0.039 5 | 0.056 0 | 0.033 6 | 0.074 8 | 0.048 5 | 0.111 2 | 0.094 9 |
| | 2000 $SEI_i$ | 0.013 3 | 0.000 6 | 0.002 5 | 0.041 8 | 0.022 6 | 0.010 5 | 0.005 0 |
| | 2006 $SEI_i$ | 0.015 2 | 0.002 7 | 0.003 5 | 0.073 0 | 0.072 2 | 0.068 6 | 0.103 8 |
| | $CEI_i$ 2000 | 0.318 8 | 0.323 9 | 0.272 9 | 0.309 5 | 0.289 2 | 0.308 7 | 0.332 8 |
| | $CEI_i$ 2006 | 0.325 5 | 0.351 3 | 0.282 2 | 0.340 6 | 0.284 2 | 0.339 1 | 0.415 3 |

(2) 区域景观空间累积负荷指数(*RMLCBI*)

利用区域景观空间累积负荷指数计算模型，通过全区格网系统(500 m×500 m)取样计算了研究区 240 个点位的景观类型空间累积负荷指数，经插值(普通克里格插值法)生成全区景观空间累积负荷指数的连续空间分布图(图 11-3)。

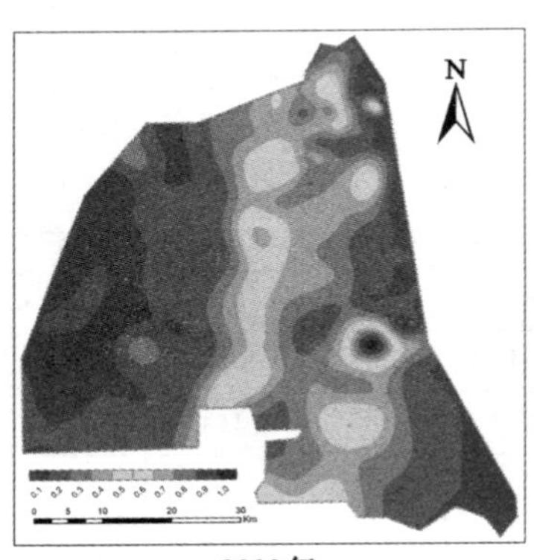


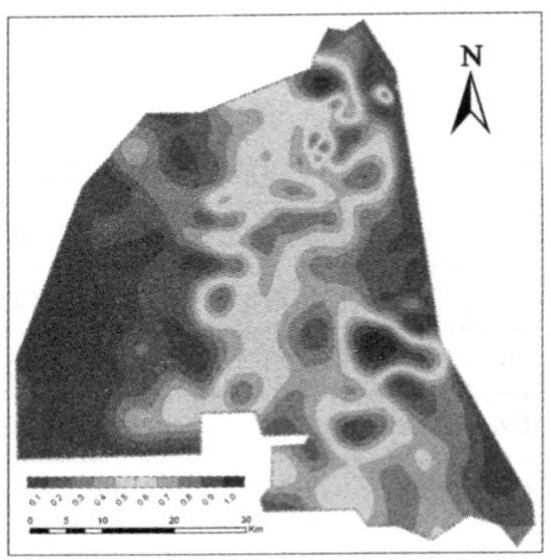

2000年　　2006年

图 11-3　潞安矿区景观空间累积负荷分区

由图 11-3 可见，水平空间分布上，研究区的中、东部地区是煤炭资源大规模开采区，而且人类活动干扰影响较为强烈，因此景观空间累积负荷较强，景观生态类型主要表现为低生产力的工矿居民点、交通道路和未利用地等。研究区的西部和东南等地，主要为山地生产力较高的林地和耕地，居民点较少，景观空间累积负荷指数相对较小。时序变化上也表现为研究区景观所受的累积影响程度越来越大。从 2000 年至 2006 年，低累积度的景观类型面积有不同程度的减少，高累积度区域面积却在不断地增加，且具有较为明显外扩侵袭的趋势。不同的分区具有不同的变化特点。研究区东北部的煤炭生产区，2000 年以前煤炭资源开采规模不大，产量不高，耕地等景观生态类型所受压力较小，对生态环境影响不大，但到 2006 年，煤炭资源开发规模越来越大，同时由于在资源开发过程中对生态环境总体建设不够，地表沉陷对区域农田生态系统的影响明显，在和其他人类干扰活动叠加作用的情况下，逐渐形成了较强的累积作用中心。地方采煤区具有和煤炭生产区相类似的变化趋势。地方小煤矿产能和潞安矿区相当，但是开发区域更大，开发的煤层更浅，导致生态环境逐渐恶化，累积影响也逐渐变大；在建矿井和规划矿井(含后备区)所受的累积影响程度也在逐渐增强，但是变化趋势不明显，特别是评价区西部和东南部的山区林地，影响不大。

煤矿区由于受到高强度、大规模资源开发的影响，生态环境效应具有累积性特点，并且随着人类资源开发强度的增大和空间范围的不断扩展，累积效应更趋明显。本书根据环境累积效应和景观分析的基本原理，构建了矿区景观空间累积负荷模型来表征景观演变所造成的综合生态损失，并以潞安矿区为例，选择了两个时段(1993～2000～2006)，以 1993 年作为采前景观生态基准，在对矿区景观演变进行分析的基础上，对矿区演变所造成的生态累积效应进行分析，结果发现，在研究时间内，矿区景观空间累积负荷呈现明显增强和逐渐外扩的趋势。由于不同的区域人类活动干扰强度不同，不同的分区具有不同的累积程度，而且由于 2000 年之后煤炭资源开发等人类干扰活动的增强，使得阶段 2 的变化幅度明显高于第 1 阶段。

本书从景观分析的角度，借助景观生态学、地理学和开采沉陷等知识，构造了煤炭资源开发所带来的生态累积效应表征模型，试图实现对矿区景观演变所造成的生态累积损失进行时空分析，为矿区景观分析和规划提供一定的思路。结果表明该模型能够实现对采前和采后景观进行分析，可以表征生态效应累积的程度，但该模型的适用性、作用机理以及结果验证有待研究的逐步深入和及时补充相关专业领域知识。下一步将对累积效应进行综合分析，利用累积效应模型与 GIS 耦合建立定量化模型，揭示累积效应产生的过程、影响程度和意义，预测未来生态环境变化的强度。

## 本章参考文献

[1] 陈鹏,潘晓玲.干旱区内陆河流域区域景观生态风险分析[J].生态学杂志,2003,22(4):116-120.

[2] 段瑞娟,郝晋珉,王静.土地利用结构与生态系统服务功能价值变化研究[J].生态经济,2005,3:60-64.

[3] 李淑娟,曾辉,夏洁,等.景观空间动态模型研究现状和应重点解决的问题[J].应用生态学报,2004,15(4):701-706.

[4] 李月臣,刘春霞,赵纯勇,等.三峡库区土壤侵蚀敏感性评价及其空间分异性研究[J].生态学报,2009,29(2):788-796.

[5] 李月臣.中国北方13省市区生态安全动态变化分析[J].地理研究,2008,27(5):1150-1161.

[6] 马俊海,刘丹丹.像元二分模型在土地利用现状更新调查中反演植被盖度的研究[J].测绘通报,2006(4):13-16.

[7]马志勇,沈涛,张军海,等.基于植被覆盖度的植被变化分析[J].测绘通报,2007(3):45-48.

[8] 邱彭华,徐颂军,等.基于景观格局和生态敏感性的海南西部地区生态脆弱性分析[J].生态学报,2007,27(4):1257-1264.

[9] 王行风,韩宝平,汪云甲.基于遥感的煤矿区景观生态分类研究[J].辽宁工程技术大学学报,2007,26(5):776-791.

[10] 谢高地,鲁春霞.青藏高原生态资产的价值评估[J].自然资源学报,2003,18(2):189-195.

[11] 杨志峰,徐俏,何孟常,等.城市生态敏感性分析[J].中国环境科学,2002,22(4):360-364.

[12]张金屯,邱杨,郑凤英.景观格局的数量研究方法[J].山地学报,2000,18(4):346-352.

[13] 张艳芳.景观尺度上的生态安全研究[D].西安:陕西师范大学,2005.

[14] 张艳芳,任志远.基于生态过程与景观生态背景值的区域生态压力研究[J].水土保持学报,2006,20(5):166-170.

[15] 赵明鹏,张震斌,等.阜新矿区地面塌陷灾害对土地生产力的影响[J].中国地质灾害与防治学报,2004,23(6):77-80.

[16] 朱松丽,崔成.在生态高敏感区进行煤炭开采和相关产业发展的思考[J].中国能源,2007,12(29):9-12.

[17] BOIZARD H,RICHARD G. Cumulative effects of cropping systems on the structure of tilled layer in northern France[J]. Soil and Tillage Research,2002,64(2):149-164.

[18] COSTANZA R,ARGE R,GROOT R,et al. The value of the world's ecosystem services and natural capital [J]. Nature, 1997, 386:253-260.

[19] SPALING H. Cumulative effects assement:Concepts and principles[J]. Impact Assement,1994,(3):231-252.

[20] WANG Y J,ZHANG D C,LIAN D J,et al. Environment cumulative effects of coal exploitation and its assessment[R]. The 6th International Conference on Mining Science & Technology,2009:1072-1080.